从零开始学造价

——装饰工程

踪万振　于艳春　编著

东南大学出版社

·南京·

内 容 提 要

本书根据《建设工程工程量清单计价规范》(GB 50500—2013)、《房屋建筑与装饰工程工程量计算规范》(GB 50854—2013)和地方最新基础定额、综合预算定额等编写，系统地介绍了建筑工程工程量清单计价及定额计价的基本知识和方法。主要内容包括：绪论，建筑装饰施工图识读，装饰构造基础知识，定额原理及相关知识，建筑面积计算，装饰工程费用的计算，工程量清单计价，装饰工程工程量清单计价实例，与装饰装修工程造价相关的其他工作，并有二〇一一年、二〇一三年《江苏省建设工程造价员资格考试》理论与实务真题及解答两个附录。

本书具有依据明确、内容翔实、通俗易懂、实例具体、技巧灵活、可操作性强等特点。

本书可供普通高等院校建筑工程类专业工程造价类课程教材，也可作为成教、高职、电大、职大、函大、自考及培训班教学用书，同时也可供相关从业考试人员参考之用。

图书在版编目(CIP)数据

从零开始学造价：装饰工程/踪万振，于艳春编著.
—南京：东南大学出版社，2014.7
（从零开始学造价系列丛书）
ISBN 978-7-5641-5075-4

Ⅰ. ①从⋯　Ⅱ. ①踪⋯　②于⋯　Ⅲ. ①建筑造价管理
—基本知识　Ⅳ. ①TU723.3

中国版本图书馆 CIP 数据核字(2014)第 164605 号

从零开始学造价——装饰工程

出版发行	东南大学出版社	
社　　址	南京市四牌楼 2 号	210096
网　　址	http://www.seupress.com	
电子邮箱	press@seupress.com	
出 版 人	江建中	
经　　销	全国各地新华书店	
印　　刷	江苏兴化市印刷有限公司	

开　　本	787 mm×1092 mm　1/16
印　　张	21.25
印　　数	1—3 000
字　　数	517 千
版 印 次	2014 年 8 月第 1 版　2014 年 8 月第 1 次印刷
书　　号	ISBN 978-7-5641-5075-4
定　　价	45.00 元

本社图书若有印装质量问题，请直接与营销部联系。电话(传真)：025-83791830。

前　　言

建筑工程造价是建设工程造价的组成部分之一。随着我国建设工程造价计价模式改革的不断深化,国家对事关公共利益的建设工程造价专业人员实行了准入制度——持执业资格证上岗。

为了满足我国建设工程造价人员培训教学和热爱工程造价工作人员自学工程造价基础知识的需要,本书以国家标准《建设工程工程量清单计价规范》(GB 50500—2013)、《房屋建筑与装饰工程工程量计算规范》(GB 50854—2013)、《江苏省建筑与装饰计价表》(2004 年)和地方最新基础定额、综合预算定额、最新《江苏地区预算价格》及国家颁布的有关工程造价的最新规章、政策文件等为依据编写,以供建筑工程造价专业教学和热爱工程造价工作者自学工程造价基础知识和实际操作的参考。

与同类书籍相比较,本书具有以下几方面特点:

(1) 理论性与知识性相结合,以使读者达到知晓"是什么"和"为什么"的目的。

(2) 依据明确,内容新颖,本书的内容和论点都符合国家现行工程造价有关管理制度的规定。

(3) 深入浅出,通俗易懂,本书叙述语言大众化,以满足初中以上文化程度读者和农民工培训、自学的需要。

(4) 技巧灵活,可操作性强,本书以透彻的论理方式,介绍了工程造价确定的依据、步骤、方法和程序,使读者达到"知其然"和"所以然"的目的。

(5) 图文并茂,示例多样,为使读者加深对某些内容的理解,结合有关内容绘制了示意性图样,以达到以图代言的目的。同时,书中从不同方面列举了多个计算示例,以帮助初学者掌握有关问题的计算方法。

本书由踪万振编写第 1、6、7 章,参编第 2、8 章;于艳春编写第 2、3 章,参编第 5、6章;顾荣华编写第 8、9 章,参编第 3、4 章;季林飞编写第 4、5 章,参编第 7、9 章;全书由踪万振、于艳春统稿,张劲松主审。

本书在编写过程中参考了大量的文献资料,在此向它们的作者表示衷心的感谢,同时也特别感谢顾荣华、季林飞两位副教授在编写过程中提出的宝贵意见和建议。由于编者水平有限,书中难免存在不足之处,敬请各位同行和广大读者批评指正。

编　者

2014 年 7 月

目　　录

1 绪 论

1.1 工程造价的产生与发展

一、工程造价的产生

人们对工程造价的认识是随着时代的发展、生产力的提高和科学理论的不断进步而逐步建立和加深的。在中国的封建社会,许多朝代的官府都大兴土木,使得历代工匠积累了丰富的建筑知识和技能,同时也获得了生产一件产品所需要投入的劳动时间和材料方面的经验,如我国的长城、都江堰、赵州桥等,不但在技术上令今人为之叹服,管理上也不乏科学方法的采用,这样逐步形成了工程项目施工管理与造价管理的理论和方法的雏形。据《考工记》的记载:"凡修筑沟渠堤防,一定要先以匠人一天修筑的进度为参照,再以一里工程所需的匠人数和天数来预算这个工程的劳力,然后方可调配人力,进行施工。"这是人类最早的工程预算与工程施工控制方法的文字记录之一。我国北宋李诫所著的《营造法式》一书,汇集了北宋以前建筑造价管理技术的精华。该书中的"料例"和"功限",就是我们现在所说的"材料消耗定额"和"劳动消耗定额"。这是人类采用定额进行工程造价管理最早的明文规定和文字记录之一,由此也看到了工程造价的雏形。

现代意义上的工程造价产生于资本主义社会化大生产的出现,最先是产生在现代工业发展最早的英国。16 世纪至 18 世纪,技术发展促使大批工业厂房的兴建;许多农民在失去土地后向城市集中,需要大量住房,从而使建筑业逐渐得到发展,设计和施工逐步分离为独立的专业。工程数量和工程规模的扩大要求有专人对已完工程量进行测量、计算工料和进行估价,从事这些工作的人员逐步专门化,并被称为工料测量师。他们以工匠小组的名义与工程委托人和建筑师洽商,估算和确定工程价款。工程造价由此产生。

二、我国工程造价发展

(1)新中国成立以前我国现代意义上的工程造价的产生,应追溯到 19 世纪末至 20 世纪上半叶。当时在外国资本侵入的一些口岸和沿海城市,工程投资的规模有所扩大,出现了招投标承包方式,建筑市场开始形成。为适应这一形势,国外工程造价方法和经验逐步传入。但是,由于受历史条件的限制,特别是受到经济发展水平的限制,工程造价及招投标只能在狭小的地区和少量的工程建设中采用。

(2)概预算制度的建立时期

1949 年新中国成立后,三年经济恢复时期和第一个五年计划时期,全国面临着大规模的恢复重建工作,为合理确定工程造价,用好有限的基本建设资金,引进了苏联一套概预算定额管理制度,同时也为新组建的国营建筑施工企业建立了企业管理制度。

(3)概预算制度的削弱时期

1958 年至 1966 年,概预算定额管理逐渐被削弱。各级基建管理机构的概算部门被精简,设计单位概预算人员减少,只算政治账,不讲经济账,概预算控制投资作用被削弱,投资大撒手之风逐渐滋长。尽管在短时期内也有过重整定额管理迹象,但总的趋势并未改变。

(4)概预算制度的破坏时期

1966 年至 1976 年,概预算定额管理遭到严重破坏。概预算和定额管理机构被撤销,预算人员改行,大量基础资料被销毁。定额被说成是"管、卡、压"的工具。1967 年,建工部直属企业实行经常费制度,工程完工后向建设单位实报实销,从而使施工企业变成了行政事业单位。这一制度实行了 6 年,于 1973 年 1 月 1 日被迫停止,恢复建设单位与施工单位施工图预算结算制度。

(5)概预算制度的恢复和发展时期

1977 年至 1992 年,这一阶段是概预算制度的恢复和发展时期。1977 年,国家恢复重建造价管理机构。1978 年,国家计委、国家建委和财政部颁发《关于加强基本建设概、预、决算管理工作的几项规定》,强调了加强"三算"在基本建设管理中的作用和意义。1983 年,国家计委、中国建设银行又颁发了《关于改进工程建设概预算工作的若干规定》。此外,《中华人民共和国经济合同法》明确了设计单位在施工图设计阶段编制预算,也就是恢复了设计单位编制施工图预算。

1988 年建设部成立标准定额司,各省市、各部委建立了定额管理站,全国颁布一系列推动概预算管理和定额管理发展的文件,以及大量的预算定额、概算定额、估算指标。20 世纪 80 年代后期,中国建设工程造价管理协会成立,全过程造价管理概念逐渐为广大造价管理人员所接受,对推动建筑业改革起到了促进作用

(6)市场经济条件下工程造价管理体制的建立时期

1993 年至 2001 年在总结 10 年改革开放经验的基础上,党的十四大明确提出我国经济体制改革的目标是建立社会主义市场经济体制。广大工程造价管理人员也逐渐认识到,传统的概预算定额管理必须改革,不改革就没有出路,而改革又是一个长期的艰难的过程,不可能一蹴而就,只能是先易后难,循序渐进,重点突破。与过渡时期相适应的"统一量、指导价、竞争费"工程造价管理模式被越来越多的工程造价管理人员所接受,改革的步伐正在加快。

(7)与国际惯例接轨

2001 年,我国顺利加入 WTO。今后一段时间工程造价工作的首要任务是如何与国际惯例接轨。

三、我国传统的工程造价计价模式

我国传统的工程造价计价方法可以概括为:

(1)根据设计图纸和预算定额划分分项工程并计算工程量。

(2)根据地区单位估价表和分项工程量计算分项工程直接费,汇总单位工程直接费后,

根据有关规定计算其他直接费。

（3）根据规定计算材料差价、间接费、利润、税金。

（4）汇总各项费用的单位工程造价。

我国造价计价方法与国际惯例对比，尽管在计算程序上有所不同，即国际惯例将各项费用按分项工程分别计算，我国按单位工程计算各项费用。但是计算方法的核心同样是用单位工程的分项工程量乘相应的单位估价，再在此基础上逐步计算出单位工程的价格。我国已有不少行业、不少地方已经采用"综合单价法"，即按各分项工程计算出包括人工、材料、机械费以及间接费、利润、税金等在内的"综合单价"。因此，我国的工程造价计价程序与国际惯例已经非常接近。

1.2 造价员概述

一、概念

造价员是指通过考试，取得《建设工程造价员资格证书》，从事工程造价业务的人员。最主要的是专业过关，能熟悉图纸，对现行的价目表、综合及各种定额、建材的价格必须熟悉，另外对工程量的计算公式、工程的结构做法、隐蔽工程、变更等专业要熟悉运用，分析材料及计算工程材料；对定额中的子目，特别是应该套用的相应高的，能够说服甲方、监理方、审计等部门的能力；投标时能够综合的对工程的概算及投标的规则掌握的力度；决算不漏项，如何在工程量、取费、子目等方面的控制最为关键。并掌握相关专业的知识，像审计、会计、材料、设计等，其他方面还需敬业、工作积极等。

为加强对建设工程造价员的管理，规范建设工程造价员的从业行为和提高其业务水平，中国建设工程造价管理协会制定并发布了《全国建设工程造价员管理暂行办法》（中价协〔2006〕013 号）。并且每三年参加继续教育的时间原则上不得少于 30 小时，各管理机构和各专业委员会可根据需要进行调整。各地区、行业继续教育的教材编写及培训组织工作由各管理机构、专业委员会分别负责。全国建设工程造价员行业自律工作受建设部标准定额司指导和监督。

1. 工程造价员证书和造价工程师执业资格证书式样

中华人民共和国建设部于 2005 年 9 月 16 日发布了《关于统一换发概预算人员资格证书事宜的通知》：为了进一步理顺和规范工程造价专业人才队伍结构，将部《关于由中国建设工程造价管理协会归口做好建设工程概预算人员行业自律工作的通知》中的概预算人员资格命名为"全国建设工程造价员资格"。2005 年年底前，中价协拟完成《中国建设工程造价员资格证书》的换证工作，有关换证方面的具体事宜由中国建设工程造价管理协会承办，如图1.1、图 1.2所示。

以前叫预算员，现在叫造价员，造价员是指取得资格证书的人员。当造价员经过全国的统一考试，考试成绩合格以后，即成为造价师；再到当地的造价管理协会注册，即成为注册造价师。造价工程师执业资格证书如图 1.3 所示。

图 1.1　造价员资格证书　　　图 1.2　造价员专用章　　　图 1.3　造价师证书

2. 造价员与其他造价人员的异同

（1）造价员与预算员

1）概念不同：预算和造价有着天壤的区别，预算只是造价范围内的一个小科目而已。

2）工作范围不同：预算员强调的主要是预算，而非其他与工程造价相关的工作；而造价则比较广泛，可以从事招、投标，审计等。

3）备案机制不同：预算员只要领了证、章就基本上不管怎么执业，而造价员则要登记注册，由当地造价管理部门进行管理和继续教育培训。

4）使用地范围不同：一般来说预算员只能在本省执业，而造价员则是全国适用的。

（2）造价员和造价师

能否跨地区承接工程，这是咨询单位的资质，与造价员（师）无关。按现在的做法，承揽造价业务，跨地区必须是甲级造价咨询单位。投标时要盖造价师章的，全国各地注册的造价师通用；要盖造价人员章的（不指明要造价师），没有说本地造价员章有效，但外省市的造价员章就不行。

二者的相同点：中国通用；都是搞预结算审计的职业资格。不同点：级别不一样，"师"比"员"高；权限不一样，造价员只能编制不能审核，也就说没有审核的权利，而造价师可以；代表的职称级别不一样，造价师相当于中级，造价员只是初级。

造价工程师和造价员的根本区别在于：造价工程师属于国家依法设定的职业资格，是国家行政机关实施的行政许可，是职业资格的市场准入，造价工程师依法具有相应造价文件的签字权并依法承担法律责任；造价员是一种岗位设置，造价员证书属于职业水平证书，不具有行政许可的性质，也不是职业资格的市场准入，造价员的职责是协助造价工程师完成造价工作，造价员不具有独立的造价文件签发权。

二、造价员的岗位职责

（1）能够熟悉掌握国家的法律、法规及有关工程造价的管理规定，精通本专业理论知识，熟悉工程图纸，掌握工程预算定额及有关政策规定，为正确编制和审核预算奠定基础。

（2）负责审查施工图纸，参加图纸会审和技术交底，依据其记录进行预算调整。

（3）协助领导做好工程项目的立项申报，组织招投标，开工前的报批及竣工后的验收工作。

（4）工程竣工验收后，及时进行竣工工程的决算工作，并报处长签字认可。

（5）参与采购工程材料和设备，负责工程材料分析，复核材料价差，收集和掌握技术变更、材料代换记录，并随时做好造价测算，为领导决策提供科学依据。

（6）全面掌握施工合同条款，深入现场了解施工情况，为决算复核工作打好基础。

（7）工程决算后，要将工程决算单送审计部门，以便进行审计。

（8）完成工程造价的经济分析，及时完成工程决算资料的归档。

（9）协助编制基本建设计划和调整计划，了解基建计划的执行情况。

三、造价员职业资格考试简介

（1）造价员资格考试分"工程造价基础知识"和"工程计量与计价实务"两个科目，其中"工程计量与计价实务"分土建、市政、安装、装饰等四个专业。

（2）造价员资格考试的两个科目单独考试、单独计分。"工程造价基础知识"科目的考试时间为 2 小时，实行 100 分制，试题类型为单项选择题和多项选择题。"工程计量与计价实务"科目的考试时间由行业有关管理机构自行确定，试题类型为工程造价文件编制的应用实例。

（3）考试大纲对专业知识的要求分掌握、熟悉和了解三个层次。"掌握"即要求应考人员具备解决实际工作问题的能力；"熟悉"即要求应考人员对该知识具有深刻的理解；"了解"即要求应考人员对该知识有正确的认识。

四、课程的任务及学习要求

本课程主要从建筑识图与房屋构造的一些基础理论知识入手，从了解房屋的基本组成构件，到建筑施工图、结构施工图的识读，进而掌握建筑工程工程量的计算，最后能够运用计价表套用价格，做出一整套的工程预算书。这也是土建类各专业的必修的课程，是一门技术性、专业性、实践性、综合性和政策性很强的应用学科，不仅涉及土木工程技术、施工工艺、施工手段及方法，而且与社会性质、国家的方针政策以及分配制度有着密切的关系。在研究的对象中，既有生产力方面的课题，也有生产关系方面的课题；既有实际问题，又有方针政策问题。其任务是运用马克思主义再生产理论和社会主义经济理论研究建筑产品生产成果与生产消耗之间的定量关系，从完成一定量建筑产品消耗数量的规律着手，正确地确定单位建筑产品的消耗数量标准和计划价格，力求用最少的人力、物力和财力消耗，生产出更好、更多的建筑产品，要求掌握建筑工程定额与工程量清单计价的基本概念与基本理论，具有编制单位工程工程量清单的初步能力。

2 建筑装饰施工图识读

建筑装饰施工图是建筑装饰工程施工的依据,同时也是装饰设计师表达设计思想的主要手段。正确地绘制、阅读装饰施工图是所有学习和从事建筑装饰工程的人员都必须认真掌握的基本技能。其涵盖的内容相当广泛,既包含了现代工程领域中的技术设计,也包含了美学艺术领域中形象创作设计。总之它是一种以建筑技术为基础,以美学艺术为表现形式的工程设计,同时它也是一种精神与物质并重、人与自然和谐统一的家居环境的创造。

2.1 概述

一、装饰设计与建筑装饰施工图

装饰设计一般是在已建成的房屋中进行二次装修设计,当然也是在新建房屋建筑设计初装修的基础上,继续深入进行的精装设计。

建筑装饰设计与建筑设计类似,也是分阶段进行且不断深化完成的。装饰设计中各个阶段也都有其相应的施工图,以满足不同的使用要求,如初步设计阶段用设计草图来表现装饰设计的创意与构思,用彩色效果图来表现装饰的风格与韵味,这些图样都是为论证装饰设计的可行性、比较设计方案的优劣并为招投标或审批等事宜提供技术资料。在正式设计阶段即施工设计阶段所绘制的施工图为装饰工程施工图,简称"饰施"。施工图是保证装饰工程施工的可行性与经济性,同时也是确保装饰设计构想与风格创意的实现,因此要求建筑装饰施工图必须表达完整、尺寸齐全,材料质量、环保性能以及施工工艺要求等相关内容,均应说明详细且具体可行。

装饰施工图既是指导装饰工程施工的依据,也是编制装饰工程预算的依据,因此装饰施工图必须在注重实用性、艺术性的同时还应注重装修工程的经济性。另外由于建筑装饰设计对装饰工程艺术性的刻意追求,因此在表现装饰设计的施工图中也都加画配景甚至阴影,以彰显设计的意境与效果,并且还使用彩色效果图辅助说明。这样的表现手法与初步设计阶段的表现手法基本相同,因此在一些装修级别不高的工程中,有时也用初步设计中的图样来指导施工,这种现象说明在装修工程中并不强调区分图纸的阶段属性,只要能满足施工要求即可。有鉴于此,下面将要介绍的"建筑装饰工程施工图",均概括为"装饰施工图"。

二、装饰施工图类型简介

由于建筑装饰设计涉及的内容非常广泛,其表现的形式也是多种多样,加之我国装饰工程设计作为一门独立性的学科形成较晚,1996 年开始,房屋的精装修才在我国流行,很多装饰相关标准至今没有确定。目前我国装饰工程的制图方法主要是套用《房屋建筑制图统一标准》和《建筑制图标准》等标准。但是许多情况下,还是由设计者按自己的习惯与爱好进行绘制,因此反映在装饰施工图中,如名称、术语、图例、符号等极不统一,也极不规范。为此在将讲述的装饰施工图中,力求全面反映现行装饰施工图名称、类型及相关概念。下面先就装饰设计中所编写的文件与所绘制的基本图样加以介绍。

1. 建筑装饰设计中的相关文件

(1)装修工程招投标文件及委托协议书。

(2)装修工程项目清单及工程预算书。

(3)装修材料清单及使用说明。

(4)装修等级、装饰风格及装修设计要求说明等。

2. 建筑装饰设计中的基本施工图

(1)建筑装饰平面图(简称平面图),包括:平面布置图、顶棚布置图、地面铺装图、立面索引图。

(2)建筑装饰立面图(简称立面图),包括:立面布置图与立面展开图。

(3)建筑装饰详图,包括两种类型:节点构造装修详图和重点部位艺术处理装饰详图。

(4)立体效果图,包括:透视效果图和轴测图等立体图。

3. 配套专业设备施工图

(1)电气设备施工图,包括:照明用电布线图、控制开关及插座布置图等。

(2)给水排水设备施工图,包括:给水排水管网图、消防系统图等。

(3)供热、制冷及燃气设备图,主要包括:管网系统图及相关设备建筑装饰施工图。

以上较全面介绍了建筑设计中涉及的各种建筑装饰施工图,但是应说明,在实际设计中究竟选取哪些图样还要视具体情况而定,并不是要将以上所列举图样一一绘出,相反却应尽力将功能相近的施工图合并以减少绘图工作量。

三、装饰施工图的特点

装饰施工图从本质上讲仍属于建筑施工图,其表达方法、绘图原理也多沿用建筑施工图的做法。但是由于装饰施工图与建筑施工图表现的重点与对象不同,所以在表达方式、绘图要求等方面也就形成了一定差别。下面是就绘制与阅读装饰施工图时应注意的一些特点与差别的简述。

(1)装饰施工图表现的对象是以一个房间内部表面装修状况为重点,而建筑施工图则是以表现整个建筑物的构造为重点,故两者表现的对象目标不同,画图的重点内容就不相同。

(2)建筑装饰设计是以某一房间为设计主体,不同房间有着不同的装饰方案,所以装修的房间数量越多,则所需图样也就越多,而建筑施工图用图数量相对固定不变。

(3)建筑装饰设计一般是对已建成房屋进行二次装修设计,因此装修之前需先进行实测,并根据实测建筑施工图进行装修设计。由于实测时对原房屋结构、材料、轴线编号以及标高等资料不甚了解,故在装饰施工图中上述内容可以省略,但是当用建筑施工图直接进行装修设计时,上述内容则不可省略。同样当装修面积大,柱网布置较复杂时,为了便于施工也可在实测图中加上柱网编号。

(4)在建筑设计时如不清楚建筑标高,则在所绘制的装饰施工图中应尽力不使用标高尺寸,如必须使用时可采用参考标高。参考标高是以装修完成后楼地面为高度基准(即

±0.000)所标注的标高尺寸。

（5）在装饰施工图中,有时一些尺寸可在现场视施工情况来确定,有些尺寸也可以不注,如家具的大小等尺寸。

（6）由于装饰施工图需要表现房间装修后的装饰效果,因此不论是初步设计还是施工设计都要画立体效果图,并且允许在平、立、剖面图中加画阴影及配景用来烘托装饰效果,这种做法在建筑施工图中则不允许。

（7）装饰施工图中所示意的家具摆设等物品,只是设计者为用户提供的一种设想,实际使用时用户则可以按自己的兴趣重新选购与摆放。

（8）装饰施工图只表现装修房间的装修内容,而与其相邻的其他房间,无论是否相连均不予表现。

2.2　装饰设计基本施工图

一、图纸的编排次序

整套建筑装饰设计施工图纸的编排次序一般为:设计说明（或施工说明）、图纸目录、效果图、平面图、顶棚平面图、立面图、详图。遵循总体在先、局部在后,底层在先、上层在后,平面图在先、立面图随后,依据总图索引指示顺序编排,材料表、门窗表、灯具表等备注通常放在整套图纸的尾部。

二、设计说明书和施工说明书

建筑设计的施工图和施工说明可以套用标准图集和标准施工说明,装饰设计图目前尚无标准的施工图集和施工说明可以套用,因此装饰设计的施工图和施工说明则需要根据具体情况确定要表达的内容。

1. 设计说明书

设计说明书是对设计方案的具体解说,通常应包括:方案的总体构思、功能的处理、装饰的风格、主要用材和技术措施等。装饰设计说明书的形式较多,归纳起来大体有三种:一是以总体设计理念为主线展开;二是以各设计部位的设计方法为主线展开;三是在说明总体设计理念的同时,又说明各部位的设计方法,有的设计说明还包括了引用的设计的规范、依据等。装饰设计的内容一般都是根据建设方和招标的要求或设计单位的习惯而决定。

装饰设计说明的表现形式,有单纯以文字表达的,也有用图文结合的形式表达的。在现行招标中,使用较多的是图文结合的形式。

2. 施工说明书

装饰施工说明书是对装饰施工图设计的具体解说,用以说明施工图设计中未标明的部分以及设计对施工方法、质量的要求等。

三、图纸目录

一套完整的装饰施工图纸数量较多,为了方便阅读、查找、归档,需要编制相应的图纸目录。图纸目录又称为"标题页",它是设计图纸的汇总表。图纸目录一般都以表格的形式表示。图纸目录主要包括图纸序号、工程内容等。如表 2.1 所示。

表 2.1　某住宅装饰施工图目录

序号	主要内容	序号	主要内容
一	平面图	三	详图（大样、构造剖视图）
1	平面布置图	9	顶棚详图
2	地面铺地图	10	电视背景墙详图
3	顶棚平面图	11	床头墙面详图
二	立面图	12	门窗详图
4	客厅立面图	13	装饰柜详图
5	餐厅立面图	14	客厅电视柜详图
6	卧室立面图	15	餐厅酒水柜详图
7	厨房立面图	16	衣柜详图
8	卫生间立面图	17	厨房操作台详图

　　另外，装饰工程设计一般分为设计准备、方案设计、施工图设计和施工监理四个阶段。在这四个阶段中，工作内容和图样要求是不同的，学习制图和识图者必须了解。

2.3　建筑装饰工程制图常用图例

　　图例是工程图的基本符号和语言，为了便于图样的交流，必须统一和规范图例。在使用制图图例时，应注意以下几点规定：

　　(1) 图例线一般用细线表示，线型间隔要匀称、疏密适度。

　　(2) 在图例中表达同类材料的不同品种时，应在图中附加必要的说明。

　　(3) 若图形小，无法用图例表达，可采用其他方式说明。

　　(4) 需要自编图例时，编制的方法可按已设定的比例以简化的方式画出所示实物的轮廓线或剖面，必要时辅以文字说明，以避免与其他图例混淆。

　　在建筑装饰制图中，常用图例如表 2.2、表 2.3 所示。

表 2.2　装饰装修工程常用的建筑材料图例

序号	名称	图例	说明	序号	名称	图例	说明
1	自然土		包括各种自然土	5	天然石材		包括岩层、砌体、铺地、贴面等材料
2	夯实土			6	毛石		
3	砂、灰土		靠近轮廓线绘较密的点	7	普通砖		① 包括砌体、砌块；② 断面较窄，不易画出图例线，可涂红
4	砂砾石、碎砂三合土						

（续表）

序号	名称	图例	说明	序号	名称	图例	说明
8	耐火砖		包括耐酸砖等	17	木材		① 上图为横断面，上左图为垫木、木砖、木龙骨；② 下图为纵断面
9	空心砖		包括各种多孔砖				
10	饰面砖		包括铺地砖、陶瓷地砖、陶瓷锦砖、人造大理石等	18	胶合板		应注明 x 层胶合板
				19	石膏板		
11	混凝土	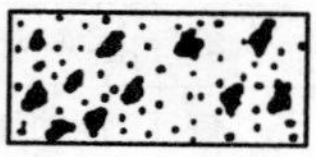	① 本图例仅适用于能承重的混凝土及钢筋混凝土；② 包括各种强度等级骨料、添加剂的混凝土；③ 在剖面图上画出钢筋时不画图例线；④ 如断面较窄，不易画出图例线，可涂黑	20	金属		① 包括各种金属；② 图形小时可涂黑
12	钢筋混凝土			21	网状材料		① 包括金属、塑料等网状材料；② 注明材料
				22	液体		注明名称
13	焦渣、矿渣	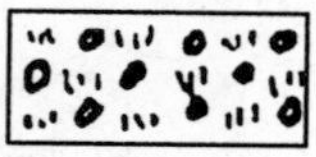	包括与水泥、石灰等混合而成的材料	23	玻璃		包括平板玻璃、磨砂玻璃、夹丝玻璃、钢化玻璃等
14	多孔材料		包括水泥珍珠岩、沥青珍珠岩、泡沫混凝土、非承重加气混凝土、泡沫塑料、软木等	24	橡胶		
				25	塑料		包括各种软、硬塑料，有机玻璃等
15	纤维材料		包括麻丝、玻璃、矿渣棉、木丝板、纤维板等	26	防水卷材		构造层次多和比例较大时采用上面图例
16	松散材料		包括木屑、石灰木屑、稻壳等	27	粉刷		本图例点以较稀的点

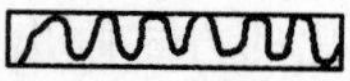

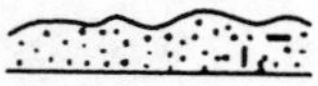

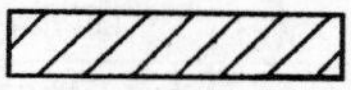

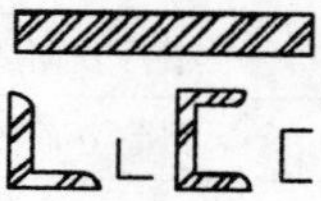

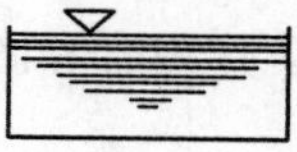

表 2.3　装饰装修工程常用的平面布置图例

图例	说明	图例	说明
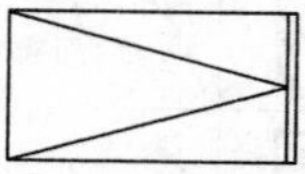	双人床		座凳
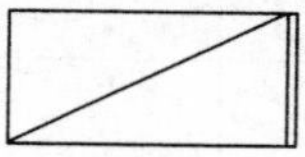	单人床		桌
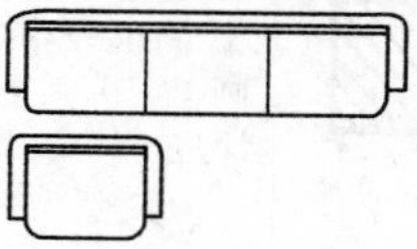	沙发(特殊家具根据实际情况绘制其外轮廓线)	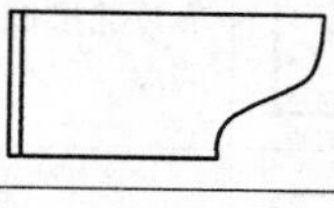	钢琴
		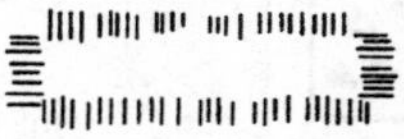	地毯

（续表）

图例	说明	图例	说明
	盆花	WH	热水器
	吊柜		灶
食品柜　茶水柜　矮柜	其他家具可在柜形或实际轮廓中用文字注明		地漏
	壁橱		电话
	浴盆		开关（涂墨为暗装，不涂墨为明装）
	坐便器		插座（涂墨为暗装，不涂墨为明装）
	洗脸盆		配电盘
	立式小便器		电风扇
	装饰隔断（应用文字说明）		壁灯
	玻璃栏板		吊灯
ACU	空调器		洗涤槽
	电视		污水池
			淋浴器
W	洗衣机		蹲便器

2.4 建筑装饰施工图图示的内容及要求

一、建筑装饰平面图的形成、图示内容和要求

1. 室内平面图

（1）室内平面图的形成。我们假想有一个水平剖切平面，在窗台处的高度位置把整个房屋剖开，移去以上部分向下作水平投影图，在水平剖切平面上所显示的正投影，就可称之为室内平面图。如图2.1所示。

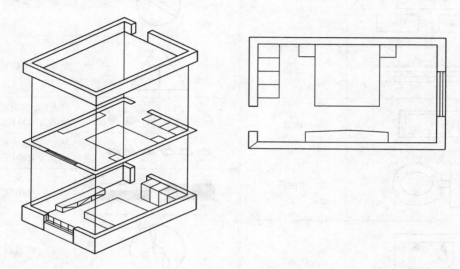

图 2.1 室内平面图的形成

室内平面图的作用主要是表明建筑室内各种布置的平面形状、位置、大小和所用材料；表明这些布置与建筑主体结构之间以及这些布置之间的相互关系等。

（2）室内平面图的内容。如图2.2所示，室内装饰设计中的平面图主要表明：

1）建筑的平面形状，建筑的构造状况（墙体、柱子、楼梯、台阶、门窗的位置等）。

2）室内的平面关系和室内的交通流线关系（楼梯、门窗套、墙裙、装饰柱等装饰结构的平面形状、位置等）。

3）室内设施、陈设、隔断的位置（电器设备、卫生设备、家具、摆设等）。

4）室内地面的装饰情况。

（3）室内平面图的表现方法和要求。室内装饰设计中的平面图有以楼层或区域为范围的平面图，也有以单个房间为范围的平面图，可根据绘图需要选择画法。前者侧重表达室内平面与平面之间的关系，后者侧重表达室内的详细布置和装饰情况。

我们可以在建筑平面图的基础上绘制装饰平面图，建筑平面图是装饰平面设计的基础和依据。但在表示方法上，二者有联系也有区别。建筑平面图主要表明室内各房间的布置位置，表现室内空间中的交通关系等，为建筑结构设计做准备。在建筑平面图中，一般不表示详细的家具、陈设、铺地的位置。而在室内装饰平面图中，则必须表

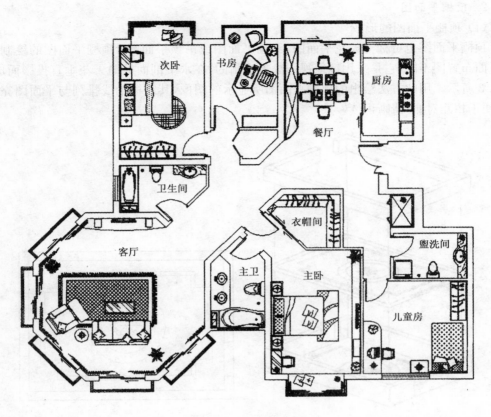

图 2.2 某室内平面图

现上述物体的位置、大小。在装饰工程施工图的平面中，还需标注有关设施的定位尺寸，这些尺寸要包括固定隔断、固定家具之间的距离，有的还需标注铺地、家具、景观小品等尺寸。

在整套装饰工程图样中，应有表示各局部索引的索引符号，它对查找、阅读局部图样起着"导航"作用，这非常重要。

装饰平面图的图名应注写在图样的正下方。当装饰设计的对象为多层建筑时，可按其所表明的楼层的层数来命名，如一层装饰图、二层装饰图等；如反映局部空间，可按照局部空间命名，例如客厅平面图、主卧室平面图等。对于多层相同内容的楼层平面，可只绘制一个平面图，在图名上标注"标准层平面图"或"某层～某层平面图"即可，其他楼层可不再绘制。在标注各平面房间或区域的功能时，可用文字直接在平面中注写。

在平面图中，地坪高差以标高符号注明。地坪面层装饰的做法一般可在平面图中用图形和文字表示，为了使地面装饰用材更加清晰和明确（有时为了表明地面材料铺设方向），画施工图时也可单独绘制一张地面铺装平面图，称为铺地图，在图中详细注明地面所用材料品种、规格、色彩。对于有特殊造型或图形复杂而有必要时，可绘制地面局部详图。

2. 顶棚平面图

(1) 顶棚平面图的形成

顶棚平面图也可称为天花平面图、天棚平面图或吊顶平面图。顶棚平面图的绘制方法与平面布置图不同,它是采用镜像视图法来绘制的,在水平剖面处向天花垂直投影而成,如图 2.3 所示。用此方法绘出的顶棚平面图所显示的图像,其纵横轴线排列与平面图完全相同,便于相互对照,清晰识读。

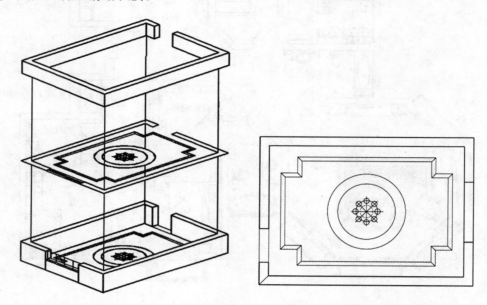

图 2.3　顶棚平面图的形成

(2) 顶棚平面图的表现内容

如图 2.4 所示,室内装饰设计中的顶棚平面图主要表明:

1) 室内顶棚上的装饰造型的平面形状和尺寸。

2) 设备(灯具等)布置和安装位置等。

3) 标高、尺寸。

4) 材料和规格等内容。

(3) 顶棚平面图的表现方法和要求

在建筑设计中一般不画顶棚平面图,而装饰设计中则必须画出顶棚平面图,并应在顶棚平面图上表示出造型的方法、各种设施的位置以及它们之间的距离尺寸。在装饰工程施工图的顶棚平面图中还应标明顶棚的用材、做法;灯具的大小、型号以及部位的尺寸关系等。

在绘制顶棚平面图时,门窗可省去不画,只画墙线,直通顶棚的高柜等家具常以"▨"表示。顶棚平面的图名标注位置及方法同平面图。

在装饰设计和施工中协调水、电、空调、消防等各工种的布点定位是很重要的工作,装饰设计中需绘制顶棚综合布点图。在该图中,应将灯具、喷淋头、风口及顶棚造型的位置都标注清楚。

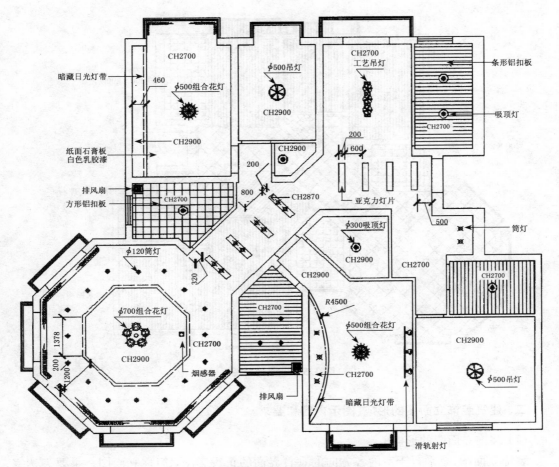

图 2.4 某室内顶棚图

顶棚综合布点图的设计原则：一是不违反各种规范要求；二是各布点不能发生冲突，应满足使用要求；三是要做到造型美观。

3. 地面铺装平面图

地面铺装平面图也称地花图或称地面拼花图。

（1）地面铺装平面图的形成

地面铺装平面图实质是地面装修完成后的水平投影图。当地面装修比较简单，如地面和装修类型较少且没有高低变化时就可由平面布置图代替，但是当地面有拼花花饰时，则不论地面装修类型多少、地面高低是否改变均应画地面装修图，至少也要绘制局部地面拼花图或花饰大样图。

（2）地面铺装平面图的内容、画法

地面铺装平面图主要是用来表现地面装修类型，如贴地砖、铺木地板、砌石材等各种地面做法及其敷设范围；同时地面铺装图中还必须表明地面高差变化的大小及变化范围，对地面高低变化值，一般用参考标高注明也可用文字注解说明。如图 2.5 所示。

当地面铺装做有花饰图案时，则在地面铺装平面图中应绘出花饰图案并注明相关几何尺寸与色彩，如花饰图案造型较复杂时，还应另画大样图。

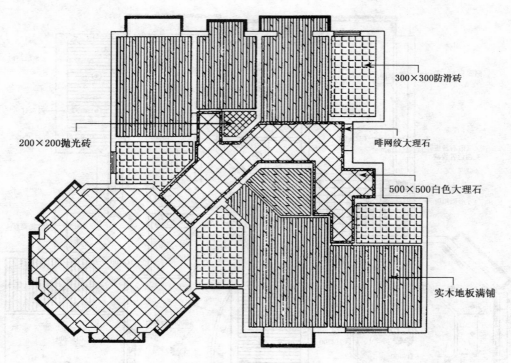

图 2.5　地面铺装图

二、建筑装饰立面图的形成、图示内容和要求

（1）装饰立面图的形成

装饰立面图，是平行于室内各方向的垂直界面的正投影图，简称立面图。主要表达室内墙面及有关室内装饰的情况，例如室内立面造型、门窗、家具陈设、壁挂等装饰的位置和尺寸等，如图 2.6 所示。

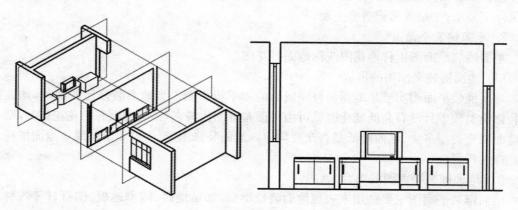

图 2.6　立面图的形成

（2）装饰立面图的内容

装饰立面图表现的图像大多为可见轮廓线所构成，它可以表现室内垂直界面及垂直物

体的所有图像。

在建筑设计中,室内的立面主要通过剖面来表示,建筑设计的剖面可以表明总楼层的剖面和室内部分立面图的状况,并侧重表现出剖切位置上的空间状态、结构形式、构造方法及施工工艺等。而装饰设计中的立面图,则要表现室内某一房间或某一空间中各界面的装饰内容以及与各界面有关的物体。

在装饰立面图中应表明:

1) 室内立面的宽度和高度,顶棚有吊顶时可画出吊顶、叠级、灯槽等剖切轮廓线;墙面与吊顶的收口形式;可见的灯具投影图形等。

2) 立面上的装饰物体或装饰造型(例如壁挂、工艺品等)、门窗造型及分格、墙面灯具、暖气罩等的名称、内容、大小及做法。

3) 需要放大的局部和剖面的符号等。

4) 表达出施工尺寸及标高。

5) 表达出装修材料及说明。

立面图的图名标注位置和方法同平面图、顶棚图。

另外,建筑设计图中的立面方向是指投影位置的方向,而装饰设计中的立面是指立面所在位置的方向,在识图时务必注意。如图 2.7~图 2.9 所示。

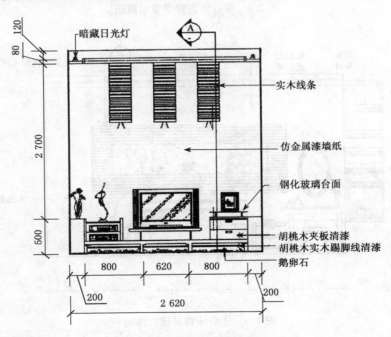

图 2.7 客厅电视背景墙立面图

(3) 装饰立面图的表现方式和要求

在装饰图样中,同一立面可有多种不同的表达方式,每个设计师可根据自身作图的习惯及图样的要求来选择。但是在同一套图样中,通常采用一种表达方式,以免混乱。在立面的表达方式上,目前常用的主要有以下三种:

1) 在装饰平面图中标注立面索引符号,用 A、B、C、D 等指示符号来表示立面的指示

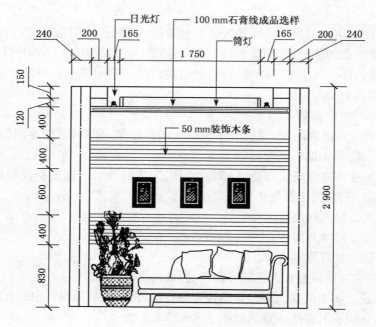

图 2.8　客厅沙发背景墙立面图

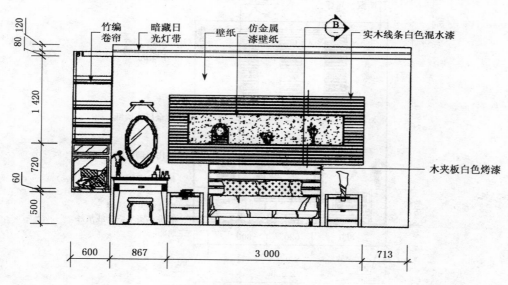

图 2.9　主卧床背景墙立面图

方向,在立面图中再对应标注。

2)在平面设计图中标出指北针,按东西南北方向指示各立面,在立面图中再对应标注。

3)对于局部立面的表达,也可直接使用此物体或方位的名称,例如屏风立面、客厅衣柜立面等。对于某空间中的两个相同立面,只要画出一个立面即可,但需要在图中用文字说明另一个立面与此相同。

室内设计中还有一种立面展开图,它是将室内一些连续立面展开成一个立面,称为室内展开立面图。室内展开立面图尤其适合表现正投影难以准确表明尺寸的一些平面呈弧形或异形的立面图形。

室内装饰立面有时还可以绘制成剖立面图像,又称之为剖立面图。剖立面图中剖切到的地面、顶棚、墙体及门、窗等应表明位置、形状和图例。

三、详图

房间的装修标准越高,则所需的装饰详图数量也越多。装饰详图根据表达内容性质的不同可分为两大类型:一种是着重表现装饰节点内部构造与做法的详图,称为装修构造详图,如图2.10所示;另一种是着重表现节点艺术形象的详图,称为装饰艺术详图,如图2.11所示。

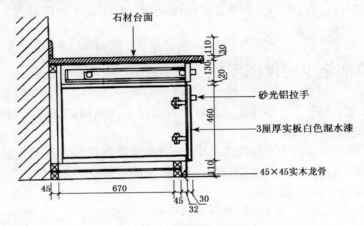

图 2.10　橱柜构造详图

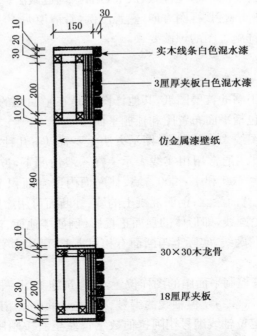

图 2.11　主卧床背景装饰艺术详图

（1）详图的形成

装饰设计施工图需要表现细部的做法，具体的细度往往体现在绘图的深度上。由于平面图、顶棚平面图以及立面图图幅、比例、视图方向有限，对于装饰细部、装饰构配件及某些装饰剖面节点的详细构造常常难以表达清楚，给施工读图带来困难。因此，必须绘制出内容详细、构造清楚的详图。

（2）详图的内容和要求

装饰设计详图是对室内平、立、剖面图中内容的补充。详图根据其形成可分为大样详图和构造剖视图。大样往往表现某一工艺的做法、构造；构造剖视图往往表示某一个很小局部的精细做法。在绘制装饰设计详图时，要做到图例构造清晰、明确；尺寸标注细致；定位轴线、索引符号、控制性标高、图示比例等也应标注正确。对图样中的用材做法、材质色彩、规格大小等可用文字标注清楚。

2.5　建筑装饰施工图读图要领

正确识读装饰工程图是从事建筑装饰行业各类技术人员的必备能力，是指导施工和从事装饰设计工作的基本技能要求。

熟悉基本图例是识读装饰工程图的基础，正确的读图顺序和方法是正确识读装饰工程图的基本保障，基本的构造常识和空间想象是识读装饰工程图的必备能力。

读图时应按照下列顺序进行：

平面布置图→顶棚平面图→立面图→大样详图→构造剖面图。

由大到小、由整体到局部。

读图的重点内容是：方位布置、造型样式、尺寸、用材、构造做法。

此外，读图时应把握图间索引、视图方向，熟悉图例，看清说明。

下面分别举例说明装饰施工图的识读要领。

一、平面图读图要领

装饰平面图是装饰施工图的首要图纸，其他详图均是在平面图的基础上进一步深化设计而绘制的。装饰平面图包括平面布置图和顶棚平面图。

平面图的内容是通过图线来表达的，其图示方法主要有以下几种：

（1）被剖切的断面轮廓线通常用粗实线表示。在一般情况下，被剖切的断面内应画出材料图例，常用的比例是1：100和1：200。墙、柱断面内留空面积不大，画材料图例较为困难，可以不画或在描图纸背面涂红；钢筋混凝土的墙、柱断面可用涂黑来表示，以示区别。

（2）未被剖切图像的轮廓线，即形体的顶面正投影（例如楼地面、窗台、家电、家具陈设、卫生设备、厨房设备等）的轮廓线，实际上与断面有相对高差，可用中实线表示。不同高度面要标注高差。

（3）纵横定位轴线用来控制平面图的图样位置，与建筑施工图一样用单点长画线表示，其端部用细实线画圆圈，用来注写定位轴线的编号。起主要承重作用的墙、柱部位一般都设定位轴线。平面图上横向定位轴线编号用阿拉伯数字自左至右按顺序编写；纵向定位轴线编号用大写的拉丁字母自下而上按顺序编写。其中，I、O、Z三个字母不得用作轴线编号，以便与1、0、2三个数值混淆。

(4) 平面图上的尺寸标注一般分布在图形的内外。凡上下、左右对称的平面图,外部尺寸只标注在图形的下方与左侧。对于不对称的平面图,就要根据具体情况而定,有时甚至在图形的四周都要标注尺寸。

尺寸分为总尺寸、定位尺寸、细部尺寸三种。总尺寸是建筑物的外轮廓尺寸,是若干定位尺寸之和;定位尺寸表明图样与轴线之间的位置关系;细部尺寸体现实体的精细尺度。

如图2.12所示,是某小高层三室二厅住宅装饰平面图,读图时应注意下列要领:

1) 认清方位、楼层。

2) 各空间的布局、人口及交通联系。

3) 门窗位置。

4) 空间内部的分隔处理,各空间的形状、体量。

5) 家具陈设的类型、品种、数量等情况,以及定制和现场制作的家具。

6) 地面装饰的标高和用材情况。

7) 其他设备(给排水等)布置情况。

8) 立面索引符号。

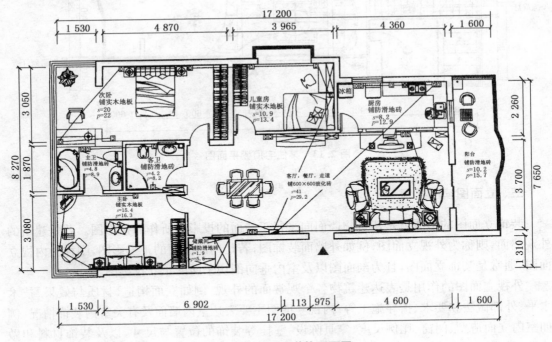

图2.12 某住宅装饰平面图

二、顶棚平面图读图要领

首先弄清楚顶棚平面图与平面布置图各部分的对应关系,核对顶棚平面图与平面布置图在基本结构和尺寸上是否符合。对于某些有跌级变化的顶棚,要分清它的标高尺寸和线型尺寸,并结合造型平面分区线,在平面上建立三维空间的尺度概念。然后通过顶棚平面图,了解顶部灯具和设备设施的规格、品种和数量。再通过顶棚平面图上的文字标注,了解顶棚所用材料的规格、品种及其施工要求。最后通过顶棚平面图上的索引符号,找出详图对照着阅读,弄清楚顶棚的详细构造。

如图 2.13 所示,是某住宅的顶棚装饰平面图,读图时应注意下列要领:

1) 顶棚平面与平面各空间的对应关系。

2) 门窗及洞口的位置。

3) 顶棚的造型样式、造型尺寸、位置尺寸及标高。

4) 顶棚用材及做法。

5) 照明方式以及灯具设备的类型、品种及位置尺寸。

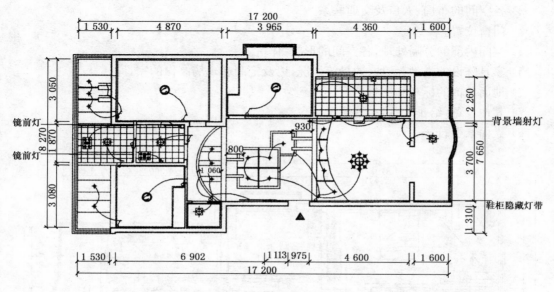

图 2.13　某住宅顶棚平面图

三、立面图读图要领

装饰立面图的形成就是建筑物墙面向平行于墙面的投影面所作的投影图。若是建筑的外观墙面,则称为外视立面图,例如外墙面装饰图;若是内部墙面的正投影图,则称为内视立面图,通常是装饰立面图,且为剖面图以及室内垂向剖切平面的正立投影图。

外视立面图的作用是表达建筑物各个观赏面的外观,例如立面构造、材质与效果、技术水平、外部做法和要求、指导施工等;内视立面图主要表达室内墙面及有关室内装饰情况,例如室内立面造型、门窗、比例尺度、家具陈设、壁挂等装饰的位置与尺寸,以及装饰材料和做法等。

装饰立面图的图示内容有:

(1) 室内立面轮廓线,顶棚有吊顶时可画出吊顶、叠级、灯槽灯剖切轮廓线(用粗实线表示);墙面与吊顶的收口形式;可见的灯具投影图形等。

(2) 墙面装饰造型及陈设(例如壁挂、工艺品等)、门窗造型及分格、墙面灯具、暖气罩等装饰内容。

（3）装饰选材、立面的尺寸标高及做法说明。图外一般标注一至两道垂向及水平向尺寸，以及楼地面、顶棚等装饰标高；图内一般应标注主要装饰造型的定形、定位尺寸。做法标注采用细实线引出。

（4）室内外景观或其他艺术造型的立面形状和高低位置尺寸。

（5）室内外立面装饰的造型和式样，并用文字说明其装饰材料和品种、规格、色彩及工艺要求。

（6）附墙的固定家具及造型。

（7）各种装饰面的衔接收口形式。

（8）索引符号、说明文字、图名及比例等。

通过图中不同的线型含义，搞清楚立面上各种装饰造型的凸凹起伏和转折关系，弄清楚每个立面上有几种不同的装饰面，以及这些装饰面所选用的材料与施工工艺要求。注意设施的安装位置，例如电源开关、插座的安装位置和安装方式，以便在施工中留位。明确装饰结构之间以及装饰结构与建筑结构之间的连接固定方式，以便提前准备预埋件和紧固件。立面上装饰面之间的衔接收口较多，这些内容在立面图上表明比较概括，多在节点详图中详细表明。要注意找出这些详图，明确它们的收口方式、工艺和所用材料。阅读室内装饰立面图时，要结合平面布置图、顶棚平面图和该室内其他立面图对照阅读，明确该室内的整体做法与要求。

如图 2.14 所示，是某住宅墙面装修图，读图时应注意下列要领：

1）通过图名或索引符号，弄清楚立面的出处，即对应立面的哪个空间以及哪个面。

2）本立面包括的内容及其位置关系。

3）立面的装饰造型及其尺寸、用材及做法。

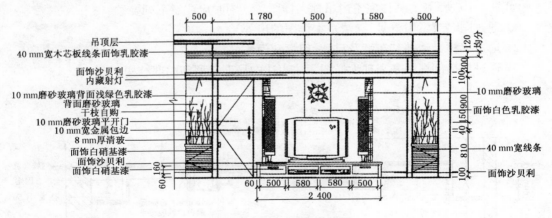

图 2.14 某住宅墙面装修图

四、详图读图要领

在装饰剖面图中，有时由于受图纸幅面、比例的制约，对于装饰细部、装饰构配件及某些装饰剖面节点的详细构造，常常难以表达清楚，给施工读图带来困难，有的甚至无法进行施工。因此，必须另外用放大的形式绘制图样才能清楚表达，满足施工的需要，这样的图样就称为详图。它包括装饰构配件详图、剖面节点详图等。

（1）装饰详图的图示内容

1）标明装饰面和装饰造型的结构形式、饰面材料和支撑构件的相互关系。

2）标明重要部位的装饰构件、配件的详细尺寸；工艺做法和施工要求。

3）标明装饰结构与建筑主体结构之间的连接关系及衔接尺寸。

4）标明装饰面板之间的拼接方式以及封边、盖缝、收口和嵌条等处理的详细尺寸和做法要求。

5）标明装饰面上的设施安装方式或固定方法，以及设施与装饰面的收口收边方式。

（2）装饰详图的分类

1）墙（柱）面装饰剖面图。主要用于表达室内立面的构造，着重反映墙（柱）面在分层做法、选材、色彩上的要求。

2）顶棚详图。主要用于反映吊顶构造、做法的剖面图或断面图。

3）装饰构造详图。独立的或依附于墙柱的装饰造型，表现装饰的艺术氛围和情趣的构造体，例如影视墙、花台、屏风、壁龛、栏杆等造型的平、立、剖面图以及线角详图。

4）家具详图。主要指需要现场制作、加工、油漆的固定式家具，例如衣橱、书柜、储藏柜等。有时也包括可移动家具，例如床、书桌、展示台等。

5）装饰门窗及门窗套详图。门窗是装饰工程中的重要施工内容之一，其形式多种多样，在室内起着分割空间、烘托装饰效果的作用。它的样式、选材和工艺做法在装饰图中有着特殊的地位，其详图有门窗及门窗套立面图、剖面图和节点详图。

6）楼地面详图。反映地面的艺术造型及细部做法等内容。

7）小品及装饰详图。小品、饰物详图包括雕塑、水景、指示牌、织物等的制作图。

（3）室内吊顶大样图

如图 2.15 所示，为某住宅室内吊顶大样图。读图时应注意下列要领：

1）通过图名或索引符号，弄清楚本详图的出处。

2）通过大样弄清楚其造型及尺寸、用材和做法。

3）通过构造剖视图来表现大样图无法表达的局部造型和内部结构。

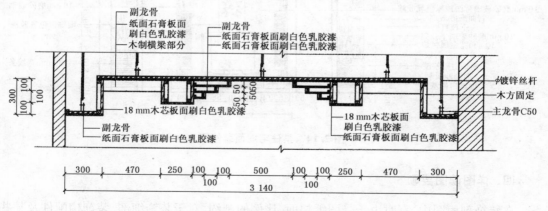

图 2.15　某住宅室内吊顶大样图

3 装饰构造基础知识

3.1 概述

一、装饰装修工程的概念

建筑装饰装修工程,是指在工程技术与建筑艺术综合创作的基础上,对建筑物或构筑物的局部或全部进行修饰、装饰、点缀的一种再创作的艺术活动。

在建筑学中,建筑装饰和装修不易明显区分。通常,建筑装修系指为了满足建筑物使用功能的要求,在主体结构工程外进行的装潢和修饰,如门、窗、阳台、楼梯、栏杆、扶手、隔断等配件的装潢,以及墙、柱、梁、挑檐、雨篷、地面、顶棚等表面的修饰。

建筑装饰主要是为了满足人的视觉要求而对建筑物进行的艺术加工,如在建筑物内外加设的雕塑、绘画以及室内家具、器具等的陈设布置等。所以,装饰和装修仅在"粗"与"细"的程度方面存在着一定区别,在实质方面没有什么区别,即二者都是为了增加建筑物的耐用、舒适和美观程度而进行的技术与艺术的再创作活动。

二、装饰装修工程的作用

(1) 具有丰富建筑设计和体现建筑艺术表现力的功能。

(2) 具有保护房屋不受风、雨、雪、雹以及大气的直接侵蚀,延长建筑物寿命的功能。

(3) 具有改善居住和生活条件的功能。

(4) 具有美化城市环境,展示城市艺术魅力的功能。

(5) 具有促进物质文明与精神文明建设的作用。

(6) 具有弘扬祖国建筑文化和促进中西方建筑艺术交流的作用。

三、建筑装饰工程内容、范围和项目划分

建筑装饰工程内容、范围和项目划分,目前尚无明确的统一标准和规定。因为,装饰工程包括新建、改建、改造、返修等,工程内容不一。一般新建工程装饰分两个阶段进行,前期为一般装修(俗称"粗装修"),后期为专业装饰(俗称"精装修或二次装饰"),还有设备安装、给排水、照明灯饰、消防、通风空调、音响、艺术雕塑、庭院美化等。改建、改造、返修工程,其装修装饰的内容也不一致,明确划分有一定困难,下面介绍几种装饰内容和标准的划分规定,仅供参考。

1. 一般习惯做法的内容划分

精装饰工程的内容有:

（1）楼地面：块料面层、木地板、地毯、现制彩色艺术水磨石、踢脚线和台阶等。

（2）墙面：玻璃幕墙、块料面层、木墙面、复合材料面层、布料、墙纸、喷涂等。

（3）吊顶：木龙骨、轻钢龙骨、铝合金龙骨架、面层封板装饰（石膏板、矿棉板、吸音板、多层夹板、铝合金扣板、挂板、格栅、不锈钢板、玻璃镜面）等。

（4）门：高级木门、铝合金门、无框玻璃门、自动感应玻璃门、转门、卷帘门、自动防火卷帘门等。

（5）窗：木花式窗、铝合金窗、玻璃柜窗等。

（6）隔断：木隔断、轻钢龙骨石膏板、铝合金、玻璃隔断等。

（7）零星装饰：暖气罩、窗帘盒、窗帘轨、窗台板、筒子板、门窗贴脸、风口、挂镜线等。

（8）卫生间和厨房：顶棚、墙面、地面、卫生洁具、排气扇及其配套的镜、台、盒、棍、帘等。

（9）灯具装饰：吊灯、吸顶灯、筒灯、射灯、壁灯、台灯、床头灯、地灯及各种插座、开关等。

（10）消防：喷淋、烟感、报警等。

（11）空调：风机、管道、设备等。

（12）音响：扬声器、线路、设备等。

（13）家具：柜、橱、台、桌、椅、凳、茶几、沙发、床、架、窗帘等。

（14）其他：艺术雕塑、庭院美化等。

2. 建筑装饰工程分类

按装饰用品分类，可分为以下 13 类：

（1）卫生洁具及配件

浴缸、洗面具、大小便器、妇女洗涤器、水嘴、落水、卫生间配件（盒、架、挂钩、烘手器等）。

（2）饰面材料

壁纸、墙布、花岗石、大理石、人造大理石、面砖、地毯、壁毯、各种装饰板、各种玻璃、各种型材（轻金属和塑料）及配件。

（3）门窗及配件

各种材质及成型的门、窗、门窗锁、合页、插锁、闭门器、地弹簧、停门器、执手撑杆、窗帘导轨等。

（4）家具及配件

客房、餐厅、会议厅（室）家具、各种柜台、家具五金。

（5）灯具、灯饰

台灯、壁灯、吊灯、吸顶灯、落地灯、装饰灯、亭园灯、无台灯等。

（6）厨房设备及用具

炉台、灶、排烟器及管道、调理台、柜、架、槽、制冷设备、加热设备、各种家具及器皿用具及炊具。

（7）纺织用品（按用途分类）

① 墙面贴饰类；② 地面铺设类；③ 家具覆设类；④ 挂帷遮饰类；⑤ 床上用品；⑥ 卫生洁具清洗类；⑦ 餐厨杂饰类。

（8）陈设用品

茶具、花瓶、工艺品、各种镜子。

（9）美容器械及用品

美容理发用品、电动理发用品、按摩椅及器械、电动理发椅、化妆用品等。

（10）室内电器

电冰箱、空调器、电扇、吸尘器、空气净化器、洗衣设备。

（11）通信、传呼、音像设备

电视机、音响系统、电话、电器控制柜、通信联络控制系统。

（12）文体用品

电子游戏机、桌球台、保龄球、健身器材等。

（13）防火消防设施

消防栓、消防器械等。

3.2 楼地面装饰构造

一、概述

楼地面是指建筑物首层、地下层及各楼层地面的总称，是围合室内空间的基面，通过其基面、边界限定了空间的平面范围。从构造技术角度来看，室内地面有别于室内天棚、墙面，它是人们日常生活、工作、学习中接触最频繁的部位，也是建筑物直接承受荷载，经常受撞击、摩擦、洗刷的部位。因此在满足人们的视觉效果与精神上的追求及享受时，更多的应满足基本的使用功能。如图 3.1 所示。

图 3.1　地面材质的功能性和装饰性需同时考虑

二、室内楼地面装饰功能及要求

室内楼地面的装饰装修，因空间、环境、功能以及设计标准的不同而有所差异，但总体来看应着重注意下面几点。

（1）行走舒适感：室内楼地面首先需满足人行走时的舒适感。应平整、光洁、防滑、不易起层起灰、易清洁、不潮湿、不渗漏、坚固耐用。

（2）热舒适感：室内楼地面宜结合材料的导热、散热性能以及人的感受等综合因素加以考虑。使室内楼地面具有良好的保温、散热功效，给人以冬暖夏凉的感受。

（3）声舒适感：室内楼地面应有足够的隔音、吸声性能。可以隔绝空气声、撞击声、摩擦声，满足基本的建筑隔音、吸声要求。

（4）有效的空间感：室内楼地面装饰装修必须同天棚、墙面、室内家具、植物统一设计，综合考虑色彩、光影，从而创造出整体而协调的空间效果，如图 3.2 所示。

图 3.2 不同材质的组合具有明显的区域感，同时与其他元素构成整体的空间效果

（5）耐久性：室内楼地面在具备舒适性、装饰性的同时，更应根据使用环境、状况及材料特性来选择楼地面的材质，使其具备足够的强度和耐久性，经得起各种物体、设备的直接撞击、磨损。

（6）安全性：室内装修往往重视装饰，而忽略安全。但装饰性与安全性同等重要。楼地面装饰装修的安全性主要是指地面自身的稳定性以及材料的安全性，它包括防滑、阻燃、绝缘、防雨、防潮、防渗漏、防腐、防蚀、防酸碱等。

三、室内楼地面的组成

室内楼地面的基本结构主要由基层、垫层和面层等组成。同时为满足使用功能的特殊性还可增加相应的构造层，如结合层、找平层、找坡层、防火层、填充层、保温层、防潮层等，如图 3.3 所示。

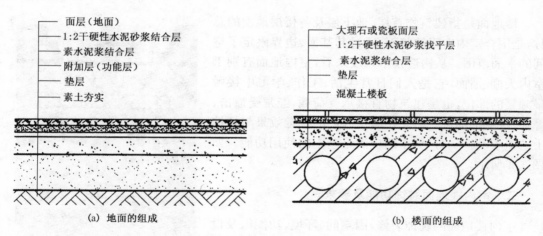

面层（地面）
1:2干硬性水泥砂浆结合层
素水泥浆结合层
附加层（功能层）
垫层
素土夯实

大理石或瓷板面层
1:2干硬性水泥砂浆找平层
素水泥浆结合层
垫层
混凝土楼板

(a) 地面的组成　　　　　　　　　　　(b) 楼面的组成

图 3.3 地面和楼面的组成

四、室内楼地面材料的选用原则

地面与人长期接触，它在人的视阈中所占比例较大。人们在室内活动中时刻感知着地面材料的色彩、图案、质地的变化，同时楼地面也是室内装饰装修中最容易出问题的部位。因此楼地面材料的选择必须考虑防滑、防静电、易清洁、耐磨和坚固，以保证其安全性和耐久性。

材料的选用除了满足基本的使用功能要求外，还要对材料的形状、质地、色彩、图案、重量、尺度、方向进行综合考虑、逐一分析。同时利用材料中的花型、图案、肌理作建筑空间的导向性处理，满足视觉效果要求，给人以无形的空间延伸感，如图 3.4 所示。

(a) 材料的正确选用对室内情调的产生有举足轻重的作用

(b) 黑白相间的地砖使空间有无限的延伸感

图 3.4 室内楼地面材料的选用

五、室内楼地面的分类

室内楼地面的类型可从材料和构造形式两方面来分类。

根据材料分类主要有水泥类楼地面、陶瓷类楼地面、石材类楼地面、木质类楼地面、软质类楼地面、塑料类楼地面、涂料类楼地面等,如图 3.5 所示。

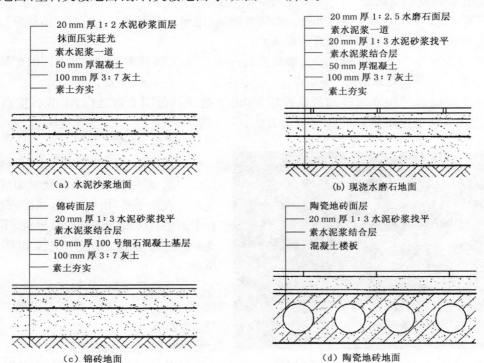

图 3.5 楼地面的分类

根据构造形式分类主要有整体式楼地面、板块式楼地面、木(竹)楼地面、软质楼地面等。

六、水泥类楼地面

水泥类楼地面根据配料不同可分为水泥砂浆楼地面、现浇水磨石楼地面、细石混凝土楼地面等,它们都是以水泥为主要原料配以不同的骨料组合而成,属一般装饰装修构造。

七、陶瓷类楼地面

陶瓷地砖用于楼地面装饰已有很久的历史,由于地砖花色品种层出不穷,因而仍然是当今盛行的装饰材料之一。陶瓷地砖具有强度高、耐磨、花色品种繁多、供选择的范围大、施工进度快、工期短、造价适中等优点,广泛用于公共空间和住宅空间。

随着制陶技术的不断发展,陶瓷地砖已不仅仅局限于普通陶瓷(土)地砖和陶瓷锦砖。愈来愈多的新型地砖不断出现,品种、花色多种多样,有全瓷地砖、玻化地砖、劈离砖、广场砖、仿石砖、陶瓷艺术砖等。设计时应根据具体情况,选择最适当的材料。

1. 陶瓷的基本知识

陶瓷制品根据烧制程度,可分为陶器、瓷器、炻器三大类。

陶器:其烧结程度较低,吸水率较高(吸水率大于10%),断面粗糙无光,不透明。陶器制品可施釉,也可不施釉,分粗陶与精陶两种。

瓷器:坯体致密,烧结强度高,基本不吸水(吸水率小于1%),有一定的透光性,通常都施釉。它有粗瓷和细瓷之分。

炻器:是介于陶器和瓷器之间的一类陶瓷制品,也称为半瓷器或石胎器。炻器按其坯体的致密程度不同,分为粗炻器和细炻器两类。

建筑装修工程中所用陶瓷地砖、墙砖及洁具等,一般都属精陶至粗炻器范围的产品。

2. 室内常用陶瓷地面砖

用于楼地面的陶瓷地砖花色品种繁多,可供选择的范围非常之广,本节将重点讲授室内装饰装修常用陶瓷地面砖及构造方法。

图 3.6　陶瓷地砖整齐而富有韵律感

(1)陶瓷地砖

陶瓷地面砖是以优质陶土为原料,加以添加剂,经制模成形高温烧制而成。陶瓷地砖表面平整,质地坚硬,耐磨强度高,行走舒适且防滑,耐酸碱、可擦洗、不脱色变形、色彩丰富,用途广泛,如图3.6所示。

陶瓷地砖规格、品种繁多,分亚光、彩釉、抛光三类。不同厂家有自己的产品型号、规格、尺寸。

(2)玻化地面砖

玻化砖是随着建筑材料和烧结技术

的不断发展,而出现的一种新型高级地砖。以石英、长石和一些添加剂为原料,配料后碎成粉末,再经高压成型,最后在 1260℃ 以上的高温下烧制,使石料熔融成玻璃态后,抛光而成。它表面具有玻璃般的亮丽质感,可制作出花岗岩、大理石的自然质感与纹理,其质地密实坚硬具有高强度、高光亮度、高耐磨度,吸水率小于0.1%,耐酸碱性强,不留污渍,易清洗,长年使用不变色。板面尺寸精确平整,色泽均匀柔和,易于施工。适用于各种场所的墙面、地面装饰,如图 3.7 所示。

常用规格为 400 mm×400 mm 至 1 000 mm×1 000 mm;厚为 10~18 mm。

（3）锦砖

锦砖分为陶瓷和玻璃两类,它是一种传统装饰材料,广泛用于建筑物的内外墙面和地面装饰,如图 3.8 所示。

**图 3.7　玻化砖的反光与巨大钢架
产生动静相交的空间感受**　　**图 3.8　强调锦砖自身的变化
增添空间秩序感**

1）陶瓷锦砖:俗称马赛克,是以优质陶土经高温烧制而成。由于陶瓷锦砖规格太小,为了便于施工,出厂前厂家按一定的拼花图案,将小锦砖反贴在长宽均为 305.5 mm 的牛皮纸上,称为一"联"或一"张"。

陶瓷锦砖分釉面和无釉面两大类。它具有质地坚硬、性能稳定、花色繁多、色彩典雅、图案丰富、耐酸碱、耐磨、耐火、吸水率小、易洁洗、抗压强度高等特点,多用于建筑外立面和卫生间、厨房、浴室、走廊的内墙及地面的装饰。

2）玻璃锦砖:又叫玻璃马赛克,是将石英砂和纯碱与玻璃粉按一定的比例混合,加入辅助材料和适当的颜料,经 1 500℃ 高温熔融压制而成的一种乳浊制品,最后经工厂将单块玻璃锦砖按图案、尺寸反贴于牛皮纸上的一种装饰材料。

玻璃锦砖具有较高的强度和优良的热稳定性和化学稳定性。具有表面光滑、不吸水、抗污性好、历久常新的特点,其用途较陶瓷锦砖更加广泛,是一种很好的饰面材料。

3. 陶瓷地面砖的铺设

室内装饰装修工程不管采用何种地砖进行地面装饰,均要求地砖的规格、品种、颜色必须符合设计要求,抗压抗折强度符合设计规范,表面平整、色泽均匀、尺寸准确,无翘曲、破角、破边等现象。各种地砖的构造技术大同小异,基本相同,如图 3.9 所示。

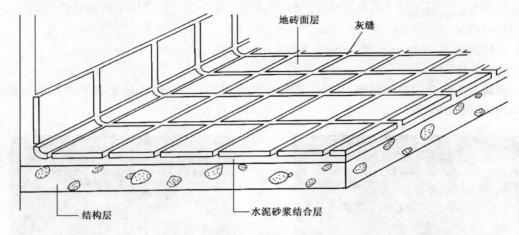

图 3.9　地砖的铺设

陶瓷地面砖的铺设要点:

(1) 基层处理:地砖在铺贴前应对基层表面较滑部位进行凿毛处理,然后再用 1:3 的水泥砂浆均匀地涂刷于地面,厚度不大于 10 mm 为宜。在水泥砂浆内可加入适量乳胶液,以增加其黏结度。

(2) 抄平放线:根据设计规定的地面标高进行抄平。同时将地面标高线弹于四周墙面上,作铺贴地砖时控制地面平整度所用。标高线弹好后,应根据地砖的尺寸在室内找中心点。

(3) 做灰饼标筋:根据中心点在地面四周每隔 1 500 mm 左右拉相互垂直的纵横十字线数条,并用半硬性水泥砂浆按间距 1 000 mm 左右做一个灰饼,灰饼高度必须与找平层在同一水平面,纵横灰饼相连成标筋,作为铺贴地砖的依据,如图 3.10 所示。

(4) 试拼:铺贴前根据分格控制线确定地砖的铺贴顺序和标准块的位置,并进行试拼,检查图案、颜色及纹理的方向及效果。试拼后按顺序排列,编号,浸水备用。

(5) 铺贴地砖:根据其尺寸大小分湿贴法和干贴法两种。

1) 湿贴法:此方法主要适用于小尺寸地砖(400 mm×400 mm 以下)。

用 1:2 水泥砂浆摊在地砖背面,将其镶贴在找平层上。同时用橡胶槌轻轻敲击地砖表面,使其与地面粘贴牢固,以防止出现空鼓和裂缝。

铺贴时,如室内地面的整体水平标高相差超过 40 mm,需用 1:2 的半硬性水泥砂浆铺找平层,边铺边用木方刮平、拍实,以保证地面的平整度。然后按地面纵横十字标筋在找平层上通贴一行地砖作为基准板,再沿基准板的两边进行大面积铺贴。

2) 干贴法:此方法适用于大尺寸地砖(500 mm×500 mm 以上)的铺贴。

首先在浆好的地面上用 1:3 的干硬性水泥砂浆铺一层厚度为 20～50 mm 的垫层。干硬性水泥砂浆密度大,干缩性小,以手捏成团,松手即散为好。找平层的砂浆应采用虚铺方

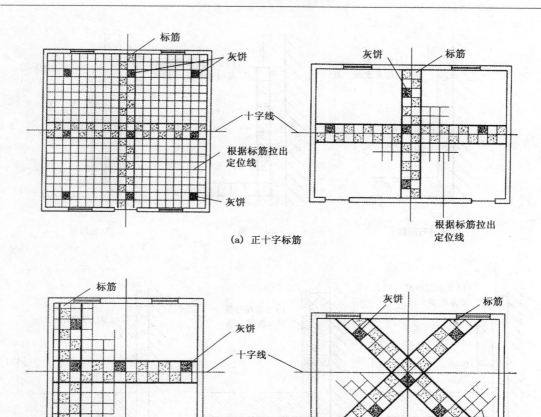

（a）正十字标筋

（b）丁字标筋

（c）斜十字标筋

图 3.10 地面铺装"标筋"构造示意图

式,即把干硬性水泥砂浆轻轻而均匀地铺在地面上,不可压实。然后将纯水泥浆刮在地砖背面,按地面纵横十字标筋通铺一行地砖于硬性水泥砂浆上作为基准板,再沿基准板的两边进行大面积铺贴。

（6）压平、拨缝:镶贴时,应边铺贴边用水平尺检查地砖平整度,同时调整砖与砖之间的缝隙,使其纵横线之间的宽窄均匀一致、笔直通顺,板面也应平整一致。

（7）安装踢脚板:待地砖完全凝固硬化后,可在墙面与地砖交接处安装踢脚板。踢脚板的材质有水磨石、陶瓷、石材、金属、木材、塑料等,如图 3.11 所示。

（8）养护:铺装完毕后应立刻用干布把地砖表面擦拭干净,养护 1~2 天。并用与地砖颜色相同的勾缝剂,进行抹缝处理,使地面面层接缝美观一致,最后可进行打蜡抛光处理。

4. 锦砖地面的铺设

锦砖一般采用湿作业法进行铺贴,如图 3.12 所示。

（1）基层处理、抄平放线和陶瓷地砖的构造方法相同。

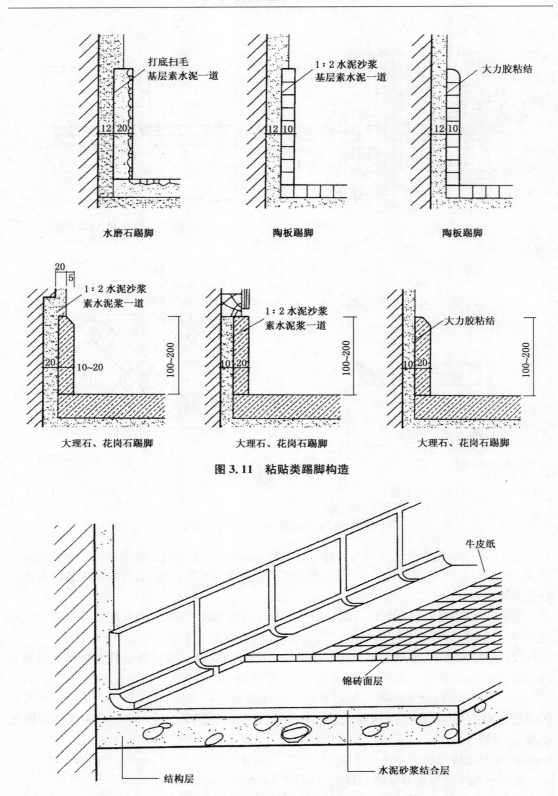

图 3.11　粘贴类踢脚构造

图 3.12　锦砖铺设示意图

（2）弹线定位：根据设计要求和施工大样图，在找平层上分别弹出水平和垂直控制分格定位线，以保证地面拼花与图案的完整性，同时计划好锦砖的用量。

（3）做灰饼标筋：按分格定位线做与底层灰相同高度的灰饼标筋。

（4）铺贴锦砖：将 1∶1 水泥砂浆（可掺入适量乳胶液，增加黏结度）抹入一"联"锦砖非贴纸面，以地面定位控制线为依据，在找平层上通贴一行锦砖作基准板，再从基准板的两边进行大面积铺贴。同时用木板压实压牢，并擦净边缘缝隙溢出的水泥砂浆。铺贴时应随时用水平尺控制锦砖表面的平整度，并调整锦砖之间的缝隙，缝与缝之间应平整、光滑、无空鼓。

（5）揭纸：铺贴完毕初凝后，洒水湿润牛皮纸，养护至充分凝固（12 小时左右），并轻轻揭去面纸，如有单块锦砖随纸揭下须重新补上。

（6）缝隙处理：锦砖完全凝固后，用软布包白水泥干粉填缝，也可根据锦砖的颜色，选择相应的彩色填缝剂进行抹缝。

（7）养护：养护 1～2 天，养护期间可在锦砖表面洒水数次，增加黏结度。

八、石材类楼地面

石材类楼地面在装饰装修中运用非常普遍。它包括天然石材和人造石材两大类，其特点是强度高、硬度大、耐磨性强、光滑明亮、色泽美观、纹理清晰、施工简便，广泛用于公共建筑空间和住宅空间的墙面、地面及其他部位的装饰。

1. 天然石材

天然石材主要包括天然花岗岩、天然大理石及天然青石、板岩等，天然岩石按地质形成条件分为火成岩、沉积岩和变质岩。

（1）天然花岗岩

天然花岗岩属火成岩或深成岩，它的主要矿物成分为长石、石英及少量的云母，是一种酸性岩石。花岗岩常呈整体均匀的粒状结构，按结晶颗粒大小不同常分为细粒、中粒、斑状等，其颜色主要由长石的颜色与少量云母及深色矿物的分布情况而定。

花岗岩结构致密，强度高、耐风化、耐酸碱、耐腐蚀、耐高温、耐冰雪、耐摩擦。各项指标都远远高于大理石，其使用年限可达数百年。

花岗岩虽然强度高、硬度大，但质脆，耐火性较差，这是因为花岗岩中所含的石英矿物成分在遇高温（573～870℃）时，会产生晶型转变，而导致石材爆裂。石英含量越高的花岗岩，耐火性能越差。有些花岗岩有辐射性，故在室内装饰装修时必须选用符合国家标准的 A 类花岗岩。

天然花岗岩经打磨抛光后，可呈现出美丽、高雅的斑点状花纹，表面光亮如镜，也可以加工成表面粗糙的火烧板。它广泛用于宾馆、商场、博物馆、银行等公共建筑的室内外墙面、地面、柱面、天棚装饰，如图 3.13 所示。

图 3.13 花岗岩地面

图 3.14　大理石拼花地面

（2）天然大理石

天然大理石是一种变质岩，属碱性岩石，它是经过地壳内高温高压作用而形成的，常呈层状结构，有显著的结晶或斑状条纹。它的主要矿物为方解石、白云岩、石灰岩。大理石中以汉白玉较为名贵，它主要含有白云石（约占 99%）和少量方解石及其他成分（约占 1%）。大理石的颜色与化学成分有关，当含有碳酸钙、碳酸镁时，大理石呈白色，当含有锰时大理石是紫色。

天然大理石晶粒细小，结构致密，但硬度中等，抗风化性差（除汉白玉、艾叶青等外）。由于大理石的主要成分为碱性碳酸钙，它在大气中易受二氧化硫和酸雨等腐蚀，使其表面失去光泽，出现污垢，而不宜清洁，一般不宜用于室外装饰，如图 3.14 所示。

（3）青石

青石是水成沉积岩，材质软，易风化。其风化程度及耐久性与岩石体埋深差异有关。掩埋较浅，风化较严重，反之，耐久性较佳。

青石可按自然纹理劈成块状，表面不用研磨抛光。基本无纹理，其颜色有棕红、灰绿、蓝、黄等。用于室内外地面装饰，不仅起到防滑的作用，同时有一种天然粗犷的原始韵味，艺术效果极佳，且价廉。是近年来广受欢迎的一种装饰材料。

（4）板岩

板岩是由黏土页岩（沉积岩）经变质而成的一种变质岩。它的矿物成分为颗粒很细的长石、石英、云母和黏土。板岩呈片状结构，易于开采成薄片。板岩质地紧密，硬度较大，不易风化，使用寿命可达数十年。它有灰、紫、紫黄、绿灰、红灰、蓝灰等颜色，是一种优良的装饰石材，在国外常常用于屋面、外墙、地面的装饰。但自重较大，韧性较差，受震动时易碎裂，且不易抛光，如图 3.15 所示。

图 3.15　板岩地面

图 3.16　人造石地面

其品种主要有石英板、砂岩板、锈板、蘑菇板、瓦片板等。

2. 人造石材

人造石材主要是由不饱和聚酯、树脂等聚合物或水泥为黏结剂,以天然大理石、碎石、石英砂、石粉等为填充料,经抽空、搅拌、固化、加压成型、表面打磨抛光而制成。

人造石的种类较多,有水酯型人造石、聚酯型人造石、复合型人造石、烧结型人造石、微晶玻璃型人造石。其中以聚酯型人造石、微晶玻璃型人造石和水泥型人造石最为常见。

人造石以稳定性好、结构紧密、强度高、耐磨、耐寒、抗污染、价格较低、可塑性强、施工方便等优点,而成为一种应用较广泛的室内装饰材料,如图3.16所示。

(1) 聚酯型人造石

聚酯型人造石包括聚酯人造花岗岩、人造玛瑙石。具有光泽度高、色泽均匀、美观高雅、强度大、耐磨、耐污染、色彩可按要求调配等优点,是一种价廉物美的装饰材料,某些指标优于天然石材,可广泛用于室内外地面、墙面的装饰。

(2) 微晶玻璃型人造石

微晶玻璃型人造石是由无机矿粉经过高温熔制为玻璃状,再高温烧结而得到的多晶体。它集中了玻璃与陶瓷的特点,所以又称微晶玻璃石。

微晶玻璃型人造石不是传统意义上用来采光的玻璃品种,它的成分与天然花岗石相同,都属硅酸盐质。除比天然石材具有更高的强度、耐蚀性、耐磨性外,还具有结构致密而细腻,硬度高、抗压、抗弯、耐冲击性能等均优于天然石材的特点。其吸水率极低(0～0.1%),几乎为零。外观纹理清晰,色泽鲜艳,无色差,不褪色,无放射性污染。颜色可根据需要调制,规格大小可控制,还能生产弧形板。施工安装方法有粘贴法和干挂法。

3. 石材地面的基本构造

石材铺装,可根据设计的要求以及室内空间的具体尺寸,把石材切割成规则或不规则的几何形状,尺寸可大可小,厚度可薄可厚。石材类地面的铺装一般用干贴法进行施工。

石材地面的铺设要点:

(1) 基层处理:清洁基层,同时用素水泥浆均匀地涂刷地面。

(2) 抄平放线和地砖构造方法相同。

(3) 选板试拼:天然石材的颜色、纹理、厚薄不完全一致,因此在铺装前,应根据施工大样图进行选板、试拼、编号,以保证板与板之间的色彩、纹理协调自然。

(4) 涂刷防污剂:按编号顺序在石材的正面、背面以及四条侧边,同时涂刷防污剂(保新剂),这样可使石材在铺装时和以后的使用过程中,防止污渍、油污浸入石材内部,而使石材保持持久的光洁。

(5) 铺找平层:根据地面标筋铺找平层,找平层起到控制标高和黏结面层的作用。按设计要求用1:1～1:3干硬性水泥砂浆,在浆好的地面均匀地铺一层厚度为20～50 mm的干硬性水泥砂浆。因石材的厚度不均匀,在处理找平层时可把干硬性水泥砂浆的厚度适当增加,但不可压实。

(6) 铺装石材:在找平层上拉通线,随线铺设一行基准板,再从基准板的两边进行大面积铺贴。铺装方法是将素水泥浆均匀地刮在选好的石材背面,随即将石材镶铺在找平层上,边铺贴边用水平尺检查石材表面平整度,同时调整石材之间的缝隙,并用橡胶槌敲击石材表面,使其与结合层黏结牢固。

(7) 抹缝：铺装完毕后，用棉纱将板面上的灰浆擦拭干净，并养护 1～2 天，进行踢脚板的安装（如图 3.11 所示），然后用与石材颜色相同的勾缝剂进行抹缝处理。

(8) 打蜡、养护：最后用草酸清洗板面，再打蜡、抛光。

图 3.17　木地板地面

九、木质类楼地面

木质楼地面是指楼地面的表层采用木板或胶合板铺设，经上漆而成的地面。其优点是弹性好、生态舒适、表面光洁、木质纹理自然美观、不老化、易清洁等；同时还具有无毒、无污染、保温、吸声、自重轻、导热性小以及自然、温暖、高雅等特点。它被广泛用于住宅、办公室、体育馆、展览馆、宾馆、健身房、舞台等。它不仅被用于地面的装饰，而且还可用于墙面、天棚的装饰，如图 3.17 所示。

随着制造工艺的不断改进和创新，木地板的诸多缺点如燃烧等级低，防水性能差，表面不耐磨，易被虫蛀，易变形等，均得到一定的改善或被克服。但是在装饰装修时，这些问题不能被完全忽略，应结合实际情况综合考虑。

1. 木质楼地面的类型

木质楼地面的类型已从单一的普通木质地板发展为多材质、多品种、多形式的新型高级装饰木地面。木地面按材质分有软木类地面、硬木类地面；按品种分有复合类木板地面、强化类木板地面、实木类地面；按形式分有条形类木板地面、拼花类木板地面；按构造技术分有架空式木地面、实铺式木地面、粘贴式木地面。所有木质类地面，有各自的特点，应根据具体情况选择和使用，而现代室内装饰装修中以实木板地面、复合木板地面、强化木板地面最为常见。

（1）实木地板

实木地板根据加工工艺的不同有长条木地板、指接木地板、集成木地板、拼木地板等。均以高贵硬木为原料，经化学处理，高温干燥定型后，加工出带有企口的木地板。

实木地板具有木材的天然纹理美，木质自然而色泽柔和、自重轻、强度高、弹性好、脚感舒适、冬暖夏凉、气味芳香、环保健康等优点。实木地板适用于高级宾馆、办公室、别墅、住宅等。

实木地板表面有上漆和不上漆之分。一般实木地板出厂时表面已上漆，省去了安装后的涂漆工序。

实木地板常用规格有长 300～1 000 mm，宽 90～125 mm，厚 18 mm。

（2）复合木地板

复合木地板是由多种天然木材复合而成的一种新型、高档地面装饰材料。它是将优质硬木如橡木、柞木、楠木、柚木切成片状作面层，以杉木、松木经纵横交错，形成 3～5 层的叠式结构作为芯板和底板，经热压、胶合、上漆等工艺加工而成。具有硬度高、耐磨、木纹清晰、色泽明快、不变形、坚固耐用、防水防潮性能好等优点。适用于住宅、别墅、宾馆、饭店等。

复合木地板常用规格有长 600～1 200 mm，宽 170～200 mm，厚 12～18 mm。

（3）强化木地板

强化木地板又叫强化复合木地板，是近年来在国内市场较流行的一种新型铺地材料。

强化木地板一般由面层、装饰层、基层、底层四层结构复合而成，有些很高级的由七层复合而成。

面层又叫保护耐磨层，为三氧化二铝涂层，是一种坚硬异常且不起化学反应的高科技结晶，保护装饰层的色彩图案不受磨损，具有抗冲击力强、防污、防紫外光、抗烫、阻燃性能佳、超强耐磨、易于保养等优点。

装饰层可根据要求经照相、印花仿制出各种花色图案及名贵树木、石材等的外观纹理，图案色彩美丽逼真，具有极强的装饰性。

基层为高密度防潮纤维板，能有效增加木地板的强度，改善其弹性性能和抗变形能力。

底层又叫防潮层，为具有防水防潮性能的合成树脂板，起防潮、阻燃作用。

强化木地板有天然木质地板的质感，又有花岗岩的坚硬，耐磨系数极高，表面不用上漆打蜡，地板带有企口，故安装非常简便。强化木地板规格多样，厂家不同，其规格不同。

（4）防水地板

防水地板又叫桑拿地板，是以天然木材经蒸、煮、油漆浸泡、防腐、防水等工艺处理而成，具有独特的防水、防滑功能，以及有保暖、耐磨、不发霉、不腐烂、不变形、不开裂、施工快捷等特点，是一种新型地面装饰材料，适合浴室、厨房、露台、游泳池等潮湿场所使用。它由硬质塑料和防水地板两部分组成。

（5）软木地板

软木地板是将软木颗粒热压并切割成片状，表面涂以透明的树脂耐磨层而制成的地板，是一种天然复合地板。软木是一种天然材料，自身具有柔软的弹性、保温性和隔热性，其隔音吸声、耐水性极佳，同时有自然、美观、防滑、抗污、脚感舒适等特点，并且有抗静电、耐压、阻燃等功能。软木地板有长条形和方块形两种规格，长条形规格为 900 mm×150 mm，方块形为 300 mm×300 mm。软木除用来制造地板外，还可制成墙面装饰材料，即软木贴面板。

2. 木质楼地面的基本构造

木质楼地面按构造形式可分为有地垄墙架空木地面和无地垄墙木地面两大类。

（1）地垄墙架空木地面

地垄墙架空木地面多用于建筑的底层，它主要是解决设计标高与实际标高相差较大以及防潮问题，同时可以节约木地板下面的空间用于安装、检修管道设备。

地垄墙架空木地面主要由地垄墙、垫木、剪刀撑、木格栅、基层板和面板等组成。

地垄墙架空木地板的铺设要点：

1）砌地垄墙：地垄墙或砖墩，在架空木地板构造中不仅起着连接木格栅和防潮的作用，还起到承载木地面的荷载，使木格栅受力均匀的作用。地垄墙一般采用砖体砌筑，它们之间的间距，一般不大于 2 m。并在地垄墙上及建筑外墙上留通风洞，使空气对流，以利防潮。如架空木板内铺设了管道设备，还需预留检查孔。

2）安置垫木：地垄墙砌筑完毕后，应进行弹线、抄平，并在其上面设置 50 mm×100 mm 的垫木，用铁钉或用不锈钢膨胀螺栓固定，然后用沥青涂刷封层，以防受潮。

3）铺钉木格栅、剪刀撑：在地垄墙与垫木上铺钉木格栅，它的作用是固定和承托基层板及面板，木格栅的大小可根据设计及具体跨度来确定。木格栅的间距一般为 400～

600 mm,为了保证木格栅的稳定性以及加强木地面的强度及整体性,还要在木格栅之间加剪刀撑,如图3.18所示。木格栅、剪刀撑需进行防潮、防虫处理。

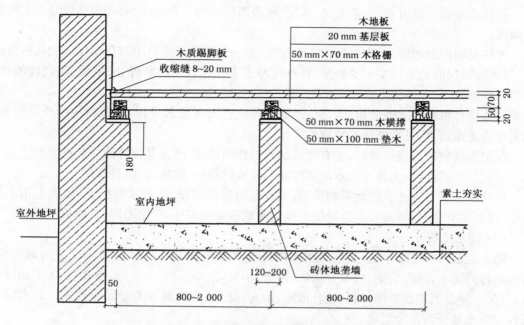

图3.18 地垄墙架空木地板装修构造示意图

另外也可用镀锌钢架代替垫木和木格栅及剪刀撑。用钢架作龙骨具有防腐、防虫蛀、阻燃、耐用等优点。

4)铺装基层板:木地板铺装有单层和双层之分,如图3.19所示。

单层地板是基层、面层合二为一,在木格栅上直接铺钉木板,并把表面刨光然后装踢脚板、补灰、上漆。木地板厚度一般为15~25 mm,其材料可是木板也可是胶合板。

双层木地板是先在木格栅上铺订一层基层板,表面须光洁平整,基层板厚度一般为12~20 mm,需进行防虫、防腐处理。然后在基层板之上铺装带有企口的木地板。

5)铺装木地板:木地板的安装构造方法,应根据木地板自身的构造特点选择相应的安装方式。其中实木地板、复合木地板的安装方法基本相同,但与强化木地板的安装有所区别。

① 实木地板铺装工艺:根据木地板的长、宽尺寸及拼花排板形势,在基层板表面弹出分格定位线。木地板的拼花图案可根据设计要求排列出各式各样的组合造型,如图3.20所示。一般以错缝形势从门口或房间一边墙根往中间进行铺装。每铺一块木地板,应用小铁锤垫木块轻击木地板的长、短边,使木地板企口与企口之间咬合牢固。然后在另两条边的凹凸处,每边钉2~4颗圆钉或直钉增加木地板与基层的稳定性。木地板与墙面之间必须留8~20 mm的膨胀收缩缝。边铺装边检查地板平整度,板与板之间的缝隙应大小一致。实木地板也可用胶粘于基层板上。

② 强化木地板铺装工艺:强化木地板可铺装在木基层上,也可铺装在平整、干燥的混凝土结构层上。强化木地板条有严密的企口,铺装时不需用铁钉固定或胶粘,只需在木基层或找平层上先铺一层聚乙烯泡沫软垫,以降低噪声,增加弹性。然后将强化木地板顺企口拼装在泡沫软垫上,并在企口处涂抹少量专用胶粘剂。

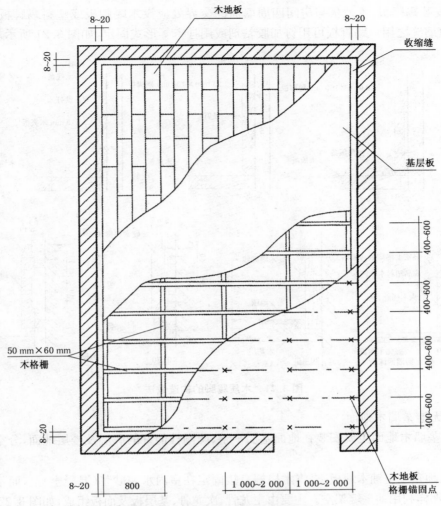

图 3.19 双层木地板铺装构造示意图

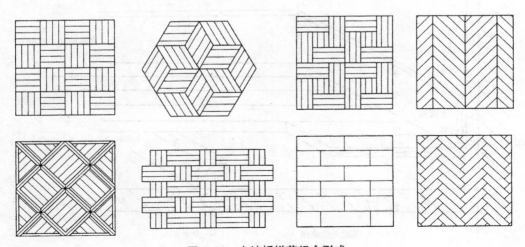

图 3.20 木地板拼花组合形式

6）安装踢脚板：木地板与房间四周墙面的交界处应设木踢脚板或塑料踢脚板，起装饰和遮挡收缩缝之用。踢脚板可用钉加胶粘剂或用挂卡等形式固定，如图 3.21 所示。

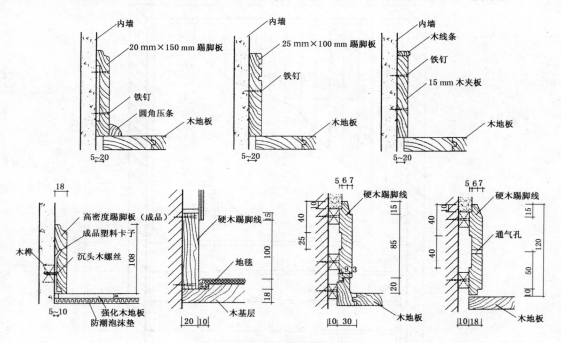

图 3.21　木质踢脚的构造做法

（2）无地垄墙木地面

无地垄墙木地面主要安装在地面基层平整、防潮性能好的底层及楼层地面，分空铺与实铺两种。

1）无地垄墙空铺木地板：是将木格栅直接固定在室内水泥砂浆（混凝土）上，而不像架空式木地面那样利用地垄墙架空。主要由主龙骨、次龙骨、基层板及面板组成，如图 3.22 所示。

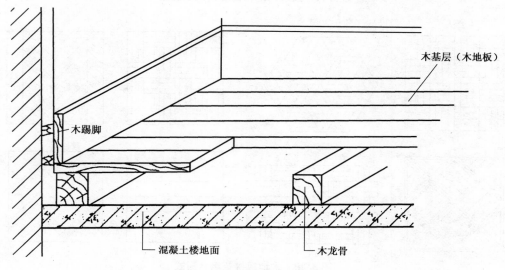

图 3.22　空铺木地板构造示意图

无地垄墙空铺木地板要点：

① 基层清理：要求基层有足够的硬度、平整度；同时检查地面防潮性能是否达到设计要求。

② 找平放线：根据设计要求的标高进行找平，把标高线弹于四周墙上，作基层及铺装地板之用。

③ 拼装木网格：用优质、干燥的针叶木加工成截面为 40 mm×40 mm 正方形、40 mm×60 mm 长方形木条，也可根据设计要求调整木条的尺寸大小。将木条按半槽口结构拼装成正方形或长方形网格，具体尺寸可根据基层板而定。其做法与木龙骨胶合板吊顶构造同理。

④ 铺钉木网格：根据木网格的尺寸，在结构层上弹线，确定固定点位并钻孔，孔与孔的间距一般以木网格的尺寸为依据，然后塞入木楔，再把木网格置于地面用铁钉固定。

另外，也可用 φ8～φ12 mm 膨胀螺栓与木框架连接。

⑤ 铺钉基层板：在铺装基层板之前，应对木框架进行刨光、找平。基层板可选用木板、细木工板、木夹板、复合板等，基层板铺钉完成后，再在其上面装木地板。

⑥ 铺装木地板、踢脚板与地垄墙架空木地面安装方法相同。

2）无地垄墙实铺木地板：是指不用木格栅，而直接将基层板和面板铺装在水泥砂浆（混凝土）结构层上，如图 3.23 所示。

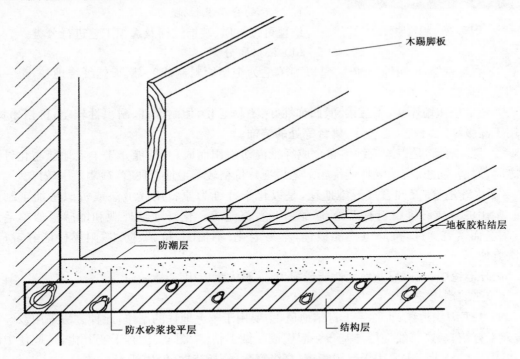

图 3.23　实铺木地板构造示意图

无地垄墙实铺木地板要点：

① 基层清理、找平放线和无地垄墙空铺木地板方法同理。

② 铺钉基层板：根据具体设计，将纵横十字网格控制线同时弹于基层板和地面上，使其尺寸保持一致。在弹好的网格线上钻孔，孔距一般以网格线为准，把基层板置于地面用铁钉

固定,钉头需沉入基层板内。

另外,实铺木地板也可不用基层板,而直接将面板粘贴(钉)在水泥砂浆(混凝土)结构层上。

③ 铺装木地板、踢脚板与地垄墙架空木地面安装方法同理。

图 3.24　地毯地面

十、地毯类楼地面

地毯的使用已有悠久的历史,最早的地毯只具有实用性即御寒、防湿、利于坐卧之用。随着社会的发展和进步,以及各民族文化、艺术水平的提高,地毯已从单一的实用功能,逐步发展成一种具有欣赏价值的艺术品。室内装饰中,它以色彩多样,图案丰富,行走舒适,可营造出富贵、华丽的氛围而在全世界被广泛应用,成为重要的铺地材料之一,如图 3.24 所示。地毯具有良好的弹性与保温性,极佳的吸声、隔音、减少噪声等功能。其施工简便、更换容易、不易褪色、不易老化、抗静电性能好;其不足之处是耐菌性、耐虫性、耐湿性效差。

1. 地毯的分类及性能

地毯可按材质、装饰纹样及编织工艺进行分类。

(1) 按材质分类

① 羊毛地毯:也叫纯毛地毯,是以绵羊毛为主要原料制成的,属天然纤维地毯,是一种高档装饰材料。

羊毛地毯质地厚实、手感柔和、回弹性好、不易老化,但耐菌性、耐虫性较差,价格昂贵。适用于高级宾馆、酒店、宴会厅、舞台等处的装饰。

② 混纺地毯:是以羊毛纤维和合成纤维混纺编织而成,其性能介于羊毛地毯与化纤地毯之间,耐磨、防虫、抗菌等性能优于羊毛地毯。价格较羊毛地毯便宜,适用范围较广。

③ 化纤地毯:又叫合成纤维地毯,是以化学纤维为原料用簇绒法或机织法加工制成的。常用的合成纤维材料有丙纶、腈纶、锦纶、涤纶等。化纤地毯外观和触感极似羊毛地毯,耐磨而富有弹性,抗静电性能极佳,不易老化,不怕晒,抗菌、防虫、阻燃性能好,清洁擦洗方便。

化纤地毯中,又以尼龙地毯性能最突出,而被大量应用。

(2) 按编织工艺分类

① 手工编织地毯:也称手工打结地毯,主要用于羊毛地毯的制作,此种方法采用双经双纬,人工打结栽绒,将线毛层与基布一起织成。做工精湛,图案、色彩千变万化,是地毯中的精品,但价格昂贵。主要用于星级宾馆、高级宴会厅、接待厅、俱乐部等。

② 机织地毯:顾名思义即以机器织成的地毯,密度较大,耐磨系数优于簇绒地毯,主要用于商场、剧院等人流量大的场所,所以也称为商用地毯。

③ 簇绒地毯:又称栽绒地毯,它是通过往复或穿针的纺机,把毛纺成纱后织入基层麻布,使之形成毛圈,再用刀片横向将毛圈顶部切开,故又称割绒地毯。多用于小会议室、家庭、宾馆客房、包房等人流量较小的场所。

（3）地毯按面层形状分类

① 圈绒地毯：又叫毛圈地毯，表面纤维呈毛圈形状，耐磨性较好，但弹性较差，脚感较硬，多用于人流量大的场所。

② 剪绒地毯：也称割绒地毯或切绒地毯，表面纤维呈绒毛状，弹性较好，脚感柔软。但耐磨性较圈绒地毯差，适用于人流量小的场所。

③ 圈绒剪绒结合地毯：又叫圈割混纺地毯，表面纤维呈毛圈及绒毛混合形状，具有耐磨和弹性好的双重优点，适用面较广。

2. 地毯的铺贴工艺

室内装饰装修中地毯可满铺也可局部铺设于地面上，如图 3.25 所示，铺贴工艺分固定与活动两种。活动式铺贴施工简单方便，易更换，不用任何钉、胶与地面或基层面相固定。固定式铺贴是将地毯舒展拉平以后，用钩挂或胶粘方式与基层固定，如图 3.26 所示。

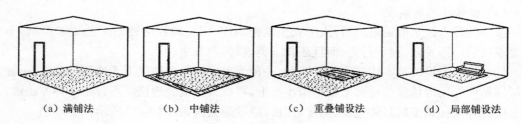

（a）满铺法　　　（b）中铺法　　　（c）重叠铺设法　　　（d）局部铺设法

图 3.25　地毯的铺设形式

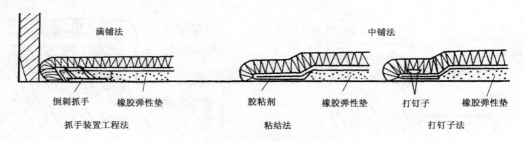

图 3.26　地毯的收口及固定方法

（1）双层倒刺钩挂固定法

先在地毯下满铺一层橡胶弹性垫，在其上面满铺地毯。用此方法铺贴的地毯表面平整、美观，对缝严密，富有弹性，脚感舒适。

双层倒刺钩挂固定法铺贴要点：

1）基肩处理：地面需清洁、干燥、平整，并具有一定的强度。

2）安装倒刺钩挂板和踢脚板：在房间四周墙面安装木质踢脚板，然后距墙 8~15 mm 处的地面安装倒刺钩挂板，木板可用水泥钉固定。

3）铺贴橡胶软垫：在干燥平整的地面满铺弹性橡胶垫，胶垫可用万能胶粘贴。

4）裁毯、拼毯：按房间尺寸下料、对花、编号。铺贴时如有接缝，可按编号在两片地毯背面，用烫带压在对缝处，再用电熨斗将其熨在地毯上。也可用粗线把两片地毯背面缝上，再涂胶并用麻布粘贴，拼缝时应注意两块地毯花纹应统一。

5）铺贴地毯：将拼好的整片地毯，摊铺在橡胶软垫之上。用专用工具——地毯撑紧器，将地毯撑紧，通过倒刺钩挂板将地毯固定，把多余部分裁掉，并将地毯边塞进倒刺钩挂板与墙面空隙内。

（2）单层胶粘直铺法

地毯直接铺于地面之上，用胶固定，不设垫层。适用于普通建筑空间地面的装饰装修。

把胶粘剂涂刷在拼接好的地毯背面及基层上，然后将整块地毯铺于基层上，并用木槌敲击地毯表面涂胶处，使之与地面黏结牢固。最后沿墙脚修齐并装上踢脚板即可。

（3）活动式铺贴法

将拼接好的整片地毯直接铺于地面上即可，而不用与地面粘贴。铺设时从房间一端或中部开始往另一端或两侧均匀铺设。修齐墙脚四周地毯。此方法从结构上讲是一种单层铺贴法，多用于块状的中、低档地毯。

（4）楼梯地毯的铺设

楼梯是行人往来的通道，与行人的安全紧密相连，因此地毯的铺贴工艺要求严格，不仅仅要求铺装牢固妥帖，利于行走，而且还要求美观，拆卸方便。

楼梯地毯铺设的基本构造一般有两种，一种为单层铺贴即地毯下无地毯橡胶垫，一种为双层铺贴即先用地毯胶垫铺贴于楼梯踏步板上，再在其上铺装地毯。不管用哪种方法铺装，首先应测算楼梯踏步的具体宽度、高度、深度，应准确无误，如图 3.27 所示。

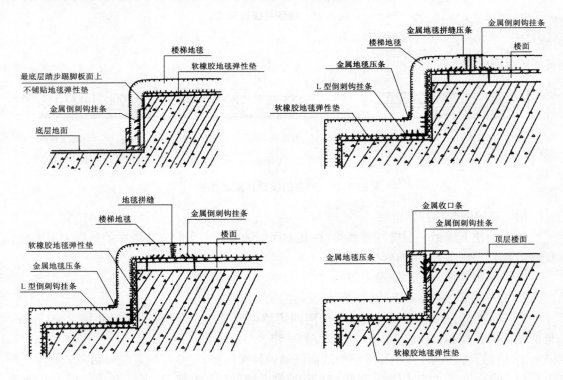

图 3.27 楼梯地毯收口形式

十一、塑料类楼地面

近几十年来塑料地板发展非常迅猛,材料上从单一的 PVC 材料到目前盛行的塑胶地板、EVA 地板、彩色石英地板等;形状从单一的卷材到块状形、多边形、几何形等;质地有软质、硬质、半硬质等。

塑料地板不仅具有独特的装饰效果,而且还具有质地轻、表面光洁、有弹性、脚感舒适、防滑、防潮、耐磨、耐腐蚀、易清洗、阻燃、绝缘性好、噪声小、施工方便等优点,如图3.28 所示。塑料地板广泛用于公共空间及人流量较大的地方。

塑料地板可铺贴在水泥砂浆、混凝土、木板、金属等各种类型的地面上。

图 3.28　整体而多变的塑料地面

塑料地板铺贴要点:

1) 基层清理:铺设塑料地板要求地面基层必须干燥、平整光滑、有强度。

2) 弹线:在基层面上根据设计要求以及塑料地板的尺寸、图案、色彩准确弹出纵横交叉分格线。塑料地板铺贴一般采用对角定位法和直角定位法。

3) 选板试拼:铺贴前应根据施工大样图进行选板、试拼、编号,以保证板与板之间的图案、色彩、纹理拼接准确自然。

4) 刷胶粘剂:铺贴前需先在塑料地板背面及地面涂胶 2~3 遍。

5) 铺贴地板:待胶不粘手后,可从房屋中间或从一边开始铺设,并用橡胶槌敲击塑料地板,赶走气泡使其牢固。

6) 养护:地板铺贴完毕,用溶剂把地板擦拭干净,养护 1~2 天。最后安装踢脚板,其材质可以是成品塑料踢脚板,也可以是木材或其他材质的踢脚板。

3.3　墙面装饰构造

一、概述

墙面是空间围合的垂直组成部分,也是建筑空间内部具体的限定要素,其作用是可以划分出完全不同的空间领域。

内墙装饰不仅要兼顾装饰室内空间、保护墙体、维护室内物理环境,还应保证各种不同的使用条件得以实现。而更重要的是它把建筑空间各界面有机地结合在一起,起到渲染、烘托室内气氛,增添文化、艺术气息的作用,从而产生各种不同的空间视觉感受,如图 3.29 所示。

室内墙面的装饰与处理在人们的视觉范围内处于最明显的位置,在装饰装修设计中,由于功能的需要,往往在原建筑空间的基础上,作进一步的分割与完善,使空间变得层次更丰富,功能更合理。它与其他界面的关系应遵循结构合理、层次分明、对比统一以及均衡与稳定、节奏与韵律、比例与尺度相协调的艺术法则,如图 3.30 所示。

图 3.29 同种材质不同形式的组合墙面

图 3.30 科学艺术的分割处理

二、室内墙面装饰功能与要求

内墙的装饰在满足美化空间环境、提供某些使用条件的同时,还应在墙面的保护上多做

图 3.31 材料的合理应用

文章。它们三者之间的关系相辅相成,密不可分。但根据设计要求和具体情况的不同有所区别,如图 3.31 所示。

(1)保护功能:室内墙面虽不受自然灾害天气的直接侵袭,但在使用过程中会受到人的摩擦、物体的撞击、空气中水分的浸湿等影响,因而要求通过其他装饰材料对墙体表面加以保护,使之延长墙体及整个建筑物的使用寿命。

(2)装饰功能:在保护的基础上,还应从美的角度去审视内墙装饰,并且从空间的统一性加以考虑,使天棚、墙面、地面协调一致,建立一种既独立又统一的界面关系,同时创造出各种不同的艺术风格,营造出各种不同的氛围环境。

(3)使用功能:室内是与人最接近的空间环境,而内墙又是人们身体接触最频繁的部位,因此墙面的装饰必须满足基本的使用功能,如易清洁、防潮、防水等。同时还应综合考虑建筑的热学性能、声学性能、光学性能等各种物理性能,并通过装饰材料来调节和改善室内的热环境、声环境、光环境,从而创造出满足人们生理和心理需要的室内空间环境。

三、室内墙面材料的特征及类型

内墙面是人最容易感觉、触摸到的部位,材料在视觉及质感上均比外墙有更强的敏感性,对空间的视觉影响颇大,所以对内墙材料的各项技术标准有更加严格的要求。因此在材料的选择上应坚持"绿色"环保、安全、牢固、耐用、阻燃、易清洁的原则,同时应有较高的隔音、吸声、防潮、保暖、隔热等特性。

不同的材料能构成效果各异的墙面造型,能形成各种各样的细部构造手法。材料选择正确与否,不仅影响室内的装饰效果,还会影响到人的生理及精神状态。人们甚至把室内墙面装饰材料称为"第二层皮肤",如图 3.32 所示。

室内墙面装饰装修材料种类繁多,规格各异,式样、色彩千变万化。从材料的性质上可分为木质类、石材类、陶瓷类、涂料类、金属类、玻璃类、塑料类、墙纸类等,可以说基本上所有材料都可用于墙面的装饰装修。从构造技术的角度可归结为五类即抹灰类、贴挂类、胶粘类、裱糊类、喷涂类。

图 3.32 不同材质与彩色的构成

四、抹灰类墙面

内墙装饰中抹灰材料主要有水泥砂浆、白灰砂浆、混合砂浆、聚合物水泥砂浆以及特种砂浆等,它们多在土建施工中即可完成,属一般装饰材料及构造,如图 3.33 所示。

图 3.33 抹灰类墙面

图 3.34 贴挂类墙面

五、贴挂类墙面

贴挂类墙面装饰是指以人工烧制的陶瓷面砖以及天然石材、人造石材制成的薄板为主材,通过水泥砂浆、胶粘剂或金属连接件经特殊的构造工艺将材料粘、贴、挂于墙体表面的一种装饰方法。其结构牢固、安全稳定、经久耐用。贴挂类墙面装饰因施工环境和构造技术的特殊性,饰面材料尺寸不易过大、过厚、过重,应在确保安全的前提下进行施工,如图 3.34 所示。

贴挂类墙面装饰的主要构造方法有湿贴构造法、干挂构造法、湿挂构造法、胶粘构造法等几种形式,施工中可根据设计和建筑物墙体的具体情况来选择。

1. 陶瓷面砖的构造方法

陶瓷釉面砖构造一般采用湿贴法或胶粘法。

(1)湿贴构造法:是指单纯用水泥砂浆而不用其他辅助材料粘贴饰面板的一种施工方法。常用于较小尺寸的陶瓷面砖、饰面石材的粘贴。

湿贴构造法施工要点:

① 墙面基层处理:粘贴前检查墙面基层是否有空鼓现象,如有应把空鼓部分除掉,再把墙体表面进行凿毛处理,并用清水湿润,抹1:3水泥砂浆底灰,表面用木条刮毛,便于找平层与釉面砖粘贴牢固。

② 排砖、弹线定位:根据设计要求及釉面砖的尺寸、图案、纹理在找平层上排砖,同时分别弹出水平和垂直控制分格及定位线。面砖的排列、对缝方法多样而富有变化,如图3.35、图3.36所示。

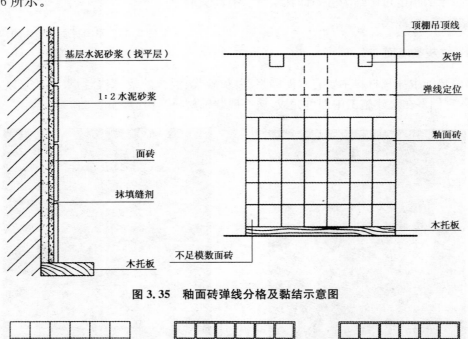

图3.35 釉面砖弹线分格及黏结示意图

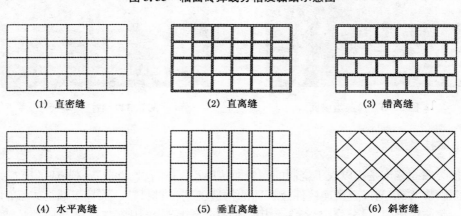

(1) 直密缝　　　　　(2) 直离缝　　　　　(3) 错离缝

(4) 水平离缝　　　　　(5) 垂直离缝　　　　　(6) 斜密缝

图3.36 面砖的排列方式

③ 釉面砖浸水：釉面砖在粘贴前应在水中充分浸泡湿润，浸水后的釉面砖应阴干备用。

④ 粘贴釉面砖：首先在墙面四角贴标准块，以墙面所弹水平和垂直控制线为依据，由下至上粘贴釉面砖。最下层面砖应用木板支撑，防止粘贴釉面砖时，水泥砂浆未硬化前砖体下坠变形，如图 3.35 所示。

把 1∶2 水泥和乳胶溶液混合砂浆均匀涂抹在釉面砖背面按线粘贴，并用橡胶槌轻轻敲击，使釉面砖紧贴找平层，并用水平尺按标准块检查水平。

⑤ 缝隙处理：缝与缝之间用专用填缝剂勾缝，最后将釉面砖擦净。

(2) 胶粘构造法：是将大力胶涂抹在釉面砖背面直接粘贴在建筑物墙体表面上。其他作业方法和湿贴法构造相同。

2. 锦砖贴面的构造方法

锦砖分陶瓷和玻璃两类，它虽是一种传统装饰材料，但是因其构造灵活多变，可随意拼贴出丰富的花纹图案，至今仍被广泛用于建筑物的内外墙面及地面的装饰装修，如图 3.37 所示。

陶瓷锦砖、玻璃锦砖构造方法相同，均采用湿贴法和胶粘法。

锦砖贴面的施工要点：

(1) 墙面基层处理、弹线定位与釉面砖的构造方法相同。

(2) 铺贴锦砖：铺贴时，将 1∶1 水泥砂浆（可掺入适量乳胶溶液，增加黏结度）抹入一"联"锦

图 3.37　传统材料同样可以创造出富有特色的艺术效果

砖非贴纸面，以墙面定位线为依据，由上至下铺贴，再用木板压实压牢，并擦净边缘缝隙溢出的水泥砂浆。铺贴时应随时用水平尺控制锦砖表面平整度，并调整锦砖之间的缝隙，缝与缝之间应平整、光滑、无空鼓，如图 3.38 所示。

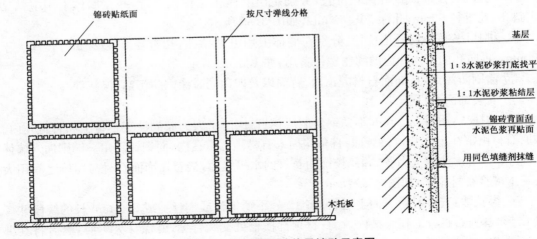

图 3.38　锦砖弹线分格及镶贴示意图

（3）揭纸：锦砖铺贴完毕初凝后，洒水湿润牛皮纸，进行养护至充分凝固（12 小时左右）轻轻揭去面纸，如有单块锦砖随纸揭下，须重新补上。

（4）缝隙处理：锦砖完全凝固后，用软布包白水泥填缝，也可根据锦砖的颜色，选择相应的填缝剂进行勾缝处理。

3. 饰面石材的构造方法

石材贴面构造大都采用挂的方式，主要有湿挂贴构造法、干挂构造法和胶粘构造法三种。它是粘贴类构造法的延续，主要用于大型的天然和人造饰面石材及大尺寸瓷板的安装。

（1）湿挂贴构造法是一种历史悠久的传统工艺。在采用金属钉挂贴和铜丝或不锈钢丝绑扎连接饰面板材时，需要分层灌注水泥砂浆，而最早使用的钢筋网挂贴施工法已被逐渐淘汰。湿挂贴构造法安装高度一般不超过 5 m。

湿挂贴法的施工要点：

① 基层处理：清理墙面基层，把墙体表面进行凿毛处理，并用清水湿润，根据饰面石材的尺寸弹线定位。

② 排板、编号：为了满足室内装饰效果，使安装好的饰面石材颜色、花纹尽可能纹理通顺一致，安装前需按施工大样图在地上进行选板、预拼、编号。编号一般由下向上编排，有缺陷的饰面石材可用于不显眼的部位。

③ 饰面石材开槽、钻孔：

• 钩挂法：在饰面石材顶部两端居板厚中心处钻 2～4 个直孔，孔直径为 6 mm，孔深为 40～50 mm，具体孔位通常视板的宽度而定。另外需在石板两侧分别各钻直孔一个：孔位距石板下端 100～150 mm，孔直径为 6 mm，孔深 35～40 mm。直孔都需剔出 6～10 mm 宽的槽，以便安装钢钉。

• 绑扎法：在饰面石材顶部两端居板厚中心处及背面各开横槽两条，横槽长各为 40～50 mm，横槽距板边 40～60 mm，再在石材背面开四条长为 40～60 mm 的竖槽。

④ 墙体钻孔：

• 钩挂法：按饰面石材钻孔位置，分别定出墙体相应钻孔位置，并在墙体上用电钻钻 45°斜孔，孔直径 6 mm，孔深 50～60 mm，如图 3.39 所示。

• 绑扎法：按石材开槽位置，分别在墙体上用电钻钻孔，孔直径 8～12 mm，孔深大于 60 mm，再向孔内打入相应的膨胀螺栓备用，如图 3.40 所示。

⑤ 涂刷防污剂：在饰面石材的正面、背面以及四边同时涂刷防污剂（保新剂）。

⑥ 安装饰面石材：

• 钩挂法：用直径 5 mm 不锈钢丝制成钢钉，同时把大力胶满涂于钢钉上和石材孔内。饰面石材由下往上安装，将钢钉的直角钩插入石材顶部直孔内，而钢钉斜角一端则插入墙体 45°斜孔内，再次注满大力胶，并调校饰面石材的水平缝隙，接着在饰面石材与墙体之间用大头硬木楔将石材胀牢，如图 3.39 所示。

• 绑扎法：安装时由下而上进行，将 18 号不锈钢丝或铜丝剪成 200 mm 长的线段并弯成 U 形，套入石材背面横竖槽内，在石材顶部横槽处交叉拧紧，并涂抹大力胶，然后将其绑扎在墙体的膨胀螺栓上，如图 3.40 所示。安装时用水平尺检查饰面石材表面的平整度，同时用大头硬木楔嵌入石材与墙体之间，将石材胀牢。

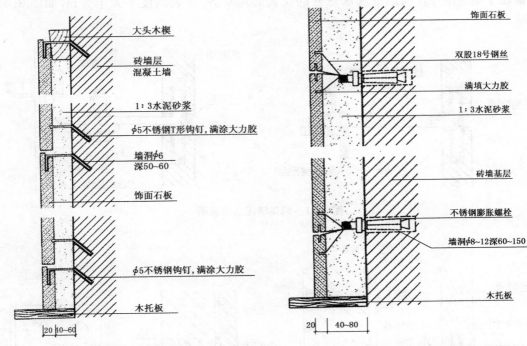

图 3.39　石材钩挂法构造示意图　　　　图 3.40　石材绑扎法的安装构造示意图

⑦灌浆：用 1：3 水泥砂浆分层灌注（浅色饰面石材须用白水泥浆灌注），每次灌浆高度不超过饰面石材的 1/3。待第一层水泥砂浆初凝后，再灌第 2 层砂浆，一块石材通常分 3～4 次灌完。最后一层砂浆离上口 50 mm 处即停止灌浆，留待上排饰面石材灌浆时来完成，从而使上下石材连成整体。

⑧清理、嵌缝：全部饰面石材灌注完毕后，用软布清理缝隙处溢出的砂浆，按石材颜色调制填缝色浆嵌缝，最后上蜡抛光。

（2）干挂构造法：又叫空挂法，是经发展改进而形成的一种新型饰面石材构造技术。它利用金属挂件将饰面石材直接悬挂在墙体上或以不锈钢、铝合金、镀锌钢制作成的金属结构支撑架上，起到"双保险"的作用，避免因板材的自重或水泥砂浆粘贴不牢引起的空鼓、裂缝、脱落等一系列问题。该方法不需灌注水泥砂浆，有效地克服了因水泥浆中盐碱等色素对石材的渗透所造成的石材表面发黄变色、水渍锈斑等通病。

干挂构造技术具有表面平整、花纹图案统一、安全可靠、抗震性好、安装灵活快捷、污染较小等优点。但构造技术要求高、辅助配件较多、造价高，因此多用于装饰装修标准较高的工程。

干挂构造法又分钢架锚固法和直接锚固法两种。

1）钢架锚固法：主要适宜高于 9 m 的高层建筑物内外墙面。因为高层建筑轻质填充墙不能作承重结构，故借助金属骨架作建筑物承重墙体，它能承受饰面石材自身的重量、风荷载、热膨胀，如图 3.41 所示。

2）直接锚固法：是指将饰面石材通过金属挂件直接安装在墙面的膨胀螺栓上，此方法省去了钢架，比较简单经济，但要求建筑物墙体强度高。安装方法与钢架锚固法大同小异，关键在于不锈钢挂件与墙面膨胀螺栓的位置必须对齐,安装高度不大于 5 m,如图 3.42 所示。

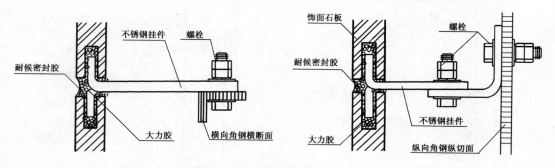

图 3.41 钢架锚固法示意图

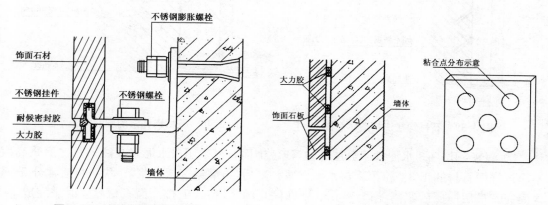

图 3.42 直接锚固法示意图   图 3.43 直接粘贴法示意图

(3)胶粘构造法:近年来,在天然和人造饰面石材及各类瓷砖的施工中,常常采用胶粘贴构造。这种新工艺操作简单、周期短、经济、安全可靠。它取代了复杂的金属挂件,从而大大提高了施工质量和施工速度。

胶粘贴施工法主要有直接粘贴法、过渡粘贴法、钢架粘贴法三种构造形式。不管采用何种构造方式,安装前都必须对墙面基层进行处理,确保粘贴石材的墙面必须平整,无松动、空鼓、油污等瑕疵。并根据设计要求和石材规格以及施工现场具体情况,弹安装位置线,定位线必须横平竖直。

1)直接粘贴构造法:将饰面石材用大力胶直接粘贴在建筑物墙体表面上,安装高度小于 9 m。将调制好的大力胶分五点:中心和四角各一点,其中中间点用快干胶,抹堆在石材背面,抹堆高度应稍大于粘贴的空间距离。饰面石材定位后应对黏合情况作检查,如有虚漏粘,需加胶补粘,如图 3.43 所示。

按定位装置线,自下而上粘贴,边安装边用水平尺校平、调直,同时用橡胶槌轻击涂胶处,使胶黏剂与墙面完全黏合。

2)过渡粘贴构造法:又称间接粘贴法,当所粘贴饰面石材与墙体之间的净空距离小于10 mm 而大于 5 mm 时,应采用垫层过渡的方式来填补此空隙的一种构造工艺,它常和直接粘贴法交叉施工,安装高度小于 9 m。施工时可先根据墙体表面的平整度及饰面石材排列的位置来确定过渡垫层物的大小、厚度。垫层物常用相应石材、瓷砖或硬质材料,表面不宜过于光滑,如图 3.44 所示。

将确定好的过渡垫层物分别粘贴于饰面石材背面的四角及中心处,然后再在过渡垫层物上抹堆大力胶。随后将饰面石材按所弹水平线由下往上粘贴,并用水平尺校平、调正。同时用橡胶槌轻击粘结点,使其牢固。黏结时,如发现饰面石材与墙面空隙较大时,可调整过渡垫层物。

3) 钢架粘贴构造法:当墙体垂直偏差较大,饰面石材与墙体的净空距离为 40～50 mm 或墙体为轻质填充物时,可借助金属钢架作建筑物承重墙体,以减轻墙体荷载,如图 3.45 所示。

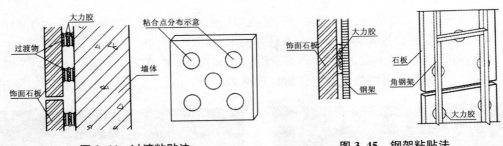

图 3.44 过渡粘贴法   图 3.45 钢架粘贴法

钢架安装应按饰面石材和施工现场的尺寸模数,用纵、横向钢架网格做骨架,网格分格距离应控制在 400～500 mm。钢架网格应用不锈钢、镀锌钢或铝合金制作。钢架与饰面石材之间胶的粘贴厚度应控制在 4～5 mm,粘结点宜五点分布于石材背面,中心和四角各一点,其中心点用快干胶定位。按水平线依次粘贴并用水平尺校平,调正定位。同时用橡胶槌轻击粘结点,使其牢固。定位后,应立即检查黏合情况,保证黏合点准确无误。

六、胶粘类墙面

胶粘类墙面是指将天然木板或各种人造类薄板用胶粘贴在墙面上的一种构造方法。现代室内装修中,饰面板贴墙装饰已不是传统意义上一种简单的护墙处理,传统材料与技术已不能完整体现现代建筑装饰风格、手法和效果。随着新材料的不断涌现,构造技术的不断创新,其适应面更广、可塑性更强、耐久性更好、装饰性更佳,安装简便,弥补了过去单一的用木板装饰墙面的诸多不足。通过新材料、新工艺的广泛应用,不仅提高了装配速度,且节约材料和工艺成本,为现代室内装饰装修提供了多样化的选择。

1. 胶粘类墙面的功能与类型

饰面板贴墙装饰主要有装饰性和功能性两方面的作用。

(1) 装饰性

室内装饰墙、柱所用饰面板的品质、规格、质感、色彩、纹理多种多样,有以天然木材为原料制成的各种木质饰面板,有以金属为原料制成的各类金属饰面板,有以塑料为原料制成的防火板等,总之不同材料的饰面板可以营造出各自不同的装饰氛围。

(2) 功能性

饰面板贴墙装饰已从传统单一功能——保护墙面,逐渐发展到具有保温、隔热、隔音、吸声、阻燃等作用。这些材料因性能、特征不尽相同,其使用的环境、要求、效果也各不相同。设计时,可根据不同的场所、要求选择各自所需的饰面材料,进而达到理想的装饰效果。

饰面板种类繁多,按材质不同可分为木质类、金属类、玻璃类、塑料类等。

2. 木板贴墙装饰

木质板材包括基层板和饰面板两大类,它们由天然木材加工而成。主要有胶合板、细木工板、纤维板、薄木皮装饰板、浮雕装饰板、模压板、印刷木纹板等。其中胶合板、细木工板、纤维板等一般作墙面基层使用;而薄木皮板、浮雕板、模压板、印刷木纹板等用于饰面装饰,如图 3.46 所示。

(1)薄木皮饰面板

薄木皮饰面板系以珍贵木材通过旋切法或刨切法将原木切成 0.2~0.9 mm 的薄片,经干燥、涂胶粘贴在胶合板表面。常用的木材有柚木、榉木、水曲柳、花梨木、影木等。

薄木皮饰面板花色丰富,木纹美丽,幅面大,不易翘曲,常用于高级建筑内部的天棚、墙面、门、窗,以及各种家具的饰面装饰。常用规格为 1 220 mm×2 400 mm,厚度为 3~6 mm。

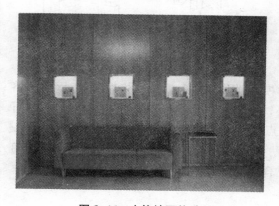

图 3.46　木饰墙面构造

图 3.47　浮雕板墙面装饰

(2)浮雕装饰板

浮雕装饰板是通过雕刻机在高密度木板表面雕刻出各式各样起伏不平的纹理、图形,其表面经贴金箔、银箔、铜箔,喷漆或浸漆树脂处理制成。它凹凸幅度大,浮雕效果明显,具有独特的风格和较高的艺术价值。浮雕艺术装饰板广泛用于公共建筑空间和住宅空间的装饰。其规格为 1 220 mm×2 400 mm,厚为 15~100 mm,如图 3.47 所示。

(3)模压板

模压板是用木材与合成树脂,经高温高压打磨而成。该板不仅可制成平滑光洁的表面,也可压制出各种纹理不同的肌理效果。该板经久耐用,色泽柔和,质感好,不变形,施工方便,表面不用再涂刷油漆。常作护墙板、门板、家具饰板造型面、展示台的装饰。

3. 木板贴墙构造

木质饰面板用于室内墙面装饰装修,可独立应用,也可以和其他材料搭配使用。其结构主要由龙骨、基层、面层三部分组成。

木质饰面板贴墙构造要点:

(1)墙面基层处理:施工前应在墙体表面做防潮层处理。

（2）弹线定位：通常按木龙骨的分档尺寸，在墙体表面弹出分格线，并在分格线上钻孔，孔径为 8～20 mm，孔深 60～150 mm，并填入木楔，为安装木骨架作准备。

（3）拼装木网格：用 40 mm×40 mm 或 40 mm×60 mm 的凹槽木条，按基层板尺寸模数，拼装成木龙骨网格框架。

（4）刷防火漆：室内装修所用木质材料均需进行防火处理。在制作好的木骨架与基层板背面，涂（刷）三遍防火漆，防火漆应把木质表面完全覆盖。

（5）安装木龙骨网格：把拼装好的木龙骨网格，按墙面上的定位分格线，依次靠墙安装固定。安装时用垂线和水平线检查木龙骨网格的垂直度和水平度。如木龙骨网格与墙面不能完全贴实而产生空隙，可在空隙处加木垫来调整垂直度和水平度。

（6）基层板安装：基层板常采用胶合板或细木工板，在安装好的木龙骨网格表面和基层板背面均匀地涂刷乳白胶，再用门形钉或小铁钉将其固定在木龙骨架上。

（7）饰面板安装：安装前饰面板按设计要求进行裁剪，并用胶粘法进行安装。将万能胶均匀地涂刮在基层板和饰面板上，然后按饰面板纹理将其粘贴于基层板表面，同时用力压实压牢。

（8）安装封口线、踢脚线：饰面板粘贴完成后，通常用装饰线在墙裙上口和下端进行封边收口。收口线和踢脚线材质有木质、金属、石材等，如图 3.48 所示。

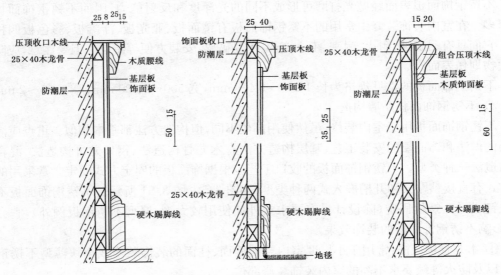

图 3.48　木墙裙与踢脚线构造

（9）涂刷面漆：饰面板安装到位后，可在表面进行清漆饰面。

另外，在基层板表面可进行各种饰面处理，如油漆饰面、喷涂饰面、金属饰面、贴墙纸饰面、防火板饰面、人造革饰面等。

4. 金属饰面板贴墙装饰

金属饰面板又称金属墙板，在当今中外建筑装饰工程中被广泛采用。这是由于金属饰面板华丽高雅，色彩丰富，光泽持久，具有极佳的装饰效果。同时金属饰面板具有性能稳定、强度高、可塑性好、易于成形、经久耐用、施工简便等优点。金属饰面板常用于室内外墙面、柱面、门厅、天棚等处的装饰，如图 3.49 所示。

图 3.49 金属墙面构造

现代装饰装修工程常用金属饰面板有不锈钢饰面板、铝合金饰面板、铝塑复合板、烤漆钢板、铜饰面板等。

（1）不锈钢饰面板

不锈钢饰面板因其独特的耐腐蚀性、耐候性、耐久性，以及表面光滑亮泽的金属质感，而符合现代人的审美情趣，是建筑装饰装修中理想而常用的材料。

1）不锈钢饰面板的性能特点

不锈钢是指以铬元素为主并加入其他元素制成的具有良好的不生锈、耐腐蚀特征的合金钢。铬含量越高不锈钢的抗腐蚀性越好。除铬外，不锈钢还含有镍、锰、钛、硅等元素，这些元素都能影响不锈钢的强度、塑性、韧性和耐蚀性。

不锈钢按合金元素可分为高铬不锈钢、铬镍不锈钢和镍铬钛不锈钢。

2）不锈钢饰面板的类型规格

不锈钢饰面板表面经抛光打磨可形成不同的光泽度和反射能力，因而不锈钢饰面板种类繁多。在室内装饰装修中常用的不锈钢饰面板有镜面板、亚光板、浮雕板、彩色板四种类型。它们具有耐腐蚀、耐火、耐潮、不会变形、不易破碎、安装方便等特点。但要注意，应防止尖硬物划伤表面。

不锈钢饰面板的常见规格为长 1 000～2 400 mm，宽 500～1 220 mm，厚 0.35～2 mm。

3）不锈钢饰面板贴墙构造

不锈钢饰面板用于室内装修，虽然使用部位不同，但构造方法都基本相似。重点应注意基层的做法和饰面层的安装工艺，基层构造方法有木龙骨构造法、钢架龙骨构造法、混合龙骨构造法三种类型。不锈钢饰面板的收口工艺应根据饰面板的固定方式而定。常采用的固定方式有直接粘贴式和开槽嵌入式两种类型，如图 3.50、图 3.51 所示。不锈钢饰面板不宜用铁钉、螺钉、螺栓固定（除设计另有要求或外墙使用较大型、厚型不锈钢板例外），它会破坏、影响不锈钢饰面板的装饰效果。

① 木龙骨构造法：常用于小尺度室内空间墙面、柱面的装饰装修或小块薄型不锈钢饰面板以及防火等级要求不高的室内装饰装修部位。

② 钢架龙骨构造法：适用于外墙和大尺度建筑空间墙面、柱面装饰，或者较大型、厚型不锈钢饰面板以及防火等级要求特别高的室内装饰。

（2）铝合金墙板

铝是一种金属元素，强度很低。为了提高其实用价值，常在铝中加入适量的铜、镁、锰、硅、锌等元素组成铝合金。随着冶炼及后加工技术的提高，铝被制成各种形式的铝合金型材，被广泛应用于室内外墙面、柱面及天棚的装饰装修。常见铝合金制品有铝合金饰面板、铝合金门窗、铝合金吊顶龙骨等。室内墙面、柱面的装饰常用铝合金装饰墙板。

1）铝合金墙板的特点及类型

铝合金墙板又叫铝合金饰面板，是选用高纯度铝材或铝合金为原料，经辊压冷加工而形

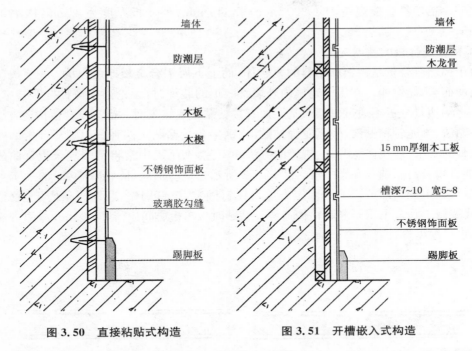

图 3.50　直接粘贴式构造　　　　图 3.51　开槽嵌入式构造

成的饰面材料。它的厚度、刚性、耐候性、强度、柔性等技术指标都要大大优于天棚装饰用铝合金饰面板。

铝合金墙板品种较多,有内墙板和外墙板之分。经处理后的铝合金饰面板可形成各式花纹和颜色的平板、浮雕板、镂空板等。具有质轻、强度高、刚性好、抗侵蚀、防火防潮、不变形、易加工、色彩丰富美观等特点。外墙板在表面涂层的处理上,应用更为先进的氟碳树脂涂层技术,使用这种技术的铝合金墙板,除了具备铝合金饰面板的一般性能和特点外,最大的优点是具有超耐候性、耐化学性、耐污染性,即使长期暴露于大气之中,也可连续使用几十年而不褪色,它是当今新型的墙面装饰材料。

铝合金内墙板的规格以 1 220 mm×2 440 mm 最为常见,厚度为 0.4～1 mm;外墙板尺寸可根据设计要求在工厂进行加工,厚度一般为 1～3 mm。

2)铝合金墙板的基本构造

铝合金墙板用于墙面装饰,必须和龙骨配合使用,龙骨常用铝合金或不锈钢制作。

(3)铝塑复合板

1)铝塑复合板的特点及类型

铝塑复合板为现代高科技成果的装饰材料,采用高纯度铝合金板为表层和底层,芯板为聚乙烯(LDPE 或 PE)树脂,经特殊添加剂热复合而成,有内墙板和外墙板之分。铝塑复合板虽薄,但综合性能优良而被广泛运用建筑物的内外墙、门楣、室内天棚等部位的装饰装修。由于该板上、下两层为铝材,所以耐燃,是一种符合现代建筑防火规范的装饰材料。

铝塑复合板面层分色板、花板、镜面板,其颜色和花纹各式各样、丰富多彩。铝塑复合板具有强度高、耐冲击、抗风压、耐腐蚀、耐风化、耐紫外光照射等特点,其耐候性可达 20 年不变色,有极强的适应性,因其芯板为聚乙烯材质,故重量轻,同时具有良好的隔音、隔热性能。可根据要求任意切割、裁剪,弯曲成各种形状和造型,是室内装饰中贴墙、包柱、贴顶的理想用材之一。铝塑复合板规格为 1 220 mm×2 440 mm,外墙板厚度为 4 mm,内墙板厚度为 3 mm。

2)铝塑复合板的基本构造

由于铝塑复合板是铝板和塑料的复合体,而上下层铝合金板厚度仅为 0.2~0.5 mm,因此它薄而柔,易弯曲。在用于建筑内外墙、柱、顶的装饰时,无论采用何种构造技术,一般不允许将铝塑复合板不通过骨架或基层而直接粘贴于墙体表面。铝塑复合板构造方法分无龙骨粘贴法、木龙骨粘贴法、轻钢龙骨粘贴法、钢架龙骨粘贴法四种。铝塑复合板的安装不仅有龙骨的要求,还应注意开槽、拼缝的方法和工艺,在施工中常将铝塑复合板弯曲成所需形状:如直角、锐角、钝角和圆弧等,如图 3.52 所示。这些形状(除特殊圆弧)的加工不需在工厂进行,施工现场即可完成。固定方法有铆钉固定、螺钉固定、装饰压条固定、胶粘固定等,现代装修工程常采用开缝胶粘构造法。粘贴时板与板之间应留 3~8 mm 缝隙,同时,缝的大小也可根据设计要求进行调整。

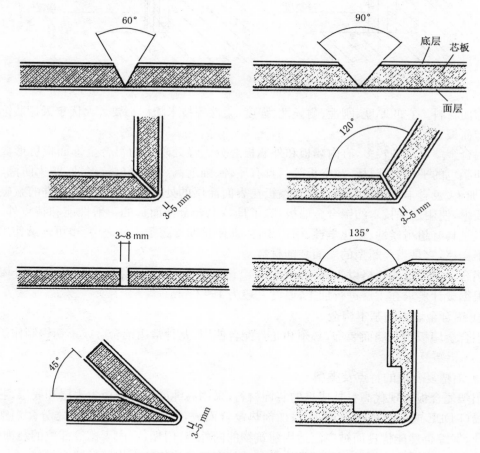

图 3.52 铝塑复合板开槽、折角示意图

① 无龙骨粘贴法:此方法施工简便,不需任何形式的龙骨架,用胶合板或细木工板安装在墙面上做基层。然后根据设计要求在基层板上弹出安装分格线,同时对铝塑复合板进行裁剪,在其背面和基层表面分别涂刮万能胶,按分格尺寸粘贴于基层上,并用力拍打加压,缝

隙用玻璃胶嵌缝。

② 木龙骨粘贴法:木龙骨构造法是先在墙面铺装木龙骨框架,再在其表面铺钉基层板,然后粘贴铝塑板并勾缝。

③ 轻钢龙骨粘贴法:用隔墙轻钢龙骨为竖龙骨铺钉于墙面上,间距为400～600 mm,再将小段隔墙轻钢龙骨横铺钉于竖龙骨之间,并在其上面铺钉纸面石膏板或木夹板,同时粘贴铝塑复合板并勾缝。

④ 钢架龙骨粘贴法:主要适用建筑外墙装修工程及室内大尺度墙面的装饰装修,钢架可用不锈钢或镀锌角钢制作。内墙装饰常在钢架上铺装基层板,外墙可将铝塑复合板直接粘贴在钢架上。

5.玻璃贴面装饰

玻璃是一种重要的建筑装饰材料。随着建筑装饰要求的不断提高和玻璃生产技术的不断发展,新品种层出不穷,建筑玻璃由过去单纯的透光、透视,向着控制光线、控制噪声、调节热量、节约能源、安全防爆、改善环境等方向发展。同时利用染色、印刷、雕刻、磨光、热熔等工艺可获得各种具有装饰效果的艺术玻璃,为建筑玻璃赋予了新的生命。经过特殊处理后的玻璃几乎可用于现代建筑装饰装修的各个部位,如图3.53所示。

图3.53　玻璃装饰墙面

(1)玻璃的性质与特点

玻璃的主要原料为石英砂、纯碱、长石及石灰石等,在1 550～1 600℃的高温下熔融后经压制或拉制冷凝成型。如在玻璃中加入某些金属氧化物、化合物或采用特殊工艺,可制成各种不同特殊性能的玻璃。

玻璃几乎无孔隙,属致密材料,但普通玻璃容易破碎,是典型的脆性材料。玻璃的热稳定性差,当温度急变时,就会造成碎裂。玻璃具有较高的化学稳定性,对酸、碱、盐等有较强的耐腐蚀能力,能抵抗除氢氟酸以外的各种酸类的侵蚀,但会被碱液或金属碳盐腐蚀。硅酸盐类玻璃长期遭受水汽的作用,能导致玻璃变质和破坏,出现水解现象即玻璃的风化。

(2)玻璃的类型与作用

玻璃根据其性能和用途可分为普通平板玻璃、安全玻璃、艺术玻璃、节能玻璃和特种玻璃。

1）普通平板玻璃：是未经其他工艺处理的平板状玻璃制品，通常用引上法、平拉法和浮法等生产工艺制成。具有透光、隔音、耐酸碱、耐雨淋等特征，但质脆，怕敲击，怕强震等。常用厚度为 3～6 mm，加厚型有 8～19 mm，长宽规格较多。它广泛用于建筑门、窗及室内各种隔断、橱窗、柜台、货架、家具等部位。

2）艺术玻璃：是在普通平板玻璃的基础上通过染色、磨砂、刻花、压花、热熔等特殊工艺加工而成的一种具有现代艺术风格的装饰玻璃。

3）安全玻璃：指与普通玻璃相比，具有极高力学强度的抗冲击能力，主要品种有钢化玻璃、夹层玻璃，安全玻璃被击碎时，其碎块不会伤人。在现代装饰装修中安全玻璃越来越受到人们的重视。

安全玻璃主要用于公共场所的隔墙、隔断、护栏、幕墙、橱窗、天窗等。

4）节能玻璃：节能玻璃除具有普通平板玻璃的性能外，还具有特殊的对光和热的吸收、透射和反射能力，以利冬季保温，又能阻隔太阳热量以减少夏天空调能耗。它是集节能性和装饰性于一身的玻璃。现已广泛用于建筑外墙窗和幕墙。常用的节能玻璃有吸热玻璃、热反射玻璃、中空玻璃等。

5）空心玻璃砖：是由两块凹型玻璃，经熔接或胶结而成的玻璃砖块。其腔内可以是空气，也可以填入绝热、隔音材料，可提高绝热保温及隔音性能。常用于装饰性外墙、花窗、发光地面以及室内隔墙、隔断、柱面的装饰。

（3）玻璃装饰的基本构造

作为现代建筑装饰的重要材料，玻璃在室内装饰装修中应用非常普遍。玻璃加工制品种类繁多，构造方法多样，施工技术日趋完善，操作程序少，施工中常与木质、金属、水泥体结合使用，在室内装修工程时主要用于隔墙、隔断、屏风，以及少量的天花、地面装饰。其构造形式可根据设计要求和不同的使用功能而定，通常采用普通平板玻璃或以平板玻璃加工而成的各类艺术玻璃，特殊单位或部位可用安全玻璃或节能玻璃。

1）玻璃与木基层的构造

玻璃的安装常用木基作固定支撑，通常做法是在墙面或地面、天棚弹出隔墙（断）位置线，用木材作边框，并固定于位置线上。木框的四周或上、下部位应根据玻璃的厚度开槽，槽宽应大于玻璃厚度，槽深 8～20 mm，作玻璃膨胀伸缩之用。随后即可把玻璃放入木框槽内，其两侧木框缝隙应相等，并注入玻璃胶，钉上固定压条，待胶凝固后，即可把固定压条去掉。

另外木框四周或上、下部位也可不用开槽，直接把玻璃放入木框内，用木压条或金属条固定，如图 3.54 所示。

2）玻璃与金属框架的构造

金属结构玻璃隔墙（隔断），一般采用铝合金、不锈钢、镀锌钢材（槽钢、角钢）制作框架安装不同规格和厚度的玻璃。

玻璃与金属框架装配时，所用金属型材的大小、强度，应根据隔墙（隔断）的高度、宽度以及玻璃的厚度计算出金属框架的荷载强度。金属框架尺寸应大于玻璃尺寸 3～5 mm，安装时应在金属框的底边放置一层橡胶垫或薄木片，然后把玻璃放在橡胶垫或薄木片上，用金属压条或木压条固定，其缝隙用玻璃胶灌注固定。

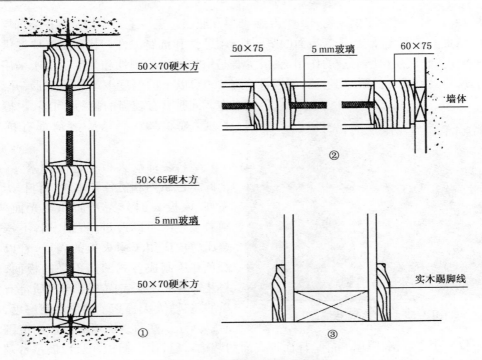

图 3.54　玻璃隔断构造示意图

3）空心玻璃砖砌墙的构造

空心玻璃砖用于室内装修的基本构造，可分为砌筑法和胶筑法两种。前者构造方法比较陈旧，施工繁琐。后者构造方法比较先进，施工简便。

施工前应根据设计要求，计算出空心玻璃砖的数量和排列次序，并在地面弹线，做基础底脚，空心玻璃砖对缝砌筑的缝隙间距一般为 5～10 mm。

玻璃砖砌筑施工法：用 1∶1 的白水泥和细砂加入适量乳胶溶液的混合砂浆砌铺。砌铺时每块空心玻璃砖都应加配十字固定件，十字固定件可用金属、木材或玻璃制作。十字固定件的尺寸应小于空心玻璃砖的四周凹形槽，它作连接与加固之用。砌筑完毕，进行勾缝清洁处理。

6. 塑料饰面板贴墙装饰

塑料饰面板是指以树脂为浸渍材料或以树脂为基材，采用一定生产工艺制成带有装饰功能的饰面板材。

塑料饰面板的特点与分类：

塑料饰面板的特点是质轻、可塑性强、装饰性佳、花色丰富、易于保养，塑料饰面板可干法施工，避免了大量的湿作法，加快了施工进度，并且塑料饰面板适合与其他材料复合，在现代室内装饰装修中得到愈来愈广泛的应用。同时它还符合现代建筑装饰装修安全要求，即防火、防水、防潮、防蚀、绝缘等。

塑料饰面板按材料的不同可分为三聚氰胺树脂层压板、硬质 PVC 板、玻璃钢板、塑料金属复合板、塑料木质复合板、聚碳酸酯采光板、聚酯纤维板、有机玻璃装饰板等类型。

1）三聚氰胺树脂层压板： 又叫纸质装饰板、塑料装饰耐火板，是用三聚氰胺树脂、酚醛树脂浸渍专用纸基，多层叠合经热压固化而成的薄型贴面材料。

塑料装饰耐火板为多层结构,即表层、装饰层和底层。表层主要作用是保护装饰层的花纹图案,增加其表面光泽度,提高表面的坚硬性、耐磨性和抗腐蚀性。装饰层主要提供各种花纹图案和防止底层树脂渗透的作用,底层主要是增加板材的刚性和强度。由于采用热固性塑料,所以具有优良的耐热、耐烫、耐燃性。在100℃以上的温度下不软化变形、开裂、起泡。同时具有较强的耐污、耐湿、耐擦洗等性能,对酸、碱、酒精等溶剂都有抗腐蚀能力。

塑料装饰耐火板花色品种繁多,有鲜艳的单色系列和仿各种木纹、石材、织物等系列,该板表面分亮光面和亚光面两类。随着工艺的不断改进,将铜、铝、不锈钢等金属薄皮应用于耐火板的表层,着以各种颜色并压制成各式凹凸不平的板面,使塑料装饰耐火板从表面效果到材质都有一个质的飞越,大大提高了耐燃和耐磨度,如图3.55所示。塑料装饰耐火板应用范围非常

图3.55 塑料饰面板墙面

广泛,不仅可用于墙裙、隔墙、屏风、柱面等表面的装饰,还可用于橱柜、吧台、展示台及各种家具的表面装饰。常用规格尺寸为1 220 mm×2 440 mm,厚度为0.4~1.5 mm。

2)聚酯纤维板:又叫吸声装饰艺术板,是以聚酯纤维为原料,经热压而成型。聚酯纤维板是代替玻璃纤维和石棉纤维的新型环保吸声装饰材料。它具有安全舒适、对人体无害、装饰性强、吸声效果极佳等优点,同时具有阻燃、隔热、保温、防潮、施工简便等特点。

吸声装饰艺术板可广泛用于影剧院、歌舞厅、演播厅、会议室、展览馆、图书馆等公共场所。常用规格为1 220 mm×2 440 mm,厚度为9 mm。

3)软性装饰贴片:又称软性防火板,是由软木纤维颗粒与合成树脂经高温压合发泡成型的软质材料,表面有透明树脂耐磨层。软性装饰贴片具有软木的柔软性,其弯折角度几乎可达90°,该贴片耐热好,在200℃左右的温度下表面不会有损伤。软性装饰贴片还有表面硬度较高、耐摩擦、抗污、防潮、吸声、手感舒适、施工简便等特点。

轻性装饰贴片有光面、亚光面,花色品种繁多。其规格为厚0.2~0.8 mm,宽1 260 mm,长度有3 000 mm、5 000 mm的卷材。

七、裱糊类墙面

裱糊类饰面是采用粘贴的方法将装饰纤维织物覆盖在室内墙面、柱面、天棚的一种饰面做法,是室内装修工程中常见的装饰手段之一,起着非常重要的装饰作用。此方法改变了过去"一灰、二白、三涂料"单调、死板的传统装饰做法,装饰纤维织物贴面因其色彩、花纹和图案的丰富多样,装饰效果佳而深受人们的喜爱,如图3.56所示。

1. 裱糊类墙面的种类与特点

墙面装饰用纤维织物是指以纺织物和编织物为面料制成的墙纸、墙布。其原料可以是丝、羊毛、棉、麻、化纤、塑料等,也可以是草、树叶等天然材料。墙纸、墙布种类很多,有纸基、化纤基、木基等。表面工艺有印刷、辊轧、发泡、浮雕等。

按材料的特点来分有以下几种：

(1) 塑料墙纸

塑料墙纸以优质木浆或布为基层,聚氯乙烯(PVC)塑料或聚乙烯为涂层,经压延或涂布以及印花、压花或发泡等工艺制成。一般材质的 PVC 塑料墙纸,由于对人体健康不利,对室内环境有害,故在当今的室内装饰装修中已被逐渐淘汰。取而代之的是一些无公害、无毒、无环境污染的能以生物降解的PVC"环保"墙纸。

塑料墙纸在裱糊类贴墙装饰中应用最为广泛。它分为普及型塑料墙纸、发泡型塑料墙纸、特种型塑料墙纸。

图 3.56 墙纸墙面

塑料墙纸有一定的抗拉强度、耐湿性、耐裂性和耐伸缩性。表面几乎不吸水,可擦洗、耐磨、耐酸碱、抗尘、防霉、防静电,并有一定的吸声隔热性能。塑料墙纸用途广泛,几乎可适用于所有室内空间的天棚、墙面、梁、柱等部位的装饰。

塑料墙纸的规格品种按生产工艺可分为单色印刷(花)墙纸、多色印刷(花)墙纸、压(轧)花墙纸、发泡墙纸、纸基涂布乳液墙纸等。按基材分有纸基墙纸、化纤基墙纸。常用规格为幅宽 530~1 400 mm,长度为 10 m、15 m、30 m、50 m 等。

(2) 织物墙纸

织物墙纸是由丝、毛、棉、麻等天然纤维织成各种花色的粗细纱或织物再与纸基经压合而成。这种墙纸是用各色纺线的编织来达到艺术效果。织物墙纸具有良好的手感和丰富的质感,且无毒、无静电、耐磨、强度高、吸声透气效果好。织物墙纸是近年来国际上流行的新型高级墙面装饰装修材料,适用于高级宾馆、饭店、剧院、会议室等。

(3) 金属墙纸

金属墙纸是以金属箔为面层、纸(布)为基层,具有不锈钢、金、银、铜等金属的质感与光泽,表面可印花、压花。金属墙纸具有寿命长、不老化、耐擦洗、耐污染等优点,它适用于室内高级装饰及气氛热烈场所的装饰。

2. 裱糊类墙面构造

裱糊类墙面种类虽然很多,材质各不相同,但裱糊工艺基本一致。裱糊类墙面对基层要求很高,必须平整、光洁、干燥,无任何不实之处。裱糊类材料可直接裱糊在墙面、天棚上,也可以裱糊在木板、石膏板、金属板等材质做成的基层上,如图 3.57 所示。

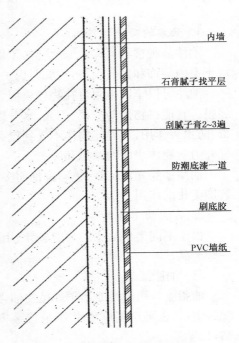

内墙

石膏腻子找平层

刮腻子膏2~3遍

防潮底漆一道

刷底胶

PVC墙纸

图 3.57 墙纸裱糊的基本构造

八、喷涂类墙面

喷涂类墙面一般是指采用涂料经喷、涂、抹、刷、刮、滚等施工手段对墙体表面进行装饰装修。涂料饰面是建筑装饰装修中最为简单、最为经济的一种构造方式。它和其他墙面构造技术相比，虽然不及墙砖、饰面石材、金属板经久耐用，但由于涂料饰面施工简便、省工省料、工期短、工效高、作业面积大、便于维护更新且造价相对较低，因此，涂料饰面无论是在国外还是国内，都成为一种应用广泛的饰面材料，如图 3.58 所示。

图 3.58　外墙涂料装饰

1. 油漆的功能与作用

油漆品种极其繁多，功能各异，不同的油漆其组成成分各不相同，因而作用也各有不同。对于室内装饰和家具设备，主要起保护和装饰作用。

油漆可以牢固地附着在物体表面，形成连续均匀、坚韧的膜，人们把这层保护膜称之为漆膜。它能将物体与空气、阳光、水分以及其他腐蚀性物质隔离开，起到防腐、防潮、防锈、防霉、防虫等作用，从而使物体不受到侵袭和破坏。同时漆膜有一定的强度、硬度、弹性，可减轻外力对物体表面的摩擦和冲击。

油漆漆膜光洁美观、色彩鲜艳而多变，涂装在物体表面，可以改变物体固有的颜色，起到装饰美化的作用。

2. 常用油漆种类

由于不同类型油漆的性能各异、用途不同、产品繁多，这里仅介绍在室内装饰中常用的一些产品。

（1）油脂漆类

油脂漆是用干性或半干性植物油，经熬炼并加入催干剂调制而成，可作厚漆、防锈漆调配的主料，也可直接单独使用，它涂装方便，渗透性好，价格低。但涂层干燥慢，漆膜柔软发粘，强度差。

（2）天然漆类

天然漆又称土漆、中国漆，是将漆树上取得的汁液，经部分脱水过滤而得到的棕黄色黏稠液体。其特点是漆膜坚固耐用、富有光泽、不裂不粘,并且耐磨、耐水、耐酸、耐腐蚀、耐烫、绝缘,与基底结合力强。缺点是黏结度强而不易施工,干燥慢并有毒,工序繁杂,大多用于家具、工艺饰品。它分生漆、熟漆和广漆。

（3）醇酸树脂漆类

醇酸树脂漆类是用干性油和改性醇酸树脂为主要成膜物质调制而成。该漆的附着力、光泽度、耐久性均比酚醛漆强。漆膜干燥快、硬度高、绝缘性好。它包括清漆与色漆两部分,广泛用于室内门窗、家具、木地板、金属等,不宜用于室外。

（4）硝基漆类

硝基漆又称喷漆,是以硝化棉为主要成膜物质,加入合成树脂、增塑剂、稀释剂调配制成,分清漆和厚漆两部分。硝基漆通过溶剂挥发达到干燥,具有干燥快、漆膜坚硬、发亮、耐磨、耐久等优点,是一种高级涂料,主要用于高级建筑中门窗、家具、扶手、地板、金属等的装饰。

（5）聚酯漆类

聚酯漆以不饱和聚酯为主要成膜物质,有透明清漆和色漆之分。聚酯漆干燥迅速,十几分钟即可用手触摸,漆膜坚硬而丰满厚实,有非常高的光泽度和保光性,耐磨、耐久、耐水、耐热、耐寒、耐酸碱,是一种高级装饰材料。适用于室内外门窗、家具、木器、金属等表面涂装。聚酯漆分双组分和三组分,主要由漆、稀释剂、固化剂组成。

（6）新型环保漆类

新型环保漆是油漆中一个全新品种。它不含铅和汞的成分,无毒、无挥发性溶剂、无刺激味,不污染环境并且对人体无害,可用水稀释。同时它的漆膜丰满、透明清澈、耐磨性好、施工安全方便。

（7）真石漆

真石漆又称石头漆,是用天然花岗岩、大理石及其他石材经粉碎成微粒状配以特殊树脂溶液结合而成。其质地如石头般坚硬,具有自然、立体感强、稳重、气派的石材特征。它抗老化、耐候、耐火、耐水、无毒、不褪色、抗酸碱侵蚀、易清洗,广泛用于室内外天棚、墙面、柱面等部位的装饰装修,也可根据设计要求喷出各种花纹图形。

3. 油漆饰面构造

室内装饰装修工程中,油漆主要用于饰面处理,油漆饰面分为透明和色漆涂饰两类。

（1）透明涂饰构造

透明涂饰又称清漆涂饰,常用于木家具、木吊顶、木墙面、木地板的饰面处理。它不仅保留木材原有的木纹特征,而且通过某些特殊的方法、工序可改变木材本身的颜色、纹理。

（2）色漆涂饰构造

色漆可改变并遮盖物体固有的颜色、纹理、缺陷等,其表面色泽即为色漆的漆膜颜色。色漆的配制已在工厂完成,同时也可以根据设计要求自行配制。

（3）真石漆构造做法

真石漆属喷涂类的装饰材料,施工中需使用气泵将真石漆喷附在物体表面上。它由底漆、中漆和透明面漆三种材料组合而成。

4. 建筑涂料的作用与特点

我们把涂敷于建筑物表面的涂料称为建筑涂料。建筑涂料的品种丰富,应用范围广,是一种广泛使用的装饰装修材料。主要用于建筑物内外墙、天棚、地面的涂饰。近年来,随着新型、环保、高效建筑涂料的发展,克服了涂料易发黄变质,涂膜不能擦洗,使用周期短等缺点。因而在现代建筑内外墙面的装饰中所占比例越来越大。

建筑涂料是通过涂膜牢固地附着在建筑物表面,来达到保护和美化的作用。它可通过改变建筑物表面的颜色和质感满足装饰的需要,其涂膜不但具有丰富的色彩,还具有一定的光泽度和平滑性,以及较好的质感和手感。

建筑涂料与其他饰面材料相比具有重量轻、色彩鲜明、附着力强、施工简便、省工省时、维护更新方便、价廉质好,以及耐水、耐污染、耐老化等优点。

5. 常用内墙涂料的类型与选择

由于建筑涂料品种繁多,不同类型涂料的性能、用途各异,室内装饰中以合成树脂乳液内墙涂料最为常见。它不仅用于内墙装饰,也可装饰天棚。内墙涂料外观光洁细腻,颜色丰富多彩,耐候、耐碱、耐水性好,不易粉化,涂刷方便,是现代室内装饰天棚、墙面的主要用材之一。内墙涂料的选用原则和油漆的选择原则相同。

图 3.59　内墙涂料墙面

合成树脂乳液内墙涂料又叫乳胶漆,是以合成树脂乳液为主要成膜物质,加入适量的填料、少量的颜料及助剂经混合、研磨而得的薄质内墙涂料,分面漆和底漆。

乳胶漆的类型较多,通常以合成树脂乳液来命名,主要品种有聚醋酸乙烯乳胶漆、丙烯酸酯乳胶漆、聚氨酯乳胶漆等。它们具有涂膜光滑细腻、透气性好、无毒无味、防霉、抗菌、耐擦洗性能强的特点,适用范围广泛,如图 3.59 所示。

(1)丝光内墙乳胶漆

丝光内墙乳胶漆以优质丙烯酸共聚物或醋酸乙烯共聚物为主材,配以无铅颜料和抗菌防霉剂调制而成。其特征为外观细腻,涂膜平整,质感柔和,手感光滑,有丝绸的质感。同时具有耐碱、耐水、耐洗刷、附着力强、涂膜经久不起鼓剥落等特点。广泛用于各种建筑物内墙、天棚装饰。有丝光和亚光系列。

(2)水溶性内墙涂料

水溶性内墙涂料是以水溶性合成树脂聚乙烯醇及其衍生物为主要成膜物质,加入适量颜料、助剂、水经研磨而成。其特点是施工工艺简单、价格便宜,有一定的装饰性。适用于普通室内墙面、顶棚的装饰,属低档涂料。

水溶性内墙涂料主要分为聚乙烯醇水玻璃内墙涂料和聚乙烯醇缩甲醛内墙涂料两大类。

(3)质感内墙涂料

质感内墙涂料又叫厚质涂料,它是由底涂、中涂和面涂构成。它的主要骨料采用天然矿物质制成,可用水直接稀释,有较高的环保性能。通过不同工具可创造出变幻无穷的艺术图案,质感内墙涂料富有极强的动感和立体感,是现代建筑内墙装修较为新颖的一种装饰材料。它具有优良的耐候性、透气性、保色性、附着力、抗拉伸能力,以及防水、防潮、保湿、吸声等特点。特别在表现效果方面是其他传统装饰材料无法比拟的,如图3.60所示。

（4）浮雕喷塑内墙涂料

浮雕喷塑内墙涂料由底涂层、主涂层、面涂层三层结构组成。涂膜花纹呈现凹凸状,富有立体感,适用于室内外墙面、顶棚的装饰。浮雕喷塑内墙涂料具有较好的耐候性、保色力、耐碱性、耐水性。浮雕喷塑内墙涂料和质感内墙涂料有许多相似之处。

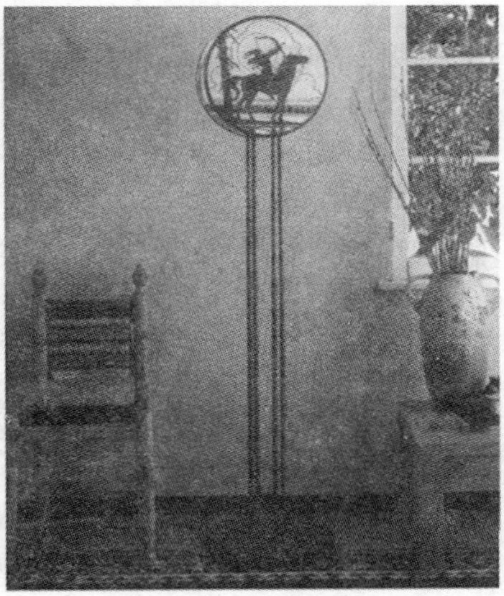

3.4 天棚装饰构造

图3.60 内墙质感涂料墙面

一、概述

天棚在建筑装饰装修中又称顶棚、天花,一般是指建筑空间的顶部。作为建筑空间顶界面的天棚,可通过各种材料和构造技术组成形式各异的界面造型,从而形成具有一定使用功能和装饰效果的建筑装饰装修构件,如图3.61所示。

天棚是空间围合的重要元素,在室内装饰中占有重要的地位,它和墙面、地面构成了室内空间的基本要素,对空间的整体视觉效果产生很大的影响,天棚装修给人最直接的感受就是为了美化、美观。随着现代建筑装修要求越来越高,天棚装饰被赋予了新的特殊的功能和要求:保温、隔热、隔音、吸声等,利用天棚装修来调节和改善室内热环境、光环境、声环境,同时作为安装各类管线设备的隐蔽层。

天棚装修除了考虑建筑功能、建筑热工、建筑声学、设备安装、安全防火外,还应从内部空间形态、性质、用途、材料及装饰语言等诸方面综合加以考虑。

图3.61 天棚装饰构造

二、天棚的分类

天棚的形式多种多样,随着新材料、新技术的广泛应用,产生了许多新的吊顶形式。

按不同的功能分有隔声、吸音天棚,保温、隔热天棚,防火天棚,防辐射天棚等。

按不同的形式分有平滑式、井字格式、分层式、浮云式等。

按不同的材料分有胶合板天棚、石膏板天棚、金属板天棚、玻璃天棚、塑料天棚、织物天棚等。

按不同的承受荷载分有上人天棚、不上人天棚。

按不同的施工工艺分有抹灰类天棚、裱糊类天棚、贴面类天棚、装配式天棚。

尽管天棚的装饰装修形式、手法、工艺等千变万化,但从构造技术上天棚可分为直接式和悬吊式两大类。

1. 直接式天棚

直接式天棚不用吊杆,直接在楼板结构层底部进行抹灰、镶板、喷(刷)、粘贴装饰材料的一种施工工艺。

直接式天棚主要有直接清水天棚、直接抹灰天棚、直接喷(刷)天棚、直接粘贴天棚。

(1)直接清水天棚:是利用混凝土自身的肌理、质感和模板的平整度作为装饰,不作任何形式的二次修饰,如图 3.62 所示。

(2)直接抹灰、喷(刷)、粘贴天棚:是在楼板结构层底面直接抹灰、喷(刷)涂料或粘贴装饰面层,属二次装饰行为,如图 3.63 所示。

图 3.62 清水天棚

图 3.63 直接抹灰、喷(刷)天棚

直接式天棚不占室内空间的高度,造价低、施工简单、工期短、效果较好。常用于要求不高的家庭、办公楼、学校及特殊环境的天棚装饰。但直接式天棚不能遮盖管网、线路等设备。

2. 悬吊式天棚

悬吊式天棚又称吊顶,按结构形式可分为活动式、结构式、隐蔽式、开敞式等,如图 3.64所示。

悬吊式天棚是现代室内装饰装修中广泛采用的一种天棚形式,主要由吊杆、龙骨、各种连接件和覆面材料组成,相对于直接式天棚其构造技术要复杂许多。悬吊式天棚不仅可将各种管线和空调、通风管道等设备隐藏其中;还可利用空间高度的变化,进行天棚的叠级造型处理,丰富空间层次,创造出多变的光环境。悬吊式天棚形式感强,变化丰富,装饰效果好,适用于各种场所,如图 3.65 所示。

图 3.64 开敞式天棚

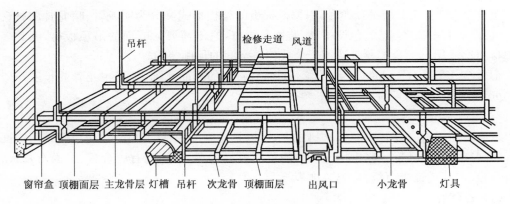

图 3.65 悬吊式天棚

三、天棚装饰材料

选用何种天棚材料及构造方式,应根据室内空间尺度、建筑结构、设计要求来决定。室内装修工程常用吊顶材料分骨架(龙骨)材料和覆面材料两大类。

1. 骨架材料

骨架材料在室内装饰装修中主要用于天棚、墙体(隔墙)、棚架、造型、家具的骨架,起支撑、固定和承重的作用。室内装修工程常用骨架材料有木质和金属两大类。

(1)木骨架材料

吊顶木龙骨材料分为内藏式木骨架和外露式木骨架两类。

1)内藏式木骨架:隐藏在天棚内部,起支撑、承重的作用,其表面覆盖有基面或饰面材料。一般用针叶木加工成截面为方形或长方形的木条。

2) 外露式木骨架:直接悬吊在楼板或装饰面层上,骨架上没有任何覆面材料,如外露式格栅、棚架、支架及外露式家具骨架,属于结构式天棚吊顶。主要起装饰、美化的作用,常用阔叶木加工而成。

(2) 金属骨架材料

室内装修工程常用金属吊顶,骨架材料有轻钢龙骨和铝合金龙骨两大类。

1) 轻钢龙骨:是以镀锌钢板或冷轧钢板经冷弯、滚轧、冲压等工艺制成,根据断面形状分为 U 型龙骨、C 型龙骨、V 型龙骨、T 型龙骨。

U 型龙骨、T 型龙骨:主要用来做室内吊顶,又称吊顶龙骨。U 型龙骨有 38、50 、60 三种系列,其中 50、60 系列为上人龙骨,38 系列为不上人龙骨。

C 型龙骨:主要用于室内隔墙,又叫隔墙龙骨,有 50 和 75 系列。

V 型龙骨:又叫直卡式 V 型龙骨,是近年来较流行的一种新型吊顶材料。

轻钢龙骨应用范围广,具有自重轻,刚性强度高,防火、防腐性好,安装方便等特点,可装配化施工,适应多种覆面(饰面)材料的安装。

2) 铝合金龙骨:是铝材通过挤(冲)压技术成型,表面施以烤漆、阳极氧化、喷塑等工艺处理而成,根据其断面形状分为 T 型龙骨、LT 型龙骨。

铝合金龙骨的特点是质轻,有较强的抗腐蚀、耐酸碱能力,防火性好,并且加工方便,安装简单等。

铝合金 T 型、LT 型吊顶龙骨,根据矿棉板的架板形式又分为明龙骨、暗龙骨两种。明龙骨外露部位光亮、不生锈、色调柔和,装饰效果好,它不需要大幅面的吊顶板材,因此多种吊顶材料都适用。铝合金龙骨适用于公共建筑空间的顶棚装饰。

铝合金 T 型、LT 型龙骨,因厂家不同而有各自的产品系列,但其主龙骨的长度一般为 600 mm 和 1 200 mm 两种,次龙骨长度一般为 600 mm。

2. 覆面材料

覆面材料通常是安装在龙骨材料之上,可以是粉刷或胶粘的基层,也可以直接由饰面板作覆面材料。室内装饰装修中用于吊顶的覆面材料很多,常用的有胶合板、纸面石膏板、装饰石膏板、矿棉装饰吸声板、金属装饰板等。

(1) 胶合板

胶合板又叫木夹板,是将原木蒸煮,用旋切或刨切法切成薄片,经干燥、涂胶,按奇数层纵横交错黏合、压制而成,故称之为三层板、五层板、七层板、九层板等。胶合板一般作普通基层使用,多用于吊顶、隔墙、造型、家具的结构层。

胶合板规格较多,常见的有 915 mm×915 mm、1 220 mm×1 830 mm、1 220 mm×2 440 mm。厚度有 3 mm、3.5 mm、5 mm、5.5 mm、6 mm、7 mm、8 mm。

(2) 石膏板

用于顶棚装饰的石膏板主要有纸面石膏板和装饰石膏板两类。

1) 纸面石膏板:按性能分有普通纸面石膏板、防火纸面石膏板、防潮纸面石膏板三类。它们是以熟石灰为主要原料,掺入普通纤维或无机耐火纤维与适量的添加剂、耐水剂、发泡剂,经过搅拌、烘干处理,并与重磅纸压合而制成。

纸面石膏板具有质轻、强度高、阻燃、防潮、隔声、隔热、抗振、收缩率小、不变形等特点。其加工性能良好,可锯、可刨、可粘贴,施工方便,常作室内装修工程的吊顶、隔墙用材料。

纸面石膏板的常用规格长度有 1 800 mm、2 100 mm、2 400 mm、2 700 mm、3 000 mm、3 300 mm、3 600 mm;宽度有 900 mm、1 200 mm;厚度有 9.5 mm、12 mm、15 mm、18 mm、21 mm。

2) 装饰石膏板:采用天然高纯度石膏为主要原料,辅以特殊纤维、胶粘剂、防水剂混合加工而成,表面经过穿孔、压制、贴膜、涂漆等特殊工艺处理。该石膏板高强度且经久耐用,防火、防潮、不变形、抗下陷、吸声、隔音,健康安全,施工安装方便,并且可锯、可刨、可粘贴。

装饰石膏板品种类型较多,有压制浮雕板、穿孔吸声板、涂层装饰板、聚乙烯复合贴膜板等不同系列。可结合铝合金 T 型龙骨广泛用于公共空间的顶棚装饰。

装饰石膏板常用规格为 600 mm×600 mm,厚度为 7～13 mm。

3) 矿棉装饰吸声板

矿棉装饰吸声板以岩棉或矿渣纤维为主要原料,加入适量黏结剂、防潮剂、防腐剂经成型、加压烘干、表面处理等工艺制成。具有质轻、阻燃、保温、隔热、吸声、表面效果美观等优点。长期使用不变形,施工安装方便。

矿棉装饰吸声板花色品种繁多,可根据不同的结构、形式、功能、环境进行分类。

根据功能分有普通型矿棉板、特殊功能型矿棉板;根据矿棉板边角造型结构分有直角边(平板)、切角边(切角板)、裁口边(跌级板);根据矿棉板吊顶龙骨分有明架矿棉板、暗架矿棉板、复合插贴矿棉板、复合平贴矿棉板,其中复合插贴矿棉板和复合平贴矿棉板需和轻钢龙骨纸面石膏板配合使用;根据矿棉板表面花纹分有平板、滚花板、浮雕板、印刷板、立体板等类型。

矿棉板常用规格有 495 mm×495 mm、595 mm×595 mm、595 mm×1 195 mm,厚度为 9～25 mm。

4) 金属装饰板

金属装饰板是以不锈钢板、铝合金板、薄钢板等为基材,经冲压加工而成。表面作静电粉末、烤漆、滚涂、覆膜、拉丝等工艺处理。金属装饰板自重轻、刚性大、阻燃、防潮、色泽鲜艳、气派、线型刚劲明快,是其他材料所无法比拟的。多用于候车室、候机厅、办公室、商场、展览馆、游泳馆、浴室、厨房、地铁等天棚、墙面装饰。

金属装饰板吊顶以铝合金天花最常见,它们是用高品质铝材通过冲压加工而成。按其形状分为铝合金条形板、铝合金方形板、铝合金格栅天花、铝合金挂片天花、铝合金藻井天花等,表面分有孔和无孔。

铝合金装饰天花构造简单,安装方便,更换随意,装饰性强,层次分明,美观大方。其型号、规格繁多,各厂家的品种、规格有所不同。

5) 埃特装饰板

埃特装饰板是以优质水泥、高纯石英粉、矿物质、植物纤维及添加剂经高温、高压蒸压处理而制成的一种绿色环保、节能的新型装饰板材。此板具有质轻而强度高,保温隔热性能好,隔音、吸声性能好,使用寿命长,以及防水、防霉、防蛀、耐老化、阻燃等优点,并且安装快捷,可锯、可刨、可用螺钉固定,适用于室内外各种场所的隔墙、吊顶、家具、地板等,它种类较多,有吊顶板、隔墙板、隔音板、贴瓷砖板、弯曲板、外墙板等。

埃特装饰板规格有 600 mm×600 mm,1 220 mm×2 440 mm,根据用途不同厚度为 4～18 mm。

6）硅钙板

硅钙板原料来源广泛，硅质原料可采用石英砂磨细粉、硅藻土或粉煤灰，钙质原料为生石灰、消石灰、电石泥和水泥，增强材料为石棉、纸浆等。原料经配料、制浆、成型、压蒸养护、烘干、砂光而制成板材，产品具有强度高、隔声、隔热、防水等性能。

硅钙板规格为 500 mm×500 mm、600 mm×600 mm，厚度为 4～20 mm。

四、直接抹灰、喷（刷）天棚构造

直接抹灰、喷（刷）天棚构造工艺简便而快捷，在楼板结构层底面抹水泥砂浆或水泥石灰砂浆，抹灰厚度为 2～6 mm，再用腻子刮平，涂料喷（刷）2～3 遍。此外，也可在水泥砂浆层上粘贴装饰石膏板或其他饰面材料。直接式天棚要求楼板结构层表面平整度较高，其支模技术与模板的质量直接影响天棚的平滑程度，所以制模工艺必须按操作规范进行。

五、悬吊式天棚构造

悬吊式天棚按材料不同可分为木骨架胶合板吊顶、轻钢龙骨纸面石膏板吊顶、矿棉装饰吸声板吊顶、铝合金装饰板吊顶等。

1. 木骨架胶合板吊顶

木龙骨胶合板吊顶是使用较早的一种天棚装饰装修形式，一般由吊杆、主龙骨、次龙骨及胶合板四部分组成。它构造简单、造价便宜、承载量大，如图 3.66 所示。

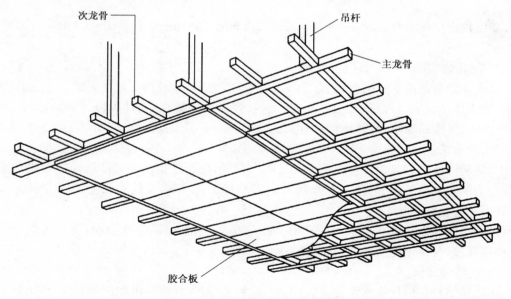

图 3.66　木龙骨胶合板吊顶示意图

当今室内装修工程中木龙骨胶合板吊顶虽不大面积使用，但在某些特殊场所和特殊造型部位，往往采用木龙骨解决设计所需的造型问题。木龙骨胶合板吊顶必须经过严格的防腐、防虫处理，同时须在其表面涂（刷）防火漆三遍。

木龙骨胶合板吊顶构造要点：

（1）木龙骨应选用软质木材作吊顶材料，并加工成截面为正方形或长方形的木条，常用规格有 40 mm×40 mm、40 mm×60 mm、50 mm×70 mm 等,也可根据设计要求调整木龙骨的尺寸。

（2）以胶合板尺寸模数,在木条上按 305 mm 或 407 mm 的尺寸画线并开凹形槽,然后按槽口与槽口相对的方法拼装成 305 mm×305 mm 或 407 mm×407 mm 的木龙骨网格,并在卡口顶部或两边用铁钉锁定,与罩面板接触的一面必须刨平。为提高工效,可先将木龙骨网格在地面上按片进行拼装,然后再整片吊起安装,如图 3.67 所示。

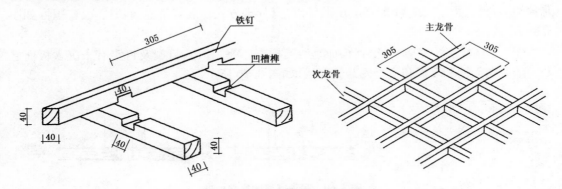

图 3.67　木龙骨拼装示意图

（3）在墙面和天棚弹水平线、吊杆安装线。吊杆可采用扁铁、圆钢、角钢、木方等材料,铁件表面应刷防锈漆。吊杆的大小及间距可根据木龙骨的大小以及上人或不上人的要求而定。

（4）将拼装好的木龙骨网格与吊杆连接,木龙骨网格之间的对接处应保持在同一水平面上,两者之间用木方锁定并加以吊杆支撑,如图 3.68 所示。

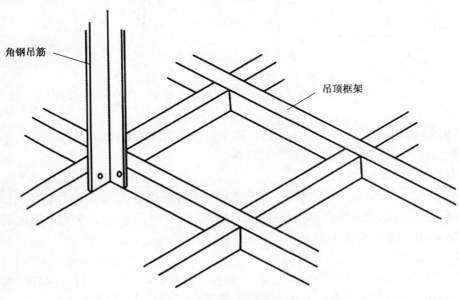

图 3.68　吊杆的固定方法

（5）木龙骨网格安装完毕后,按要求严格检查木龙骨高低叠级处及吊灯处的荷载,最后拉对角交叉线全面检查木龙骨网格的标高及平整度是否与设计相符。

（6）木龙骨吊顶检查调整完毕即可进行胶合板的安装。胶合板应选用厚度一致、表面平整光洁的三层板或五层板。

（7）在胶合板正面，按龙骨网格结构弹装订线，以方便安装。同时标出天棚的检查口、风口、灯孔、喷淋头，以及其他应事先预留的设备位置。

（8）在木龙骨网格表面刷乳白胶，同时用小铁钉或门形钉将胶合板按装订线铺钉于木龙骨架上，板与板之间应留 2～5 mm 收缩缝，其处理方式一般有密缝、斜缝、立缝三种，如图 3.69 所示。

（9）胶合板安装完毕，要检查板面是否有凹凸不平、翘边、钉裂及钉头有未沉入板面之处。随后在天棚和墙面相交处安装天花线，如图 3.70 所示。

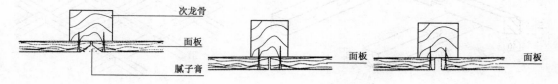

图 3.69　吊顶基层的拼缝处理

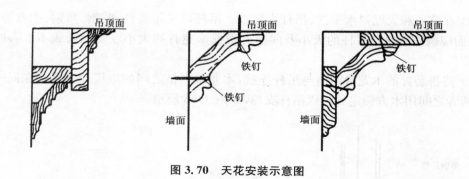

图 3.70　天花安装示意图

（10）检查完毕后，可对板缝及钉眼进行油性腻子处理，并在接缝处用胶带覆盖，防止开裂。

（11）最后板面满刮腻子灰 2～4 遍，打磨平整喷涂面漆或者裱糊墙纸。

另外，也可在基层板上粘贴其他饰面材料。

2. 轻钢龙骨纸面石膏板吊顶

轻钢龙骨纸面石膏板天棚，是当今普遍使用的一种吊顶形式，适应多种场所天棚的装饰装修，具有施工快捷、安装牢固、防火性能优等特点，如图 3.71 所示。常见吊顶用轻钢龙骨有 U 型龙骨和 V 型龙骨两类。

（1）U 型轻钢龙骨纸面石膏板吊顶

U 型轻钢龙骨主要由主龙骨、次龙骨、主龙骨吊挂件、次龙骨吊挂件、连接件、水平支托件、吊杆等组成。按主龙骨断面尺寸分为上人吊顶龙骨和不上人吊顶龙骨。

U 型轻钢龙骨纸面石膏板吊顶构造要点：

1）弹线定位：按具体设计规定的天棚标高，在墙面四周弹标高基准线，高度必须测量准

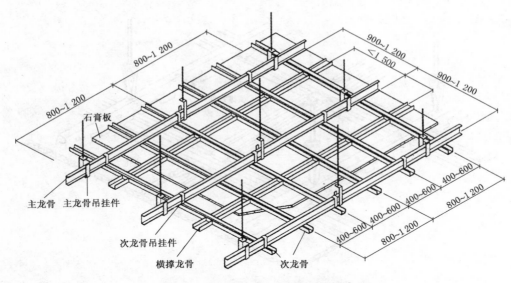

图 3.71 轻钢龙骨纸面石膏板吊顶示意图

确。根据吊顶面的几何形状及尺寸大小,按上人或不上人的设计要求,确定主龙骨的布局方向,计算出承吊点数,同时在楼板结构层上弹线,确定吊杆及主龙骨位置。上人天棚吊杆间距通常为 800~1 000 mm;不上人天棚吊杆间距通常为 900~1 200 mm。

墙面与次龙骨的最大距离不超过 200 mm,同时按设计要求留出检查口、冷暖风口、排风口、灯孔,必要时须增加横撑龙骨及吊杆。用吊挂件把次龙骨扣牢于主龙骨之上,不得有松动及歪曲不直之处。

2) 全面检查校正:龙骨架安装完毕后,检查主龙骨、次龙骨、吊挂件、连接件等之间的牢固度,特别应对上人龙骨进行多部位加载检查。校正主龙骨、次龙骨的位置和水平度,保证龙骨架达到设计所需的要求。龙骨架按 3/1 000 的拱度进行调平。

3) 安装纸面石膏板:纸面石膏板的长边与主龙骨平行,与次龙骨垂直交叉,从吊顶的一端错缝安装,逐块排列,板与板之间应留 3~5 mm 的缝。纸面石膏板用自攻螺钉固定在次龙骨上,螺钉中距 150~200 mm,钉头略沉入板面,螺钉应作防锈处理,并用腻子膏抹平。

4) 嵌缝刮腻子膏:用刮刀将嵌缝腻子膏均匀饱满地刮入板缝内,待腻子膏充分干燥后再用接缝纸带粘贴密封牢固。然后满刮腻子灰 3~4 遍,最后打磨平整喷(涂)面漆或者裱糊墙纸。

5) 安装天花线:最后在顶棚与墙面的交界处安装天花阴角线。阴角线以木质、石膏、大理石最为常见,如图 3.70 所示。

(2) V 型轻钢龙骨纸面石膏板吊顶

V 型龙骨又叫 V 型卡式龙骨吊顶,是当今建筑内部天棚装修工程较普遍采用的一种吊顶形式。它主要由主龙骨、次龙骨、吊杆等组成,如图 3.72 所示。V 型龙骨构造工艺简单,安装便捷。主龙骨与主龙骨、次龙骨与次龙骨、主龙骨与次龙骨均采用自接式连接方式,无需任何多余附接件。此外 V 型卡式龙骨吊顶的最大优点是在装配龙骨架的同时就可进行校平并安装纸面石膏板。因而节省施工时间,提高了工作效率。

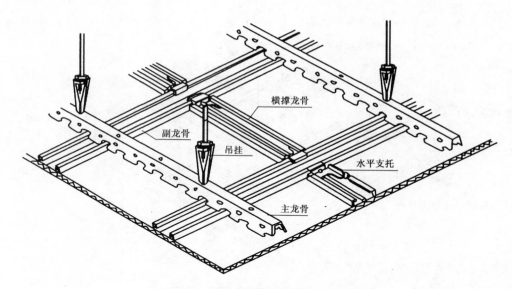

图 3.72　V 型轻钢龙骨安装示意图

V 型轻钢龙骨纸面石膏板吊顶构造要点：

1）弹线定位、固定吊杆和 U 型轻钢龙骨纸面石膏板吊顶构造方法相同。

2）安装主龙骨：把主龙骨直接套入吊杆下端，拧紧螺帽，按 3/1 000 的拱度进行调平。主龙骨和主龙骨端部接口处与吊杆的距离不大于200 mm，否则应增设吊杆。主龙骨的安装间距一般为 900～1 200 mm，起止端部离承吊点最大距离不大于300 mm。

3）安装次龙骨：根据墙面的标高基准线沿四周墙面安装边龙骨，然后将次龙骨直接卡入主龙骨的卡口内。次龙骨的安装间距一般为 400～600 mm，与墙面的最大距离不超过200 mm，同时按设计要求留出检查口、冷暖风口、排风口、灯孔，必要时须增加横撑龙骨及吊杆。

4）全面检查校正、安装纸面石膏板、嵌缝刮腻子灰和 U 型轻钢龙骨纸面石膏板吊顶构造方法同理。

（3）T 型铝合金龙骨矿棉板吊顶

铝合金龙骨矿棉装饰吸声板吊顶（图 3.73）是公共空间天棚装饰应用最为广泛、技术较为成熟的一种，其中 T 型、LT 型铝合金龙骨最为常见，它由主龙骨、次龙骨、边龙骨、连接件、吊杆组成。具有

图 3.73　矿棉板吊顶

重量轻、尺寸精确度高、装饰性能好、构造形式灵活多样,以及安装简单等优点。矿棉板吊顶龙骨的安置形式多样,但其构造做法基本相同。

T型铝合金龙骨矿棉板吊顶构造要点:

1) 弹线定位:按设计要求,在墙面四周确定标高线和龙骨、吊杆布置分格线,根据矿棉板的尺寸计算出承吊点数及主龙骨、吊杆的间隔距离。

2) 固定吊杆:将膨胀螺栓预埋在楼板结构层内并与吊杆连接,吊杆常为 $\phi 4 \sim \phi 6$ 的钢筋或镀锌铁丝,间距为 900~1 200 mm。T型、LT型铝合金龙骨为不上人龙骨。

3) 固定边龙骨:沿墙面四周水平标高线安装边龙骨,边龙骨起支撑面板和边缘封口的作用。

4) 安装主龙骨:根据设计要求,把主龙骨安装在吊杆下端略高于墙面水平标高线,并做临时固定,同时紧固螺栓。

5) 安装次龙骨:次龙骨安装在主龙骨之间并连接牢固。次龙骨应定位准确,与主龙骨十字交叉,紧贴主龙骨。安装时按设计要求留出灯孔、排风口、冷暖风口的位置,其四周应增加横支撑与吊杆。

安装主龙骨与次龙骨时,应在龙骨下方设置水平控制线,保证龙骨架的平整度。

6) 龙骨架检查校平:龙骨架安装完毕后,检查主龙骨、次龙骨、吊挂件、连接件等之间的牢固度,校正主龙骨、次龙骨的位置和水平度,保证龙骨架达到设计所需的要求。

7) 安装矿棉板:矿棉板根据其边口构造形式,有直接平放法(明架龙骨吊顶,如图 3.74 所示)、企口嵌装法(暗架龙骨吊顶或半暗架龙骨吊顶,如图 3.75 所示)、粘贴法三种安装形式,如图 3.76 所示。

矿棉板搁置安放时,需留有板材安装缝,每边缝隙不宜大于 1 mm,缝与缝之间必须十分平直,板缝接头必须一致。安装完成后,吊顶面应十分平整。整个吊顶表面的平整度偏差一般不大于 2 mm。

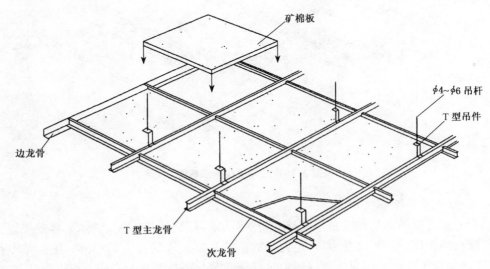

图 3.74 明龙骨吊顶示意图

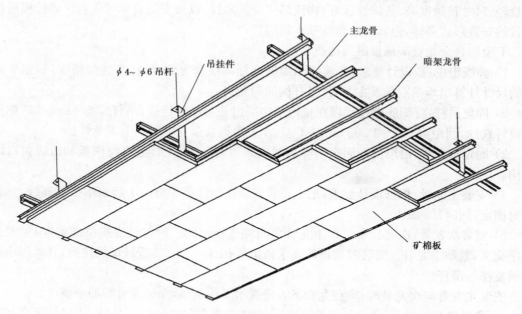

图 3.75　暗龙骨吊顶示意图

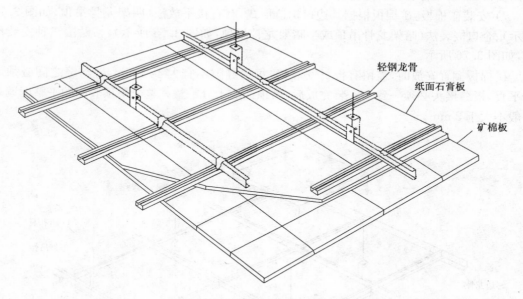

图 3.76　粘贴法构造示意图

3. 铝合金装饰板吊顶

铝合金装饰板吊顶结构紧密牢固,构造技术简单,组装灵活方便,整体平面效果好。铝合金装饰板的规格、型号、尺寸多样,但龙骨的形式和安装方法都大同小异。施工基本程序为:弹线→龙骨布置→安装收边角→固定吊杆→安装与调整铝合金面板→检查调平→清洁。其中,弹线、龙骨布置、固定吊杆的施工方法、要求与轻钢龙骨吊顶相同。

常见铝合金装饰板及构造做法有下面几种形式。

（1）铝合金条形装饰板吊顶

铝合金条形装饰板又叫铝合金条形扣板，根据条形板的尺寸、类型的多样化和龙骨的布置方法的不同，可以得到各式各样的、变化万千的效果，如图3.77所示。条形板吊顶按其板缝处理形式不同，分为开缝条形板天棚和闭缝条形板天棚。目前开缝天棚愈来愈少，而闭缝（密缝）天棚占据了主导地位。

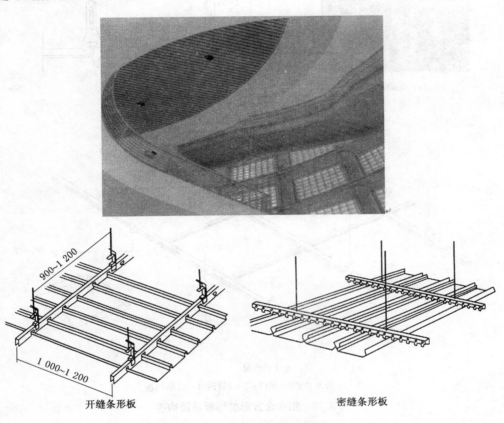

开缝条形板 　　　　　　　　　　　　　　　密缝条形板

图3.77　铝合金条形板吊顶

（2）铝合金方形装饰板吊顶

铝合金方形装饰板吊顶，可以是全部天棚采用同一种造型、花色的方形板装饰而成，也可以是全部天棚采用两种或多种不同造型、不同花色的板面组合而成。它们可以各自形成不同的艺术效果。同时与天棚表面的灯具、风口、排风扇等有机组合，协调一致，使整个天棚在组合结构、使用功能、表面颜色、安装效果等方面均达到完美和谐统一，如图3.78所示。

（3）铝合金格栅天棚

铝合金格栅天花吊顶是当今新型建筑天棚装饰之一，它造型新颖，格调独特，层次分明，立体感强，防火、防潮、通风性好，如图3.79所示。

铝合金格栅形状多种多样，有直线型、曲线型、多边型、方块型及其他异型等。它一般不需要吊顶龙骨，是由自身的主骨和副骨而构成，因此组成极其简单，安装非常方便。各种格栅可单独组装，也可用不同造型的格栅组合安装；还可和其他吊顶材料混合安装，如纸面石膏板，再配以各种不同的照明穿插其间，可营造出特殊的艺术效果。

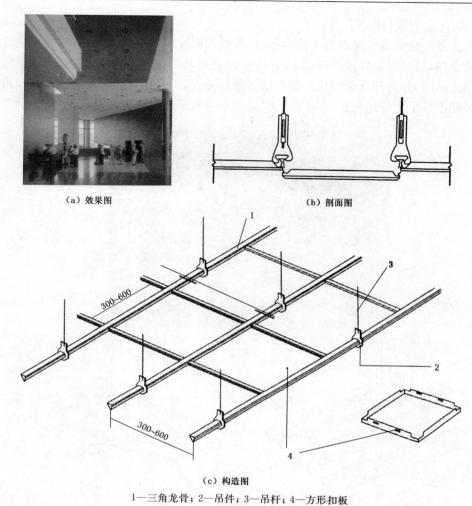

（a）效果图　　　　　　　（b）剖面图

（c）构造图

1—三角龙骨；2—吊件；3—吊杆；4—方形扣板

图 3.78　铝合金方形装饰板吊顶构造

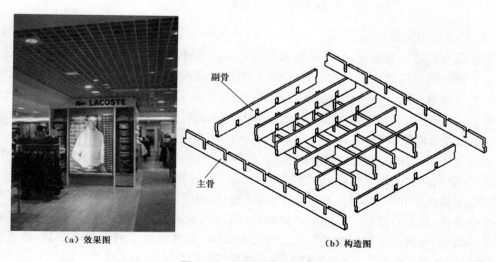

（a）效果图　　　　　　　（b）构造图

图 3.79　铝合金格栅吊顶

（4）铝合金挂片天棚

铝合金挂片天棚又叫垂帘吊顶,是一种装饰性较强的天幕式顶棚,可调节室内空间视觉高度。挂片可随风而动,获得特殊的艺术效果。其安装简便,可任意组合、拆卸,并可隐藏楼底的管道及其他设施。灯光通过挂片形成柔和均匀漫射光。挂片可安装在专用龙骨上,并悬吊于楼板结构层底面。它自然下垂,只需在吊顶内部作好支撑、固定,四周不用固定,如图3.80所示。

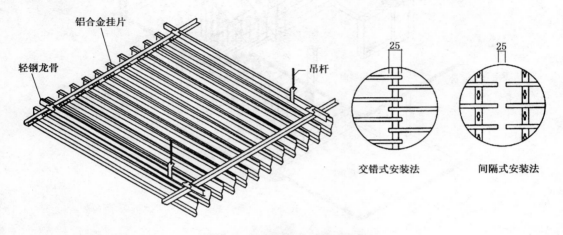

图 3.80 铝合金挂片天棚示意图

3.5 楼梯装饰构造

一、概述

建筑空间的竖向组合交通联系,是依靠楼梯、电梯、自动扶梯、台阶、坡道以及爬梯等竖向交通设施。其中,楼梯作为竖向交通和人员紧急疏散的主要交通设施,使用最为广泛。

楼梯的宽度、坡度和踏步级数都应满足人们通行和搬运家具、设备的要求。楼梯的数量,取决于建筑物的平面布置、用途、大小及人流的多少。楼梯应设在明显易找和通行方便的地方,以便在紧急情况下能迅速安全地疏散到室外。

二、楼梯的组成、类型和尺寸

1. 楼梯的组成

楼梯一般由楼梯段、楼梯平台、栏杆（或栏板）和扶手三部分组成,它所处的建筑空间称为楼梯间,如图 3.81 所示。

（1）楼梯段

楼梯段又称为楼梯跑,是楼梯的主要组成部分,由若干个连续的踏步组成。每个踏步一般由两个互相垂直的平面构成,水平面称为踏面,垂直面称为踢面。每个梯段的踏步不应超过 18 级,也不应少于 3 级。

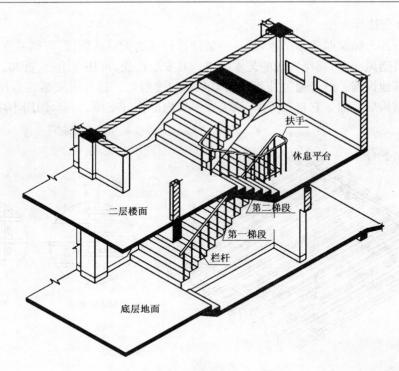

图 3.81 楼梯的组成

（2）楼梯平台

楼梯平台是联系两个楼梯段的水平构件,主要用来解决楼梯段的转向、与楼层连接和供人们上下楼梯时缓冲休息等问题。按其位置的不同分为楼层平台和中间平台。

（3）栏杆(栏板)和扶手

栏杆(栏板)是设置在楼梯段和平台临空侧的垂直围护构件。

2. 楼梯的类型

按所在位置,楼梯可分为室外楼梯和室内楼梯两种;按使用性质,楼梯可分为主要楼梯、辅助楼梯、疏散楼梯、消防楼梯等几种;按所用材料,楼梯可分为木楼梯、钢楼梯、钢筋混凝土楼梯等几种;按形式,楼梯可分为直跑式、双跑式、双分式、双合式、三跑式、四跑式、曲尺式、螺旋式、圆弧形、桥式、交叉式等数种,如图 3.82 所示。

楼梯的形式视使用要求、在房屋中的位置、楼梯间的平面形状而定。

3. 楼梯的尺寸及设计

（1）楼梯坡度

楼梯的坡度是指楼梯段沿水平面倾斜的角度。

楼梯坡度有两种表示方法:一种是角度法,即用楼梯段和水平面的夹角表示;另一种是比值法,即用楼梯段在水平面上的投影长度与在垂直面上的投影高度之比来表示(也可用楼梯踏步的踏面宽与踢面高的比值来表示)。

（2）踏步尺寸

楼梯踏步尺寸的大小实质上决定了楼梯的坡度,因此踏步尺寸是否合适就显得非常重要。一般认为踏面宽度应大于成年男子的脚长,而踢面高度则取决于踏面的宽度,通常可按

（a）直跑楼梯

（b）双跑楼梯　　　　　　　　（c）双分式楼梯　　　　　　　　（d）剪刀叉楼梯

（e）螺旋式楼梯　　　　　　　　　　　　（f）弧形楼梯

图 3.82　楼梯的形式

以下经验公式计算：

$$2h+b=600\sim620\ \text{mm}（人的平均步距）$$

或 $$h+b=450\ \text{mm}$$

式中：h——踢面高度(mm)；

b——踏面宽度(mm)。

楼梯踏步最小宽度和最大高度如表 3.1 所示。

表 3.1 楼梯踏步最小宽度和最大高度 (mm)

楼 梯 类 别	最小宽度	最大高度
住宅共用楼梯	260	175
幼儿园、小学校等楼梯	260	150
电影院、剧场、体育馆、商场、医院、旅馆和大、中学校等楼梯	280	160
其他建筑楼梯	260	170
专用疏散楼梯	250	180
服务楼梯、住宅套内楼梯	220	200

(3)楼梯梯段宽度与平台宽度

1)楼梯梯段宽度:楼梯梯段宽度指墙面至扶手中心线或扶手中心线之间的水平距离。

2)楼梯平台宽度:梯段改变方向时,扶手转向端处的平台最小宽度不应小于梯段宽度,并不得小于 1.20 m,当有搬运大型物件需要时应适量加宽。

(4)楼梯的净空高度

楼梯的净空高度包括楼梯梯段的净空高度和平台的净空高度,如图 3.83 所示。

1)楼梯梯段的净空高度。梯段净空高度指自踏步前缘(包括最低和最高一级踏步前缘线以外 0.30 m 范围内)量至上方突出物下缘间的垂直高度。梯段净高不宜小于 2.20 m。起止踏步前缘与顶部突出物内边缘线的水平距离不应小于 0.3 m。

2)楼梯平台的净空高度。楼梯平台的净空高度指平台表面至上部结构最低处的垂直高度。楼梯平台上部及下部过道处的净高不应小于 2 m。住宅建筑入口处地坪与室外地面应有高差,并不应小于 0.10 m。

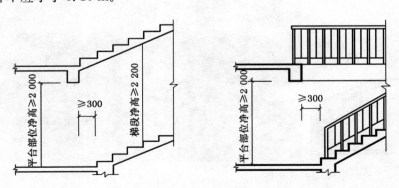

图 3.83 梯段与平台净空高度要求

(5)栏杆与扶手高度

楼梯应至少一侧设扶手,梯段净宽达 3 股人流时应两侧设扶手,达 4 股人流时宜加设中间扶手。

楼梯扶手高度指踏步前缘至扶手顶面的垂直高度。室内楼梯扶手高度不宜小于 0.90 m。靠楼梯井一侧水平扶手长度超过 0.50 m 时,其高度不应小于 1.05 m。

三、楼梯装修构造

楼梯的装修部位主要集中在踏步面层、栏杆（栏板）、扶手三部分。它们以不同的材料和造型手法来实现各自不同的功能和装饰效果。

1. 楼梯踏步面层

楼梯踏步面层要求坚硬、耐磨、防滑，便于清洁以及具有一定装饰性，其构造方法与楼地面的做法基本相同，根据设计要求和装修标准的不同有抹灰面层、粘贴面层、铺钉面层等工艺，踏步面层的材料主要有石材、木板、地砖、锦砖、地毯、金属板等，如图 3.84 所示。而住宅楼梯踏步面层除了上述材料外，还可用安全玻璃进行装饰。不管选用哪种材料作踏步面层，应注意收口部位的处理，特别是上下层不同材质的连接（如石材与木材，石材与地毯，地砖与地板等）处理。

为了行走的舒适、安全、便捷、防止滑倒，踏步表面应设防滑条，在边口做防滑封口等处理。防滑条应凸出踏步面层 2～3 mm，宽为 10～20 mm，常用材料有金刚砂、水泥铁屑、陶瓷地砖、锦砖、石材及各种金属条等，如图 3.85 所示。

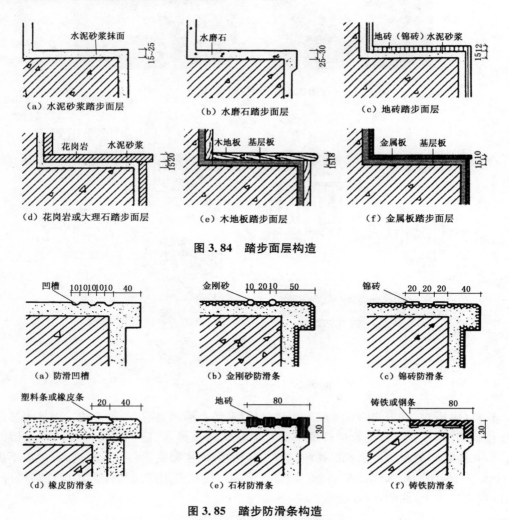

图 3.84　踏步面层构造

图 3.85　踏步防滑条构造

2. 楼梯栏杆

栏杆(栏板)在楼梯中的作用是围护,既防止人从楼梯上摔下,同时又是装饰性较强的构件。

楼梯栏杆(栏板)的装饰形式、手法、材料多种多样,灵活多变,如图 3.86 所示。不论采用何种形式的装饰手法,所用材料都应安全牢固耐用。栏杆(栏板)常用钢架、铸铁、水泥、砖体、木材以及安全玻璃构成,如图 3.87 所示。栏杆的受力结构不应过于平均,以免造成形式上的单调而不能分散受力面或受力点。

图 3.86 栏杆(栏板)装饰

图 3.87 楼梯栏杆的构成形式

栏杆(栏板)与踏步的固定一般采用埋件焊接、留孔灌浆、栓接三种方式。埋件焊接是在浇注楼梯踏步时,在需要设置栏杆的部位预埋金属连接件,然后将栏杆(栏板)与连接件焊接。留孔灌浆则是在踏步上预留孔洞,把栏杆(栏板)的主要支撑件插入孔内,深度以不少于100 mm 为宜,四周用水泥砂浆或细石混凝土嵌固。栓接是用膨胀栓代替预埋件将栏杆(栏板)固定在踏步上,如图 3.88 所示。

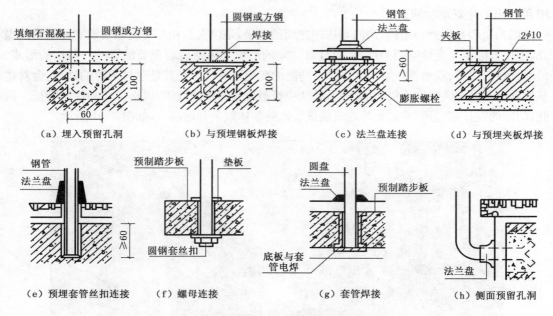

（a）埋入预留孔洞　　（b）与预埋钢板焊接　　（c）法兰盘连接　　（d）与预埋夹板焊接

（e）预埋套管丝扣连接　　（f）螺母连接　　（g）套管焊接　　（h）侧面预留孔洞

图 3.88　楼梯栏杆与梯段的连接构造

3. 楼梯扶手

扶手位于栏杆(栏板)的上部,它和人亲密接触,在整个楼梯装饰中有画龙点睛的作用,如图 3.89 所示。选择合理的扶手对楼梯的样式是极为重要的。扶手的形式、质感、材质、尺度必须与栏杆(栏板)相呼应。常用材料有木质、石材、金属、塑料等。扶手与栏杆(栏板)的固定方式有焊接、锚固连接等。同时要特别注意转弯和收头的处理,这些部位往往是楼梯最精彩和最富表现力的地方,如图 3.90 所示。

图 3.89　扶手与灯带结合处理效果

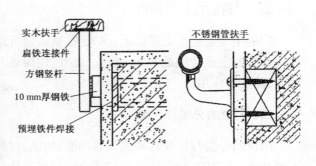

图 3.90　扶手的链接方式

3.6　门窗装饰构造

一、概述

门窗是建筑围护结构中的两个重要构件,也是房屋及装饰工程的重要组成部分,具有使用和装饰美化双重功能。

门窗是联系室外与室内,房间与房间之间的纽带,是供人们相互交流和观赏室外景物的媒介,不仅有限定与延伸空间的性质,而且对空间的形象和风格有着重要的影响。门窗的形式、尺寸、色彩、线型、质地等在室内装饰中因功能的变化而变化。尤其是通过门窗的处理,会对建筑外立面和内部装饰产生极大的影响,并从中折射出整体空间效果、风格样式和性格特征。因此,门窗的设计或选用,一定要与建筑装饰装修的整体效果和谐统一,如图3.91所示。

图 3.91　门窗与建筑的和谐统一

二、门窗的功能与作用

门的主要功能是交通联系,供人流、货流通行以及防火疏散之用,同时兼有通风、采光的作用。窗的主要功能是采光、通风。此外,门窗还具有调节控制阳光、气流以及保温、隔热、隔音、防盗等作用。

三、门窗的分类与尺度

门窗的分类与尺度常和建筑的功能、用途、材料、立面造型及建筑模数制等有密切关系,不同功能、部位的门窗,应选用相适合的材料和相应的开启方式,才能达到建筑规范要求和设计效果。

1. 门的分类

(1) 按所用的材料分

按所用材料分为木门、钢门、铝合金门、塑钢门、玻璃钢门、无框玻璃门等。

(2) 按开启方式分

按开启方式分为平开门、弹簧门、推拉门、旋转门、折叠门、卷门、自动门等。如图3.92、图3.93所示。

（a）平开门

（b）推拉门

（c）折叠门

（d）旋转门

图 3.92 门的开启方式

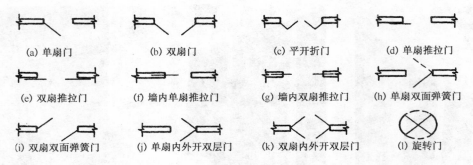

图 3.93　门的开启方式示意图

（3）按镶嵌材料分类

按镶嵌材料可以把门分为镶板门、拼板门、纤维板门、胶合板门、百叶门、玻璃门、纱门等。

2. 门的尺度

门的尺度通常是指门洞的高宽尺寸，门的尺度取决于其使用功能与要求，即人的通行、设备的搬运、安全、防火以及立面造型等。

普通民用建筑门由于进出人流较小，一般多为单扇门，其高度为 2 000～2 200 mm；宽度为 900～1 000 mm；居室厨房、卫生间门的宽度可小些，一般为 700～800 mm。公共建筑门有单扇门、双扇门以及多扇门之分，单扇门宽度一般为 950～1 100 mm，双扇门宽度一般为 1 200～1 800 mm，高度为 2 100～2 300 mm。多扇门是指由多个单扇门组合成三扇以上的特殊场所专用门（如大型商场、礼堂、影剧院、博物馆等），其宽度可达 2 100～3 600 mm，高度为 2 400～3 000 mm，门上部可加设亮子，也可不加设亮子，亮子高度一般为 300～600 mm。

3. 窗的分类

窗按建筑结构、功能、材料、用途等一般可分为以下三类：

（1）按材料分有木窗、铝合金窗、钢窗、塑料窗等。

（2）按用途分有天窗、老虎窗、高窗、百叶窗等，如图 3.94 所示。

（3）按开启方式分有固定窗、平开窗、推拉窗、悬窗、折叠窗、立转窗等，如图 3.95 所示。

（4）随着建筑技术的发展和新材料的不断出现，窗的设置、类型已不仅仅局限于原有形式与形状，出现了造型别致的外飘窗、转角窗、落地窗、异形窗等，如图 3.96 所示。

4. 窗的尺度

窗的尺度一般由采光、通风、结构形式和建筑立面造型等因素决定，同时应符合建筑模数制要求。

普通民用建筑窗，常以双扇平开或双扇推拉的方式出现。其尺寸一般每扇高度为 800～1 500 mm，宽度为 400～600 mm；腰头上的气窗及上下悬窗高度为 300～600 mm；中悬窗高度不宜大于 1 200 mm，宽度不宜大于 1 000 mm，推拉窗和折叠窗宽度均不宜大于 1 500 mm。公共建筑的窗可以是单个的，也可用多个平开窗、推拉窗或折叠窗组合而成。组合窗必须加中梃，起支撑加固，增强刚性的作用。

（a）老虎窗

（b）高窗

（c）百叶窗与上悬窗

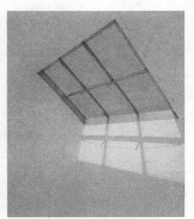
（d）天窗

图 3.94 窗的形式

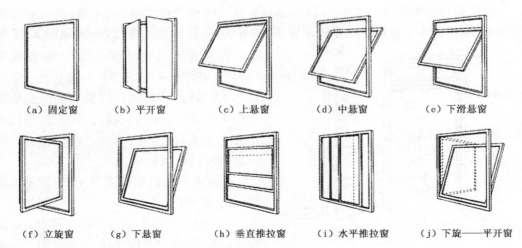

（a）固定窗　　（b）平开窗　　（c）上悬窗　　（d）中悬窗　　（e）下滑悬窗

（f）立旋窗　　（g）下悬窗　　（h）垂直推拉窗　　（i）水平推拉窗　　（j）下旋——平开窗

图 3.95 窗的开启方式

（a）外飘窗

（b）异型窗

（c）落地窗

图 3.96　其他形式的窗子

四、木门窗的组成与构造

现代建筑的外立面门窗,大多采用铝合金、不锈钢、镀锌钢板、塑钢等材料做成,它们按建筑设计要求在工厂装配而成;而建筑内部的门大多采用木质平开门,只是在样式、材质、色彩上有所变化。

1. 门的构造组成

一般门的构造主要由门樘和门扇两部分组成。门樘又称门框,由上槛、中槛和边框等组成,多扇门还有中竖框。门扇由上冒头、中冒头、下冒头和边梃等组成,如图 3.97 所示。为了通风采光,可在门的上部设腰窗(俗称上亮子),有固定、平开及上、中、下悬等形式,其构造同窗扇,门框与墙间的缝隙常用木条盖缝,称门头线,俗称贴脸。门上还有五金零件,常见的有铰链、门锁、插销、拉手、停门器、风钩等。

平开木门的门扇有多种做法,常见的有镶板门、拼板门、夹板门等。

① 镶板门:由上、中、下冒头和边梃组成骨架,中间镶嵌门芯板,门芯板可采用 15 mm 厚的木板拼接而成,也可采用胶合板、硬质纤

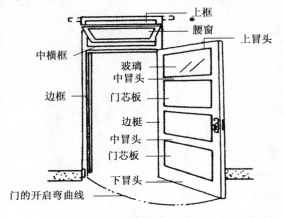

图 3.97　平开单扇木门的组成

维板或玻璃等,如图 3.98 所示。

②夹板门:用小截面的木条(35 mm×50 mm)组成骨架,在骨架的两面铺钉胶合板或纤维板等,如图 3.99 所示。

③拼板门:构造与镶板门相同,由骨架和拼板组成,只是拼板门的拼板用 35～45 mm 厚的木板拼接而成,因而自重较大,但坚固耐久,多用于库房、车间的外门,如图 3.100 所示。

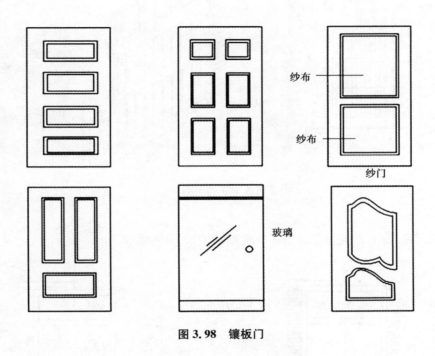

图 3.98 镶板门

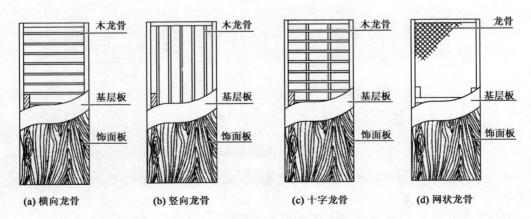

(a) 横向龙骨   (b) 竖向龙骨   (c) 十字龙骨   (d) 网状龙骨

图 3.99 夹板门

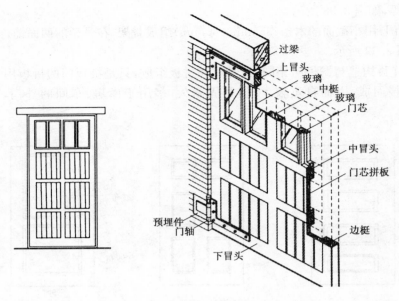

图 3.100　拼板门

2. 门框安装

门框安装按施工方式分立口和塞口两种,如图 3.101 所示。

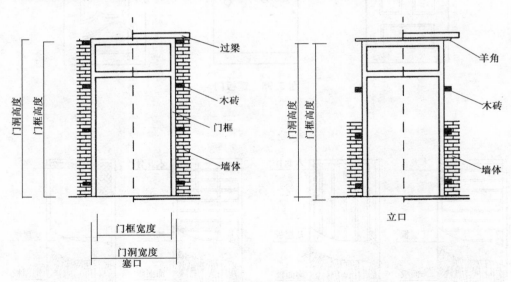

图 3.101　门框的安装方式

立口又称立樘子,是在砌墙施工前,将门框用木料支撑定位再砌墙体。这是一种传统的构造工艺,其优点是门框与墙体结合紧密,牢固,不易开裂渗水,但需交叉施工。

塞口又称塞樘子,是在砌墙时预留洞口,洞口尺寸应比门框外围尺寸大 20～40 mm,再将门框塞入其中并与预埋防腐、防蛀木砖固定。门框与墙体之间的缝隙应用水泥砂浆或油膏嵌填。此方法具有施工效率高,便于立体作业,尺寸误差小等优点,是目前装饰装修中普遍采用的方法。

门框与墙体的固定应视墙体材料的不同而有所区别,门框应置于墙洞中央或与墙体一侧齐平,使门扇开启时贴近墙面。现代装饰装修中门框与筒子板多采用木方与木板(或细木工板)相结合的构造方式制作安装。门框、筒子板的厚度与门洞内侧厚度一致。它们与墙体结合处应用贴脸板盖缝以防开裂,贴脸板一般为5~15 mm厚,50~150 mm宽,贴脸板与筒子板表面再粘贴高级饰面板进行装饰。也可用高级实木线条代替贴脸板。

3. 平开木窗的组成

窗一般由窗框也称窗樘、窗扇、五金零件及其他附件组成,如图3.102所示。

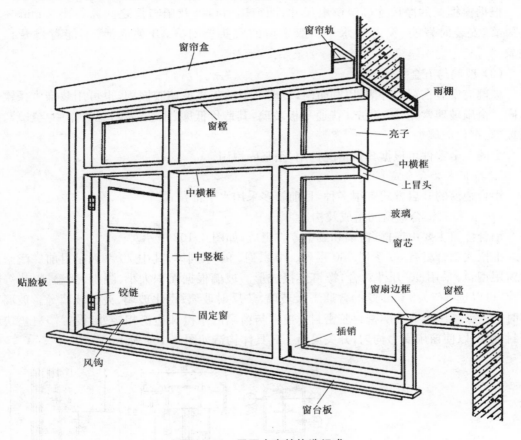

图3.102 平开木窗的构造组成

窗框由上框、下框、边框、中横框、中竖框等构成。

窗扇由上冒头、下冒头、窗芯、边框、玻璃等组成。

窗的五金零件有铰链、拉手、插销、风钩等。

另外,窗还有其他部分,如窗帘盒、窗台板、贴脸板等。

4. 平开木窗的构造

(1) 窗框

简单的窗框由边框和上下框组成。当窗的尺寸较大时,应增加中横框或中竖框。一般单层窗的边框和上下框断面厚为40~60 mm,宽度为70~100 mm,中横框、中竖框因设有双裁口而断面厚度应增加10~15 mm。双层窗窗框的断面尺寸比单层窗宽。

窗框与门框一样,有裁口及背槽处理,裁口亦有单裁口与双裁口之分。

裁口的宽与窗宽相同,深约为 10 mm,以便固定窗扇。

窗框与墙体的固定方式与门框相同,分为立口和塞口两种。塞口的洞口高宽尺寸稍大于窗框实际尺寸。窗框在墙体中的位置有立中、内平和外平三种形式,立中或外平要设窗台板和贴脸板(窗套线),内平只设贴脸板。窗框四周用木楔固定,和墙体之间的缝隙用油灰和防水砂浆填塞牢固。

(2) 窗扇

根据窗框洞的净尺寸确定窗扇尺寸,两窗扇对口处及扇与框之间需留出 2 mm 左右的风缝,安装时冒头、窗芯呈水平。双扇窗的冒头要对齐,开关灵活,不能有自开自关现象。

(3) 玻璃与五金

玻璃应安装在窗扇外侧,以利防雨,玻璃可用油灰式玻璃胶嵌固,也可用装饰木条镶装压固。窗扇玻璃常用 3~5 mm 普通平板玻璃,其造价低廉、工艺简单,也可用中空玻璃、装饰玻璃、钢化玻璃等。

窗的五金零件可根据具体情况选用,须坚固耐用。

5. 推拉式铝合金窗

铝合金窗的开启方式有很多种,目前较多采用水平推拉式。

(1) 推拉式铝合金窗的组成及构造

铝合金窗主要由窗框、窗扇和五金零件组成,如图 3.103 所示。

推拉式铝合材有 55 系列、60 系列、70 系列、90 系列等,其中 70 系列是目前广泛采用的窗用型材,采用 90°开榫对合、螺钉连接成形。玻璃根据面积大小、隔声、保温、隔热等的要求,可以选择 3~8 mm 厚的普通平板玻璃、热反射玻璃、钢化玻璃、夹层玻璃等。玻璃安装时采用橡胶压条或硅酮密封胶密封。窗框与窗扇的中梃和边梃相接处,设置塑料垫块或密封毛条,以使窗扇受力均匀,开关灵活。其具体构造如图 3.104 所示。

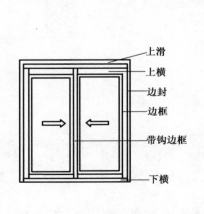

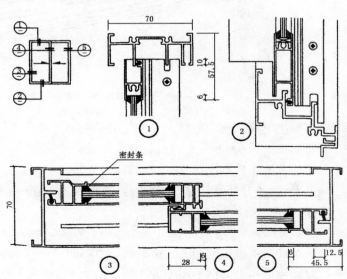

图 3.103　推拉式铝合金窗的组成　　　　**图 3.104　推拉式铝合金窗的构造**

（2）推拉式铝合金窗框的安装

铝合金窗框的安装应采用塞口法，即在砌墙时，先留出比窗框四周大的洞口，墙体砌筑完成后一框塞入。固定时，为防止墙体中的碱性对窗框的腐蚀，不能将窗框直接埋入墙体，一般可采用预埋件焊接、膨胀螺栓锚接或射钉等方式固定。但当墙体为砌体结构时，严禁用射钉固定。

窗框与墙体连接时，每边不少于两个固定点，且固定点的间距应在 700 mm 以内。在基本风压大于或等于 0.7 kPa 的地区，固定点的间距不能大于 500 mm。边框两端部的固定点距两边缘不能大于 200 mm。窗框固定好后，窗外框与墙体之间的缝隙，用弹性材料填嵌密实、饱满，确保无缝隙。填塞材料与方法应按设计要求，一般用与其材料相容的闭孔泡沫塑料、发泡聚苯乙烯、矿棉毡条或玻璃丝毡条等填塞嵌缝且不得填实，以避免变形破坏。外表留 5～8 mm 深的槽口用密封膏密封，如图 3.105(a)、(b)所示。这种做法主要是为了防止窗框四周形成冷热交换区产生结露，也有利于隔声、保温，同时还可避免窗框与混凝土、水泥砂浆接触，消除墙体中的碱性对窗框的腐蚀。

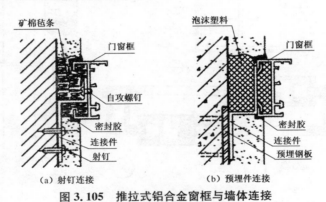

图 3.105　推拉式铝合金窗框与墙体连接

（3）塑钢窗

1）塑钢窗的组成与构造

塑钢窗的组装多用组角与榫接工艺。考虑到塑料与钢衬的收缩率不同，钢衬的长度应比塑料型材长度短 1～2 mm，且能使钢衬较宽松地插入塑料型材空腔中，以适应温度变形。组角和榫接时，在钢衬型材的空腔插入金属连接件，用自攻螺钉直接锁紧形成闭合钢衬结构，使整窗的强度和整体刚度大大提高。塑钢推拉窗结构如图 3.106(a)、(b)、(c)所示。玻璃的选择和安装与铝合金窗基本相同。

2）塑钢窗的安装

塑钢窗应采用塞口安装。窗框与墙体固定时，应先固定上框，然后再固定边框。窗框每边的固定点不能少于 3 个，且间距不能大于 600 mm。当墙体为混凝土材料时，大多采用射钉、塑料膨胀螺栓或预埋铁件焊接固定；当墙体为砖墙材料时，大多采用塑料膨胀螺栓或水泥钉固定，但注意不得固定在砖缝处；当墙体为加气混凝土材料时，大多采用木螺钉将固定片固定在预埋的胶结木块上。

窗框与洞口的缝隙内应采用闭孔泡沫塑料、发泡聚苯乙烯或毛毡等弹性材料分层填塞，填塞不宜过紧，以适应塑钢窗的自由胀缩。对于保温、隔声要求较高的工程，应采用相应的隔热、隔声材料填塞。墙体面层与窗框之间的接缝用密封胶进行密封处理，塑钢窗框与墙体的连接如图 3.107 所示。

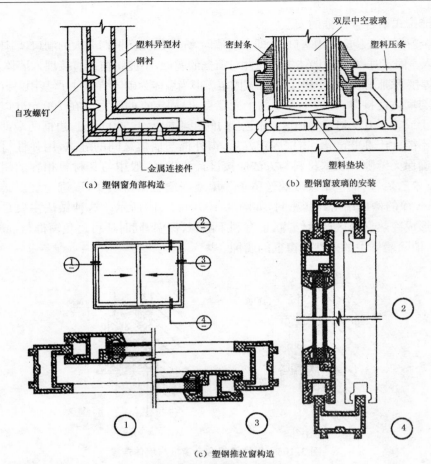

（a）塑钢窗角部构造　　　（b）塑钢窗玻璃的安装

（c）塑钢推拉窗构造

图 3.106　塑钢窗的构造

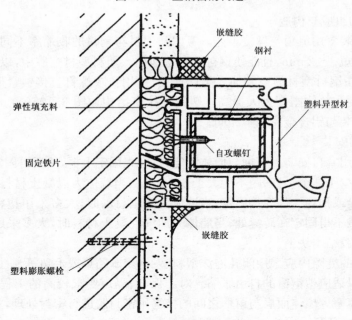

图 3.107　塑钢窗与墙体的连接

4 定额原理及相关知识

4.1 工程定额的概念、性质及分类

一、工程定额的概念

定额是指在正常的施工条件、先进合理的施工工艺和施工组织的条件下,采用科学的方法,制定每完成一定计量单位的质量合格产品所必须消耗的人工、材料、机械设备及其价值的数量标准。它除了规定各种资源和资金的消耗量外,还规定了应完成的工作内容、达到的质量标准和安全要求。

二、工程定额的性质

1. 工程定额的法令性与指导性

定额是由国家各级主管部门按照一定的科学程序,组织编制和颁发的,在定额计价时期,它是一种具有法令性的指标。在执行和使用过程中,任何单位都必须严格遵守和执行。不得随意更改定额的内容和水平。如需要进行调整、修改和补充,必须经授权部门批准。在清单计价时期,定额用于标底的编制,用于投资额度的预算,定额对园林施工仅具有指导意义。

2. 工程定额的科学性与群众性

定额的各种参数是在遵循客观的经济规律、价值规律的基础上,以实事求是的态度、运用科学的方法,经长期严密的观察、测定、广泛收集和总结生产实践经验及有关资料,对工时消耗、操作动作、现场布置、工具设备改革以及生产技术与劳动组织的合理配合等各方面,进行科学的综合分析研究后而制定的。因此,它具有一定的科学性。定额具有广泛的群众基础,当定额颁发以后,就成为广大群众共同奋斗的目标,定额的制定和执行离不开群众,只有得到群众的协助,定额才能定得合理并能为群众接受。

3. 工程定额的可变性与相对稳定性

定额的科学性和法令性表现出定额的相对稳定性。定额中所规定的各种活劳动与消耗量的多少,是由一定时期的社会生产力水平所确定的,随着科技水平的提高,各种消耗量必然改变,需要制定符合新的生产技术水平的定额或补充定额。

4. 工程定额的针对性

生产领域中,由于所生产的产品形形色色,成千上万,并且每种产品的质量要求、安全要求、操作方法及完成该产品的工作内容各不相同,因此,针对每种不同产品或工序为对象的资源消耗量标准,一般是不能互相袭用的。

5. 工程定额的地域性

我国幅员辽阔,地域复杂,各地的自然资源条件和社会经济条件差异悬殊,因此必须采用不同的定额。我国各省在 1986 年前国家计委编制的"全国统一定额修订版"的基础上编制了各省的预算定额。

三、工程定额的分类

工程定额的分类如图 4.1 所示。

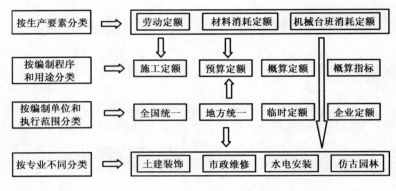

图 4.1   工程定额的分类

4.2   施工定额

一、概述

1. 施工定额的概念

施工定额是具有合理劳动组织的建筑安装工人小组在正常施工条件下完成单位合格产品所需人工、机械、材料消耗的数量标准,它根据专业施工的作业对象和工艺制定。工序是基本的施工过程,是施工定额编制时的主要研究对象。

施工定额反映企业的施工水平,是企业定额。

2. 施工定额的作用

施工定额的作用有五点:① 是企业计划管理的依据;② 是组织和指挥施工生产的有效工具;③ 是计算工人劳动报酬的依据;④ 有利于推广先进技术;⑤ 是编制施工预算、加强企业成本管理的基础。

3. 施工定额的水平

定额水平是规定在单位产品上消耗的劳动、机械和材料数量的多少,指按照一定施工程序和工艺条件下规定的施工生产中活劳动和物化劳动的消耗水平。

施工定额的水平直接反映劳动生产率水平,反映劳动和物质消耗水平。施工定额水平和劳动生产率水平变动方向一致,与劳动和物质消耗水平变动方向相反。

劳动生产率水平越高,施工定额水平也越高;而劳动和物质消耗数量越多,施工定额水平越低。

平均先进水平是施工定额的理想水平,是在正常的施工条件下大多数施工队组合工人经过努力能够达到和超过的水平,低于先进水平,略高于平均水平。

二、建筑装饰工程人工、机械台班、材料定额消耗量确定方法

建筑安装工程人工、机械台班、材料定额消耗量是在一定时期、一定范围、一定生产条件下,运用工作研究的方法,通过对施工生产过程的观测、分析研究综合测定的。

测定并编制定额的根本目的,是为了在建筑安装工程生产过程中,能以最少的人工、材料、机械消耗,生产出符合社会需要的建筑安装产品,取得最佳的经济效益。

下面是工作研究及工作时间的分类。

(1)工作研究

工作研究包括动作研究和时间研究。

动作研究,也称为工作方法研究,它包括对多种过程的描写、系统地分析和对工作方法的改进,目的在于制定出一种最可取的工作方法。

时间研究,也称之为时间衡量,它是在一定的标准测定的条件下,确定人们作业活动所需时间总量的一套程序。时间研究的直接结果是制定时间定额。

工时定额和机械台班定额的制定和贯彻就是工作研究的内容,是工作研究在建筑生产和管理中的具体应用。

(2)工作时间的分类

所谓工作时间,即工作班的延续时间。

工作时间的分类,是将劳动者在整个生产过程中所消耗的工作时间,根据性质、范围和具体情况,加以科学的划分、归纳;明确哪些属于定额时间,哪些属于非定额时间,找出造成非定额时间的原因,以便于采取技术和组织措施,消除产生非定额时间的因素,达到充分利用工作时间,提高劳动效率。

研究工作时间消耗量及其性质,是技术测定的基本步骤和内容之一,也是编制劳动定额的基础工作。

1)工人工作时间的分类

工人在工作班内消耗的工作时间按其消耗的性质分为两大类:必需消耗的时间和损失时间,如图 4.2 所示。

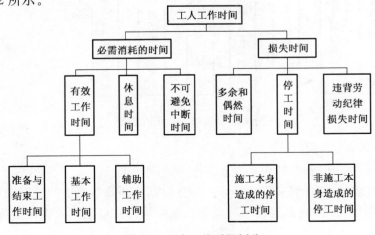

图 4.2 工人工作时间划分

① 必需消耗的时间

必需消耗的时间是工人在正常施工条件下，为完成一定数量合格产品所必需消耗的时间，它是制定定额的主要根据。包括有效工作时间、不可避免的中断时间和休息时间。有效工作时间是从生产效果来看与产品生产直接有关的时间消耗。不可避免的中断时间是由于施工工艺特点引起的工作中断所消耗的时间。休息时间是工人在施工过程中为恢复体力所必需的短暂休息和生理需要的时间消耗。

② 损失时间

损失时间，是与产品生产无关，但与施工组织和技术上的缺点有关，与工人在施工过程的个人过失或某些偶然因素有关的时间消耗。损失时间包括多余和偶然工作、停工、违背劳动纪律所引起的时间损失。多余和偶然工作的时间损失，包括多余工作引起的时间损失和偶然工作引起的时间损失两种情况。停工时间是工作班内停止工作造成的时间损失。停工时间按其性质可分为施工本身造成的停工时间和非施工本身造成的停工时间两种。违背劳动纪律造成的工作时间损失，是指工人在工作班内的迟到早退、擅自离开工作岗位、工作时间内聊天或办私事等造成的时间损失。

2）机械工作时间的分类

机械工作时间的消耗和工人工作时间的消耗虽然有许多共同点，但也有其自身特点。机械工作时间的消耗，按其性质可作如图4.3所示的分类。

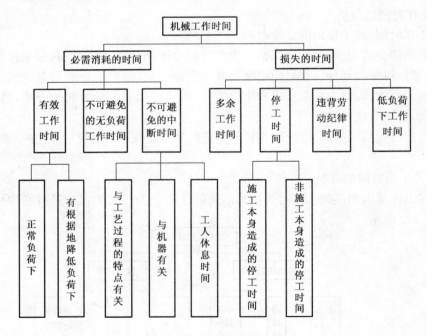

图 4.3　机械工作时间的划分

① 必需消耗的工作时间

在必需消耗的工作时间里，包括有效工作、不可避免的无负荷工作和不可避免的中断三项时间消耗。有效工作时间包括正常负荷下、有根据地降低负荷下的工时消耗。不可避免的无负荷工作时间，是由施工过程的特点和机械结构的特点造成的机械无负荷工作时间。

不可避免的中断工作时间,是与工艺过程的特点、机械的使用和保养、工人休息有关的不可避免的中断时间。

② 损失的工作时间

损失的工作时间中,包括多余工作、停工、低负荷下工作和违背劳动纪律所消耗的工作时间。机械的多余工作时间,是机械进行任务内和工艺过程内未包括的工作而延续的时间。机械的停工时间,按其性质也可分为施工本身造成和非施工本身造成的停工。前者是由于施工组织得不好而引起的停工现象,如由于未及时供给机器水、电、燃料而引起的停工。后者是由于气候条件所引起的停工现象,如暴雨时压路机的停工。违背劳动纪律引起的机械的时间损失,是指由于工人迟到早退或擅离岗位等原因引起的机械停工时间。

三、人工、机械台班、材料消耗量定额的确定

1. 人工消耗量定额的确定

(1) 人工消耗量定额的表示方法

1) 时间定额

时间定额是指在一定的生产技术和生产组织条件下,某工种和某种技术等级的工人小组或个人,完成单位合格产品所必须消耗的工作时间。时间定额中的时间是在拟定基本工作时间、辅助工作时间、必要的休息时间、生理需要时间、不可避免的工作中断时间、工作的准备和结束时间的基础上制定的。时间定额的计量单位,通常以生产每个单位产品(如 1 m^2、10 m^2、100 m^2、1 m^3、10 m^3、100 m^3、1 t、10 t)所消耗的工日来表示。工日是指人工与天数的乘积。每个工日的工作时间,按现行制度,规定为 8 个小时。

时间定额的计算公式规定如下:

$$单位产品的时间定额(工日) = \frac{1}{每工日产量}$$

或

$$单位产品的时间定额(工日) = \frac{小组成员工日数的总和}{小组的工作班产量}$$

【例题 4.1】

对一名工人挖土的工作进行定额测定,该工人经过 3 天的工作(其中 4 h 为损失的时间),挖了 25 m^3 的土方,计算该工人的时间定额。

解: 消耗总工日数 $=(3 \times 8 - 4)\text{h} \div 8 \text{ h/工日} = 2.5 \text{ 工日}$

完成产量数 $= 25 \text{ m}^3$

时间定额 $= 2.5 \text{ 工日} \div 25 \text{ m}^3 = 0.10 \text{ 工日/m}^3$

答:该工人的时间定额为 0.10 工日/m^3。

【例题 4.2】

对一个 3 人小组进行砌墙施工过程的定额测定,3 人经过 3 天的工作,砌筑完成 8 m^3 的合格墙体,计算该组工人的时间定额。

解: 消耗总工日数 $= 3 \text{ 人} \times 3 \text{ 工日/人} = 9 \text{ 工日}$

完成产量数 $= 8 \text{ m}^3$

时间定额 $= 9 \text{ 工日} \div 8 \text{ m}^3 = 1.125 \text{ 工日/m}^3$

答：该组工人的时间定额为 1.125 工日/m³。

2）产量定额

产量定额是指在一定的生产技术和生产组织条件下，某工种和某种技术等级的工人小组或个人，在单位时间（工日）内，完成合格产品的数量。

产量定额的计算方法，规定如下：

$$每工日产量 = \frac{1}{单位产品的时间定额}（工日）$$

或

$$工作班产量 = \frac{小组成员工日数的总和}{单位产品的时间定额}（工日）$$

从上面的两个定额的计算公式中可以看出，时间定额与产量定额是互为倒数关系，即：

$$时间定额 = \frac{1}{产量定额}$$

【例题 4.3】

对一名工人挖土的工作进行定额测定，该工人经过 3 天的工作（其中 4 h 为损失的时间），挖了 25 m³ 的土方，计算该工人的产量定额。

解：
消耗总工日数 = (3×8−4)h÷8 h/工日 = 2.5 工日
完成产量数 = 25 m³
产量定额 = 25 m³÷2.5 工日 = 10 m³/工日

答：该工人的产量定额为 10 m³/工日。

（2）人工消耗量定额的确定方法

人工消耗量定额的确定方法主要有技术测定法、经验估工法、统计分析法、比较类推法等几种。

1）技术测定法

技术测定法是指应用计时观察法所得的工时消耗量数据确定人工消耗量定额的方法。这种方法具有较高的准确性和科学性，是制定新定额和典型定额的主要方法。

2）经验估工法

经验估工法是由定额人员、工序技术人员和工人三方相结合，根据个人或集体的实践经验，经过图纸分析和现场观察，了解施工工艺，分析施工（生产）的生产技术组织条件和操作方法的繁简难易情况，进行座谈讨论，从而制定定额的方法。

这种方法的优点是方法简单，速度快。其缺点是容易受到参加制定人员的主观因素和局限性的影响，使制定的定额出现偏高或偏低的现象。因此，经验估工法只适用于企业内部，作为某些局部项目的补充定额。

3）统计分析法

统计分析法是把过去施工中同类工程和同类产品的工时消耗的统计资料，与当前生产技术组织条件的变化因素结合起来进行分析研究以制定定额的方法。由于统计分析资料反映的是工人过去已经达到的水平，在统计时没有也不可能剔除施工（生产）中不合理的因素，因而这个水平一般偏于保守，为了克服统计分析资料的这个缺陷，使取定出来的定额水平保持平均先进水平的性质，可采用"二次平均法"计算平均先进值作为确定定额水平的依据。

4）比较类推法

比较类推法又称作典型定额法，它是以同类型或相似类型的产品（或工序）的典型定额项目的定额水平为标准，经过分析比较，类推出同一组定额各相邻项目的定额水平的方法。

这种方法的特点是计算简便，工作量小，只要典型定额选择恰当，切合实际，又具有代表性，则类推出的定额一般都比较合理。

（3）人工消耗量定额的使用

时间定额和产量定额虽是同一劳动定额的不同表现形式，但其作用不尽相同。时间定额以单位产品的工日数表示，便于计算完成某一分部（项）工程所需的总工日数，便于核算工资，便于编制施工进度计划和计算分项工期。产量定额是以单位时间内完成的产品数量表示，便于小组分配施工任务，考核工人的劳动效率和签发施工任务单。

【例题 4.4】

某砌砖班组 20 名工人，砌筑某住宅楼 1.5 砖混水外墙（机吊）需要 5 天完成，试确定班组完成的砌筑体积。

解：　查定额编号为 19，时间定额为 1.25 工日/m³。

$$产量定额 = \frac{1}{时间定额} = \frac{1}{1.25} = 0.80 \text{ m}^3/工日$$

$$砌筑的总工日数 = 20 \text{ 工日/天} \times 5 \text{ 天} = 100 \text{ 工日}$$

$$砌筑体积 = 100 \text{ 工日} \times 0.80 \text{ m}^3/工日 = 80 \text{ m}^3$$

答：该班组完成的砌筑体积为 80 m³。

【例题 4.5】

某工程有 170 m³ 一砖混水内墙（机吊）每天有 14 名专业工人进行砌筑，试计算完成该工程的定额施工天数。

解：查定额编号为 14，时间定额为 1.24 工日/m³

$$完成砌筑需要的总工日数 = 170 \text{ m}^3 \times 1.24 \text{ 工日/m}^3 = 210.80 \text{ 工日}$$

$$需要的施工天数 = 210.80 \text{ 工日} \div 14 \text{ 工日/天} \approx 15 \text{ 天}$$

答：完成该工程的定额施工天数为 15 天。

2. 材料消耗定额

材料消耗定额是指在合理和节约使用材料的条件下，完成单位合格产品所需消耗材料的数量标准。

建筑工程材料消耗定额是企业推行经济承包、编制材料计划、进行单位工程核算不可缺少的基础，是促进企业合理使用材料，实行限额领料和材料核算，正确核定材料需要量和储备量，考核、分析材料消耗，反映建筑安装生产技术管理水平的重要依据。

根据施工生产材料消耗工艺要求，建筑安装材料分为非周转性材料和周转性材料两大类。

非周转性材料也称直接性材料，是指在建筑工程施工中，一次性消耗并直接构成工程实体的材料。如砖、砂、石、钢筋等。

周转性材料是指在施工过程中能多次使用、周转的工具型材料。如各种模板、活动支架、脚手架等。

（1）材料消耗定额的组成

材料消耗定额由以下两个部分组成：

① 合格产品上的消耗量，就是用于合格产品上的实际数量。

② 生产合格产品的过程中合理的损耗量。

因此，单位合格产品中某种材料的消耗数量等于该材料的净耗量和损耗量之和：

$$材料消耗量 ＝ 材料净用量 ＋ 材料损耗量$$

材料净用量指在不计废料和损耗的前提下，直接构成工程实体的用量；材料损耗量指不可避免的施工废料和施工操作损耗。

计入材料消耗定额内的损耗量，应是在采用规定材料规格、采用先进操作方法和正确选用材料品种的情况下的不可避免的损耗量。

某种产品使用某种材料的损耗量的多少，常常采用损耗率表示：

$$损耗率 ＝ \frac{损耗量}{消耗量} \times 100\%$$

材料的消耗量可用下式表示：

$$材料消耗量 ＝ 净用量 \times （1 ＋ 损耗率）$$

（2）非周转性材料消耗定额的制定方法

制定材料消耗定额最基本的方法有：观察法、试验法、统计法和计算法。

1）观察法

观察法也称为施工实验法，就是在施工现场，对生产某一产品的材料消耗量进行测算。通过产品数量、材料消耗量和材料的净消耗量的计算，确定该单位产品的材料消耗量或损耗率。

2）试验法

试验法也称为实验室试验法，它是通过专门的设备和仪器，确定材料消耗定额的一种方法，如混凝土、沥青、砂浆和油漆等，适于实验室条件下进行试验。当然也有一些材料，是不适合在实验室里进行试验的，就不能应用这种方法。

3）统计法

统计法也称为统计分析法，它是根据作业开始时拨给分部分项工程的材料数量和完工后退回的数量进行材料损耗计算的一种方法。此法简单易行，不需要组织专门的人去测定或试验，但是统计法的数字，准确程度差，应该结合施工过程的记录，经过分析研究后，确定材料消耗指标。

4）计算法

计算法也称为理论计算法，它是根据施工图纸和建筑构造的要求，用理论公式算出产品的净消耗材料数量，从而制定材料的消耗数量。如红砖（或青砖）、型钢、玻璃和钢筋混凝土预制构件等,都可以通过计算,求出消耗量。

【例题 4.6】

计算用黏土实心砖(240 mm×115 mm×53 mm)砌筑 1 m³ 一砖内墙(灰缝 10 mm)所需砖、砂浆定额用量(砖、砂浆损耗率按 1%计算)。

解: 砖净用量(块)$=\dfrac{1}{(0.24+0.01)\times(0.115+0.005)\times(0.053+0.01)}$

$\qquad\qquad\qquad =5\ 290$ 块

砂浆净用量$=1-0.24\times0.115\times0.053\times529=0.226$ m³

砖用量(块)$=5\ 290\times(1+1\%)\approx535$ 块

砂浆用量$=0.226\times(1+1\%)=0.228$ m³

答:砌筑 1 m³ 一砖墙定额用量为砖 535 块,砂浆 0.228 m³。

(3)周转性材料消耗定额的制定

周转性材料是指在施工过程中不是一次消耗完,而是多次使用、逐渐消耗、不断补充的周转工具性材料。对逐渐消耗的那部分应采用分次摊销的办法计入材料消耗量,进行回收。

1)周转性材料消耗量计算中涉及的几个基本概念

① 一次使用量:指为完成定额单位合格产品,周转材料在不重复使用条件下的一次性用量。

② 周转次数:周转性材料从第一次使用起,可以重复使用的次数。

③ 补损量:指周转使用一次后,由于损坏而需补充的数量。

④ 周转使用量:周转性材料在周转使用和补损条件下,每周转使用一次平均所需材料数量。

⑤ 回收量:指在一定周转次数下,每周转使用一次平均可以回收材料的数量。

⑥ 摊销量:周转性材料在重复使用条件下,应分摊到每一计量单位结构构件的材料消耗量。

2)周转性材料消耗量的计算方法

以下以现浇混凝土和钢筋混凝土结构的模板为例介绍摊销量的计算方法:

① 一次实际使用量=一次使用量×(1+施工损耗)

② 一次实际使用量摊销$=\dfrac{一次使用量\times(1+施工损耗)}{周转次数}$

③ 每次补损量摊销$=\dfrac{一次实际使用量\times(周转次数-1)\times补损率}{周转次数}$

④ 回收量的摊销$=\dfrac{一次实际使用量\times(1-补损率)\times50\%}{周转次数}$

⑤ 摊销量=一次使用量摊销+每次补损量摊销-回收量的摊销

预制构件的模板摊销量与现浇构件模板摊销量的计算方法不同。在预制构件中,不计算每次周转的损耗率,只要确定模板的周转次数,知道了一次使用量,就可以计算其摊销量。

$$摊销量=\dfrac{一次使用量}{周转次数}$$

表 4.1　模板周转次数、每次平均损耗率的参考值

	柱	梁	板	墙	楼梯	壳体
周转次数	5	6	6	10	5	3
损耗率(%)	15	15	15	10	10	5

【例题 4.7】

按某施工图计算一层现浇混凝土柱接触面积为 160 m², 混凝土构件体积为 20 m³, 采用木模板, 每平方米接触面积需模量 1.1 m², 模板施工制作损耗率为 5%, 周转损耗率为 10%, 周转次数 8 次, 计算所需模板单位面积、单位体积摊销量。

解: 一次使用量=混凝土模板的接触面积×每平方米接触面积需模量×(1+制作损耗率)

$$=160×1.1×(1+5\%)$$
$$=184.80 \text{ m}^2$$

投入使用总量=一次使用量+一次使用量×(周转次数-1)×损耗率

$$=184.80+184.80×(8-1)×10\%$$
$$=314.16 \text{ m}^2$$

周转使用量=投入使用总量÷周转次数

$$=314.16÷8$$
$$=39.27 \text{ m}^2$$

周转回收量=一次使用量×[(1-损耗率)÷周转次数]

$$=184.80×[(1-10\%)÷8]$$
$$=20.79 \text{ m}^2$$

摊销量=周转使用量-周转回收量×回收折价率

$$=39.27-20.79×50\%$$
$$=28.875 \text{ m}^2$$

模板单位面积摊销量=摊销量÷模板接触面积

$$=28.875÷160$$
$$=0.18 \text{ m}^2/\text{m}^2$$

模板单位体积摊销量=摊销量÷混凝土构件体积

$$=28.875÷20$$
$$=1.44 \text{ m}^2/\text{m}^3$$

答: 所需模板单位面积摊销量为 0.18 m², 单位体积摊销量为 1.44 m²。

3. 机械台班定额

(1) 机械台班消耗定额的表现形式

机械时间定额是指在正常的施工条件下, 某种机械生产合格单位产品所必须消耗的台班数量。

$$机械时间定额 = \frac{1}{机械台班产量定额}$$

机械台班产量定额是指某种机械在合理的施工组织和正常施工的条件下,单位时间内完成合格产品的数量。

$$机械台班产量定额 = \frac{1}{机械时间定额}$$

机械时间定额和机械台班产量定额互为倒数关系。

(2)机械台班配合人工定额

由于机械必须由工人小组配合,机械台班人工配合定额是指机械台班配合用工部分,即机械台班劳动定额。表现形式为:机械台班配合工人小组的人工时间定额和完成合格产品数量。

$$单位产品的时间定额(工日) = \frac{小组成员总工日}{每台班产量}$$

$$机械台班产量定额 = \frac{每台班产量}{班组总工作日数}$$

【例题 4.8】

400 L 混凝土搅拌机每一次搅拌循环:装料 50 s,运行 180 s,卸料 40 s,中断 20 s,机械利用系数为 0.9,确定混凝土搅拌机台班产量定额。

解:一次循环持续时间 $= 50 + 180 + 40 + 20 = 290$ s

每小时循环次数 $= 60 \times \dfrac{60}{290}$

$\qquad\qquad\qquad = 12$ 次

每台班产量 $= 12 \times 0.4 \times 8 \times 0.9$

$\qquad\qquad = 34.56 \ \text{m}^3$

答:此混凝土搅拌机台班产量定额为 34.56 m^3。

【例题 4.9】

一台混凝土搅拌机搅拌一次延续时间为 120 s(包括上料、搅拌、出料时间),一次生产混凝土 0.2 m^3,一个工作班的纯工作时间为 4 h,计算该搅拌机的正常利用系数和产量定额。

解:机械纯工作 1 h 正常循环次数 $= 3\,600 \div 120$

$\qquad\qquad\qquad\qquad = 30$ 次

机械纯工作 1 h 正常生产率 $= 30 \times 0.2$

$\qquad\qquad\qquad\qquad = 6 \ \text{m}^3$

机械正常利用系数 $= 4 \div 8$

$\qquad\qquad\qquad = 0.5$

搅拌机的产量定额＝6×8×0.5

$$＝24 \text{ m}^3/台班$$

答：该搅拌机的正常利用系数为 0.5，产量定额为 24 m³/台班。

4.3 预算定额

一、概述

1. 预算定额的概念

预算定额是指在正常合理的施工条件下，采用科学的方法和群众的智慧，制定出完成一定计量单位的合格的分项工程或结构构件所必需的人工、材料、机械台班的消耗量标准及货币价值数量标准。

2. 预算定额的性质

（1）预算定额是由国家主管机关或被授权单位组织编制并颁发的一种法令性指标。

（2）编制预算定额的目的在于确定工程中每一个单位分项工程的预算基价，其活劳动与物化劳动的消耗指标体现了社会平均先进水平。

（3）预算定额是一种综合性定额，既考虑了施工定额中未包含的多种因素，又包括完成该分项工程或结构构件的全部工序的内容和质量要求。

二、预算定额的组成

预算定额的组成，如图 4.4 所示。

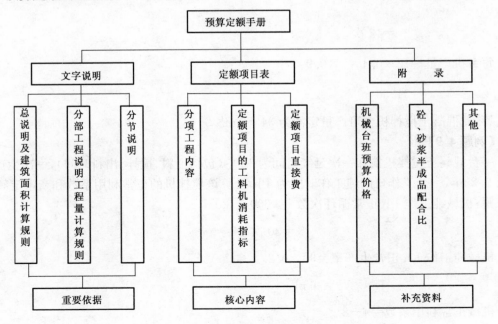

图 4.4 预算定额的组成

1. 定额总说明的主要内容

(1) 预算定额的适用范围、指导思想及目的和作用。

(2) 预算定额的编制原则、主要依据及上级下达的有关定额汇编文件精神。

(3) 使用本定额必须遵守的规则及本定额适用范围。

(4) 定额所采用的材料规格、材质标准、允许换算的原则。

(5) 定额在编制过程中已经考虑和未考虑的因素及未包括的内容。

(6) 各分部工程定额的共性问题和有关统一规定及使用方法。

2. 分部工程说明的主要内容

(1) 说明分部工程所包括的定额项目内容和子目数量。

(2) 分部工程各定额项目工程量计算方法。

(3) 分部工程定额内综合的内容和允许换算、不允许换算的界限及特殊规定。

(4) 使用本分部工程允许增减系数范围的规定。

3. 定额项目表

定额项目表由分项工程定额组成,是预算表的主要构成部分,如表 4.2。

(1) 分项工程定额编号及项目名称。

(2) 预算定额基价,包括人工、材料、机械、综合费(管理费及利润)。

(3) 人工、机械、材料表现形式。

(4) 文字说明:本定额包括的工作内容。

4. 定额附录或附表

(1) 各种砂浆、特种混凝土配合比。

(2) 现场搅拌混凝土基价。

(3) 材料价格。

(4) 机械台班价格。

(5) 其他。

表 4.2　《江苏省建筑与装饰工程计价表》砖墙项目

工作内容:1. 清理地槽、递砖、调制砂浆、砌砖。
　　　　　2. 砌砖过梁、砌平拱、模板制作、安装、拆除。
　　　　　3. 安放预制过梁板、垫块、木砖。　　　　　　　　　　　　　　　　计量单位:m³

定额编号			3-31		3-32		3-33		3-34	
项目	单位	单价	1/2 砖内墙		3/4 砖内墙		1 砖内墙		1 砖弧形内墙	
			标准砖							
			数量	合价	数量	合价	数量	合价	数量	合价
综合单价	元		202.02		200.98		192.69		205.24	
其中	人工费	元		39.78		39.00		32.76		37.70	
	材料费	元		144.77		144.52		144.49		150.28	
	机械费	元		2.01		2.21		2.42		2.42	
	管理费	元		10.45		10.30		8.80		10.03	
	利润	元		5.01		4.95		4.22		4.81	
二类工	工日	26.00	1.53	39.78	1.50	39.00	1.26	32.76	1.45	37.70

（续表）

定额编号					3-31		3-32		3-33		3-34	
					1/2砖内墙		3/4砖内墙		1砖内墙		1砖弧形内墙	
项目			单位	单价	标准砖							
					数量	合价	数量	合价	数量	合价	数量	合价
材料	201008	标准砖 240 mm× 115 mm× 53 mm	百块	21.42	5.58	119.52	5.44	116.52	5.32	113.95	5.59	119.74
	613206	水	m³	2.80	0.112	0.31	0.109	0.31	0.106	0.30	0.106	0.30
	301023	水泥 32.5级	kg	0.28			0.30	0.08	0.30	0.08	0.30	0.08
	401035	周转木材	m³	1 249.00			0.000 2	0.25	0.000 2	0.25	0.000 2	0.25
	511533	铁钉	kg	3.60			0.002	0.01	0.002	0.01	0.002	0.01
机械	06016	灰浆拌 和机 200 L	台班	51.43	0.039	2.01	0.043	2.21	0.047	2.42	0.047	2.42
小计						161.62		158.38		149.77		160.50
(1)	012004	水泥砂 浆 M10 合计	m³	132.86	(0.196)	(26.04) (187.66)	(0.215)	(28.56) (186.94)	(0.235)	(31.22) (180.99)	(0.235)	(31.22) (191.72)
(2)	012003	水泥砂 浆 M7.5 合计	m³	124.46	(0.196)	(24.39) (186.01)	(0.215)	(26.76) (185.14)	(0.235)	(29.25) (179.02)	(0.235)	(29.25) (189.75)
(3)	012002	水泥砂 浆 M5 合计	m³	122.78	(0.196)	(24.06) (185.68)	(0.215)	(26.40) (184.78)	(0.235)	(28.85) (178.62)	(0.235)	(28.85) (189.35)
(4)	012008	混合砂 浆 M10 合计	m³	137.50	(0.196)	(26.95) (188.57)	(0.215)	(29.56) (187.94)	(0.235)	(32.31) (182.08)	(0.235)	(32.31) (192.81)
(5)	012007	混合砂 浆 M7.5 合计	m³	131.82	(0.196)	(25.84) (187.46)	(0.215)	(28.34) (186.72)	(0.235)	(30.98) (180.75)	(0.235)	(30.98) (191.48)
(6)	012006	混合砂 浆 M5 合计	m³	127.22	0.196	24.94 186.56	0.215	27.35 185.73	0.235	29.90 179.67	0.235	29.90 190.40

三、建筑装饰工程预算定额的作用

（1）预算定额是编制工程设计概算、施工图预算、招标控制价（标底）、竣工结算、调解处理工程造价纠纷、鉴定及控制工程造价的依据。

（2）预算定额是招标人组合综合单价，衡量投标报价合理性的基础，是投标人组合综合单价的参考。

（3）预算定额是施工单位编制人工、材料、机械台班需要量计划，统计完成工程量，考核工程成本,实行经济核算的依据。

(4) 预算定额是编制概算定额和概算指标的基础材料。

(5) 预算定额是施工单位贯彻经济核算,进行经济活动分析的依据。

(6) 预算定额是设计部门对设计方案进行经济分析的依据。

四、预算定额项目排列及编号

预算定额项目按分部分项顺序排列。分部工程是将单位工程中某些性质相近、材料大致相同的施工对象归在一起;分部工程以下,又按工程结构、工程内容、施工方法、材料类别等,分成若干分项工程;分项工程以下,再按构造、规格、不同材料等分为若干子目。

在编制施工图预算时,为检查定额项目套用是否正确,对所列工程项目必须填写定额编号。通常预算定额采用两个号码的方法编制。第一个号码表示分部工程编号,第二个号码是指具体工程项目即子目的顺序号。

五、预算定额的编制

1. 预算定额的编制原则

为保证预算定额的质量,编制时应遵循以下原则:

(1) 技术先进、经济合理。

(2) 简明适用、项目齐全。

(3) 统一性和差别性相结合。

2. 预算定额编制的依据

(1) 国家或地区现行的预算定额及编制过程中的基础资料。

(2) 现行设计规范、施工及验收规范、质量评定标准和安全操作规程。

(3) 现行全国统一劳动定额、机械台班消耗量定额。

(4) 具有代表性的典型工程施工图及有关标准图。

(5) 有关科学实验、技术测定的统计、经验资料。

(6) 新技术、新结构、新材料和先进的施工方法等。

(7) 现行的人工工资标准、材料预算价格、机械台班预算价格及有关文件规定等。

3. 单位估价表的编制

(1) 编制单位估价表的意义

1) 在价格比较稳定或价格指数比较完整、准确的情况下,编制地区单位估价表可以简化工程造价的计算,也有利于工程造价的正确计算和控制。

2) 此外,地区单位估价表的编制、管理和使用在我国已有几十年历史,已积累了大量的值得保留、学习的经验,地区单位估价表对定额计价模式下概、预算造价的确定。

3) 工程款的期中结算仍具有科学合理性,对清单计价模式下标底、报价的确定也具有指导、参考性。

(2) 单位估价表的编制方法

1) 单位估价表(工料单价)

传统单位估价表(单价为工料单价)的内容由两部分组成:一是预算定额规定的工、料、机数量;二是地区预算价格,即与上述三种"量"相适应的人工工资单价、材料预算价格和机械台班预算价格,编制地区单位估价表就是把三种"量"与"价"分别结合起来,得出分项工程的人工费、材料费和施工机械使用费,三者汇总即为工程预算单价。如图4.5所示。

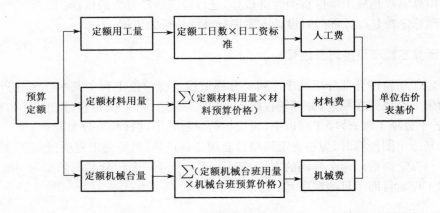

图4.5 单位估价表基价的组成

2) 单位估价表(综合单价)

采用综合单价编制工程预算单价表(单位估价表或称计价表)时,在分部分项工程基价确定后,还需根据地区典型工程项目和典型施工企业资料规定管理费和利润计算基数,测算管理费率和利润率,计算单位分部分项工程应计的管理费和利润,组成分部分项工程综合单价。即:

$$分部分项工程综合单价=人工费+材料费+机械费+管理费+利润$$

(3) 单位估价表示例

下面以江苏省现行的《江苏省建筑与装饰工程计价表》(2004年)为例介绍单位估价表。

1) 概况

《江苏省建筑与装饰工程计价表》(简称《计价表》)共设置了二十三章、九个附录,3 792个子目。其中第一章至第十八章为分部分项项目、第十九章至第二十三章为措施项目。另有部分难以列出定额项目的措施费用,则按照《江苏省建筑与装饰工程费用计算规则》中的规定进行计算。

二十三章分别为:土石方工程,打桩工程及基础垫层工程,砌筑工程,钢筋工程,混凝土工程,金属结构工程,钢筋砼、金属结构构件运输及安装工程,厂库房大门、特种门、木结构工程,屋面、防水及保温隔热工程,防腐耐酸工程,厂区道路及排水工程,楼地面工程,墙柱面工程,天棚工程,门窗工程,油漆、涂料、裱糊工程,其他零星工程,建筑物超高增加费用,脚手架工程,模板工程,施工排水、降水、深基坑支扩工程,建筑工程垂直运输,场内二次搬运。

九个附录分别为:砼及钢筋砼构件模板、钢筋含量表,机械台班预算单价取定表,砼、特种砼配合比表,砌筑砂浆、抹灰砂浆、其他砂浆配合比表,防腐耐酸砂浆配合比表,主要建筑材料预算价格取定表,抹灰分层厚度及砂浆种类表,主要材料、半成品损耗率取定表,常用钢材理论重量及形体公式计算表。

《计价表》适用于江苏省行政区域范围内一般工业与民用建筑的新建、扩建、改建工程及其单独装饰工程,不适用于修缮工程。全部使用国有资金投资或国有资金投资为主的建筑与装饰工程应执行本《计价表》;其他形式投资的建筑与装饰工程可参照使用本《计价表》;当工程施工合同约定按本《计价表》规定计价时,应遵守本《计价表》的相关规定。

2)《计价表》的作用

① 编制工程标底、招标工程结算审核的指导。

② 工程投标报价、企业内部核算、制定企业定额的参考。

③ 一般工程(依法不招标工程)编制与审核工程预结算的依据。

④ 编制建筑工程概算定额的依据。

⑤ 建设行政主管部门调解工程造价纠纷、合理确定工程造价的依据。

六、预算定额人、材、机消耗量的计算

1. 人工工日消耗量的计算

预算定额中人工工日消耗量是指在正常施工条件下,生产单位合格产品所必需消耗的人工工日数量,是由分项工程所综合的各个工序劳动定额包括的基本用工、其他用工两部分组成的。

(1) 基本用工指完成单位合格产品所必需消耗的技术工种用工。按技术工种相应劳动定额工时定额计算,以不同工种列出定额工日。基本用工包括:

1) 完成定额计量单位的主要用工。按综合取定的工程量和相应劳动定额进行计算:

$$基本用工 = \sum (综合取定的工程量 \times 劳动定额)$$

例如:工程实际中的砖基础,有1砖厚、1砖半厚、2砖厚等之分,用工各不相同。在预算定额中由于不区分厚度,需要按照统计的比例,加权平均,即公式中的综合取定得出用工。

2) 按劳动定额规定应增加计算的用工量。例如,砖基础埋深超过1.5 m,超过部分要增加用工。预算定额中应按一定比例给予增加。

3) 由于预算定额是以施工定额子目综合扩大的,包括的工作内容较多,施工的效果视具体部位而不一样,需要另外增加用工,列入基本用工内。

(2) 其他用工,通常包括:

1) 超运距用工。超运距是指劳动定额中已包括的材料、半成品场内水平搬运距离与预算定额所考虑的现场材料、半成品堆放地点到操作地点的水平运输距离之差。

$$超运距 = 预算定额取定运距 - 劳动定额已包括的运距$$

需要指出,实际工程现场运距超过预算定额取定运距时,可另行计算现场二次搬运费。

2) 辅助用工。指技术工种劳动定额内不包括而在预算定额内又必须考虑的用工。

$$辅助用工 = \sum (材料加工数量 \times 相应的加工劳动定额)$$

3) 人工幅度差。即预算定额与劳动定额的差额,主要是指在劳动定额中未包括而在正常施工情况下不可避免但又很难准确计量的用工和各种工时损失。

人工幅度差＝（基本用工＋辅助用工＋超运距用工）×人工幅度差系数

人工幅度差系数一般为 10％～15％。在预算定额中，人工幅度差的用工量列入其他用工量中。

2. 材料消耗量的计算

材料消耗量是指完成单位合格产品所必须消耗的材料数量，由材料净用量加损耗量组成。其中，材料损耗量是指在正常条件下不可避免的材料损耗，如现场内材料运输及施工操作过程中的损耗等。

材料消耗量的计算方法主要有：

（1）凡有标准规格的材料，按规范要求计算定额计量单位的耗用量，如砖、防水卷材、块料面层等。

（2）凡设计图纸标注尺寸及下料要求的按设计图纸尺寸计算材料净用量，如门窗制作用材料，方、板料等。

（3）换算法。各种胶结、涂料等材料的配合比用料，可以根据要求条件换算，得出材料用量。

（4）测定法。包括试验室试验法和现场观察法。

3. 机械台班消耗量的计算

预算定额中的机械台班消耗量是指在正常施工条件下，生产单位合格产品（分部分项工程或结构构件）必须消耗的某种型号施工机械的台班数量。

确定预算定额机械台班消耗数量应考虑如下因素：

（1）工程质量检查影响机械工作损失的时间。

（2）在工作班内，机械变换位置所引起的难以避免的停歇时间和配套机械互相影响损耗的时间。

（3）机械临时维修和小修引起的停歇时间。

（4）机械偶然性停歇，如临时停电、停水所引起的工作停歇时间。

计算机械台班消耗数量的方法有两类。

第一类，根据施工定额确定机械台班消耗量。这种方法是指以现行全国统一施工定额或劳动定额中机械台班产量加机械幅度差计算预算定额的机械台班消耗量。

大型机械幅度差系数一般为：土方机械 25％，打桩机械 33％，吊装机械 30％。其他分部工程中如钢筋加工、木材、水磨石等各项专用机械的幅度差为 10％。

综上所述，预算定额机械台班消耗量按下式计算：

预算定额机械台班消耗量＝施工定额机械台班消耗量×（1＋机械幅度差系数）

第二类，以现场测定资料为基础确定机械台班消耗量。编制预算定额时，如遇到施工定额（劳动定额）缺项者，则需要依据单位时间完成的产量测定。

七、预算定额人、材、机价格的计算

1. 人工单价的确定

人工工资单价是指一个建筑安装生产工人一个工作日在计价时应计入的全部人工费用，其主要由以下几部分组成：

（1）生产工人基本工资，由岗位工资、技能工资、工龄工资等组成。

（2）生产工人辅助工资，是指非作业工日发放的工资和工资性补贴，如外出学习期间的工资、休年假期间的工资等。

（3）生产工人工资性补贴，是指物价补贴、煤燃气补贴、交通补贴、住房补贴、流动施工补贴等。

（4）职工福利费，是指书报费、洗理费、取暖费等。

（5）生产工人劳动保护费，指劳工用品购置费及修理费、徒工服装补贴、防暑降温费、保健费用等。

人工单价均采用综合人工单价形式，即：

人工单价＝（月基本工资＋月工资性补贴＋月辅助工资＋其他费用）÷月平均工作天数

2. 材料预算价格的确定

材料预算价格一般由材料原价、供销部门手续费、包装费、运杂费、采购及保管费组成。

（1）材料原价（或供应价格）

材料原价是指材料的出厂价格、进口材料抵岸价或销售部门的批发价和市场采购价（或信息价）。

在确定材料原价时，如同一种材料，因来源地、供应单位或生产厂家不同，有几种价格时，要根据不同来源地的供应数量比例，采取加权平均的方法计算其材料的原价。

（2）包装费

包装费是为了便于材料运输和保护材料而进行包装所需的一切费用。包装费包括包装品的价值和包装费用。凡由生产厂家负责包装的产品，其包装费已计入材料原价内，不再另行计算，但应扣回包装品的回收价值。包装器材如有回收价值，应考虑回收价值。地区有规定者，按地区规定计算；地区无规定者，可根据实际情况确定。

（3）运杂费

材料运杂费是指材料由其来源地（交货地点）起（包括经中间仓库转运）运至施工地仓库或堆放场地上，全部运输过程中所支出的一切费用，包括车船等的运输费、调车费、出入仓库费、装卸费等。

（4）运输损耗费

材料运输损耗是指材料在运输和装卸搬运过程中不可避免的损耗。一般通过损耗率来规定损耗标准。

材料运输损耗＝（材料原价＋材料运杂费）×运输损耗率

（5）采购及保管费

材料采购及保管费是指为组织采购、供应和保管材料过程中所需的各项费用。包括采购费、仓储费、工地保管费、仓储损耗。

材料采购及保管费＝（材料原价＋运杂费＋运输损耗费）×采购及保管费率

（6）检验试验费

检验试验费是指对建筑材料、构件和建筑安装物进行一般鉴定、检查所发生的费用,包括自设实验室进行实验所耗用的材料和化学药品等费用。不包括新结构、新材料的实验费和建设单位对具有出厂合格证明的材料进行的检验,对构件做破坏性实验及其他特殊要求检验试验的费用:

$$检验试验费 = \sum (单位材料量检验试验费 \times 材料消耗量)$$

当发生检验试验费时,材料费中还应加上此项费用属于建筑安装工程费用中的其他直接费。

上述费用的计算可以综合成一个计算式:

$$材料预算价格 = [(材料原价 + 运杂费) \times (1 + 运输损耗费)] \times (1 + 采购及保管费率)$$

【例题 4.10】

某施工队为某工程施工购买水泥,从甲单位购买水泥 200 t,单价 280 元/t;从乙单位购买水泥 300 t,单价 260 元/t;从丙单位第一次购买水泥 500 t,单价 240 元/t;第二次购买水泥 500 t,单价 235 元/t(这里的单价均指材料原价)。采用汽车运输,甲地距工地 40 km,乙地距工地 60 km,丙地距工地 80 km。根据该地区公路运价标准:装、卸费各为 10 元/t,汽运货物运费为 0.4 元/(t·km)。求此水泥的预算价格。

解:

材料原价总值 $= \sum (各次购买量 \times 各次购买价)$

$\qquad = 200 \times 280 + 300 \times 260 + 500 \times 240 + 500 \times 235$

$\qquad = 371\ 500\ 元$

材料总量 $= 200 + 300 + 500 + 500$

$\qquad = 1\ 500\ t$

加权平均原价 $=$ 材料原价总值 $\div$ 材料总量

$\qquad = 371\ 500 \div 1\ 500$

$\qquad = 247.67\ 元/t$

手续费:不发生供销部门手续费。

包装费:水泥的包装属于一次性投入,包装费已包含在材料原价中。

运杂费 $= [0.4 \times (200 \times 40 + 300 \times 60 + 1\ 000 \times 80) + 10 \times 2 \times 1\ 500] \div 1\ 500$

$\qquad = 48.27\ 元/t$

采购及保管费 $= (247.67 + 48.27) \times 2\%$

$\qquad = 5.92\ 元/t$

水泥预算价格＝247.67＋48.27＋5.92

　　　　　　　＝301.86 元/t

答：此水泥的预算价格为 301.86 元/t。

3. 施工机械台班单价的确定

施工机械台班单价一般有以下几部分组成：

（1）折旧费：指施工机械在规定的使用年限内，陆续收回其原值及购置资金的时间价值。

（2）大修理费：指施工机械按规定的大修理间隔台班进行必要的大修理，以恢复其正常功能所需的费用。

（3）经常修理费：指施工机械除大修理以外的各级保养和临时故障排除所需的费用。包括为保障机械正常运转所需替换设备与随机配备工具附具的摊销和维护费用，机械运转中日常保养所需润滑与擦拭的材料费用及机械停滞期间的维护和保养费用等。

（4）安拆费及场外运费：安拆费指施工机械在现场进行安装与拆卸所需的人工、材料、机械和试运转费用以及机械辅助设施的折旧、搭设、拆除等费用；场外运费指施工机械整体或分体自停放地点运至施工现场或由一施工地点运至另一施工地点的运输、装卸、辅助材料及架线等费用。

（5）人工费：指机上司机（司炉）和其他操作人员的工作日人工费及上述人员在施工机械规定的年工作台班以外的人工费。

（6）燃料动力费：指施工机械在运转作业中所消耗的固体燃料（煤、木柴）、液体燃料（汽油、柴油）及水、电等。

（7）其他费用：指施工机械按照国家规定和有关部门规定应缴纳的养路费、车船使用税、保险费及年检费等。

施工机械台班单价是根据施工机械台班定额来取定的，如表 4.3、表 4.4 所示：

表 4.3　《江苏省施工机械台班费用定额》(2007 年)单价表示例(一)

编码	机械名称	规格型号	机型	台班单价	费用组成						
					折旧费	大修理费	经常修理费	安拆费及场外运费	人工费	燃料动力费	其他费用
				元	元	元	元	元	元	元	元
01048	履带式单斗挖掘机	斗容量(m³)	1　大	744.16	165.87	59.77	166.16		92.50	259.86	
01049			1.5　大	898.47	178.09	64.17	178.40		92.50	385.31	
01013	自卸汽车	装载重量(t)	2　中	243.57	34.40	5.51	24.45		46.25	98.44	34.52
01014			5　中	398.64	52.65	8.43	37.42		46.25	178.64	75.25
06016	灰浆搅拌机	拌筒容量(L)	200　小	65.19	2.88	0.83	3.30	5.47	46.25	6.46	
06017			400　小	68.87	3.57	0.44	1.76	5.47	46.25	11.38	

表 4.4 《江苏省施工机械台班费用定额》(2007 年)单价表示例(二)

编码	机械名称	规格型号	机型	台班单价	人工及燃料动力用量						
					人工	汽油	柴油	电	煤	木炭	水
				元	工日	kg	kg	kW·h	kg	kg	m³
01048	履带式单斗挖掘机	斗容量(m³)	1	大	744.16	2.5		49.03			1
01049			1.5	大	898.47	2.5		72.70			
01013	自卸汽车	装载重量(t)	2	中	243.57	1.25	17.27				
01014			5	中	398.64	1.25	31.34				
06016	灰浆搅拌机	拌筒容量(L)	200	小	65.19	1.25			8.61		
06017			400	小	68.87	1.25			15.17		

注:① 定额中单价:人工 37 元/工日,汽油 5.70 元/kg,柴油 5.30 元/kg,煤 580.00 元/t,电 0.75 元/(kW·h),水 4.10 元/m³,木柴 0.35 元/kg。

② 实际单价与取定单价不同,可按实调整价差。

【例题 4.11】

由于甲方出现变更,造成施工方两台斗容量为 1 m³ 的履带式单斗挖掘机各停置 3 天,计算由此产生的停置机械费用。

解:

$$停置台班量=3 天 \times 1 台班/(天·台) \times 2 台 = 6 台班$$

停置台班价＝机械折旧费＋人工费＋其他费用

$$＝165.87＋65.00＋0.00$$

$$＝230.87 元/台班$$

停置机械费用＝停置台班量×停置台班价

$$＝6×230.87$$

$$＝1 385.22 元$$

答:由此产生的停置机械费用为 1 385.22 元。

八、定额的使用

1. 按定额的使用情况,分为三种形式

(1)完全套用。只有实际施工做法、人工、材料、机械价格与定额水平完全一致,或虽有不同但不允许换算的情况才采用完全套用,也就是直接使用定额中的所有信息。

(2)换算套用。当施工图纸设计的分部分项工程与预算定额所选套的定额项目内容不完全一致时,如定额规定允许换算,则应在定额范围内进行换算,套用换算后的定额基价。

当采用换算后定额基价时,应在原定额编号右下角注明"换"字,以示区别。

(3)补充定额。随着设计、施工技术的发展在现行定额不能满足需要的情况下,为了补充缺项所编制的定额。补充定额只能在指定的范围内使用,一般由施工企业提出测定资料,与建设单位或设计部门协商议定,只作为一次使用,并同时报主管部门备查,以后陆续遇到此种同类项目时,经过总结和分析,往往成为补充或修订正式统一定额的基本资料。

2. 材料价格的换算

计算公式:

$$换算价格=定额价格-换出价格+换入价格$$
$$=定额价格-换出部分工程量×单价+换入部分工程量×单价$$

【例题 4.12】

某工程砌筑一砖内墙,砌筑砂浆采用水泥砂浆 M5,其余与定额规定相同,求其综合单价。

解: 查《计价表》,相近子目编号为 3-33:

换算后综合单价=原综合单价-原混合砂浆 M5 价格+现水泥砂浆 M5 价格

$$=192.69-29.90+28.85$$

$$=191.64 元/m^3$$

答:换算后的综合单价为 191.64 元/m³。

3. 综合单价中费用的计算

(1) 人工费

$$人工费=人工消耗量×人工工日单价$$

(2) 材料费

$$材料费=\sum(材料消耗量×材料预算价格)$$

(3) 机械费

$$机械费=\sum(机械台班消耗量×机械台班单价)$$

(4) 管理费和利润。

【例题 4.13】

某二类工程砌一砖内墙,其他因素与定额完全相同,计算该子目的综合单价。

解:

$$换算综合单价=原综合单价-换出部分价格+换入部分价格$$

$$=192.69-8.80+(32.76+2.42)×30\%$$

$$=194.44 元/m^3$$

答:该子目的综合单价为 194.44 元/m³。

【例题 4.14】

某三类工程砌一砖内墙,市场材料预算价格:标准砖 0.26 元/块,含量及其他材料单价与定额完全相同,计算该子目的综合单价。

解: 查编号 3-33 子目可得

$$换算综合单价＝原综合单价－换出部分价格＋换入部分价格$$

$$＝192.69－113.95＋532×0.26$$

$$＝217.06 元/m^3$$

$$换算综合单价＝原综合单价＋材料差价$$

$$＝原综合单价＋材料定额数量×（市场价－定额价）$$

$$＝192.69＋532×（0.26－0.214 2）$$

$$＝217.06 元/m^3$$

答：该子目的综合单价为 217.06 元/m³。

4.4　建筑工程造价的构成

一项新建工业或民用工程项目，按国家规定其建设支出按经济性质划分为项目前期费用、征地费、建筑工程费、安装工程费、设备等购置费、其他各种费用等。

一、建筑工程造价构成

建筑工程费用由分部分项工程费、措施项目费、其他项目费、规费和税金组成。

1. 分部分项工程费

分部分项工程费是指施工过程中耗费的构成工程实体性项目的各项费用，由人工费、材料费、施工机械使用费、企业管理费和利润构成。

（1）人工费：是指直接从事建筑安装工程施工的生产工人开支的各项费用，内容包括：

1）基本工资：是指发放给生产工人的基本工资，包括基础工资、岗位（职级）工资、绩效工资等。

2）工资性（津）补贴：是指企业发放的各种性质的津贴、补贴。包括物价补贴、交通补贴、住房补贴、施工补贴、误餐补贴、节假日（夜间）加班费等。

3）生产工人辅助工资：是指生产工人年有效施工天数以外非作业天数的工资，包括职工学习、培训期间的工资，探亲、休假期间的工资，因气候影响的停工工资，女工哺乳时间的工资，病假在六个月以内的工资及产、婚、丧假期的工资。

4）职工福利费：是指按规定标准计提的职工福利费。

5）劳动保护费：是指按规定标准发放的劳动保护用品、工作服装补贴、防暑降温费、高危险工种施工作业防护补贴费等。

（2）材料费：是指施工过程中耗费的构成工程实体的原材料、辅助材料、构配件、零件、半成品的费用和周转使用材料的摊销费用。内容包括：

1）材料原价。

2）材料运杂费：是指材料自来源地运至工地仓库或指定堆放地点所发生的全部费用。

3）运输损耗费：是指材料在运输装卸过程中不可避免的损耗。

4）采购及保管费：是指为组织采购、供应和保管材料过程所需要的各项费用。包括：采购费、仓储费、工地保管费、仓储损耗。

（3）施工机械使用费：是指施工机械作业所发生的机械使用费、机械安拆费和场外运费。施工机械台班单价应由下列费用组成：

1）折旧费：指施工机械在规定的使用年限内，陆续收回其原值及购置资金的时间价值。

2）大修理费：指施工机械按规定的大修理间隔台班进行必要的大修理，以恢复其正常功能所需的费用。

3）经常修理费：指施工机械除大修理以外的各级保养和临时故障排除所需的费用。包括为保障机械正常运转所需替换设备与随机配备工具用具的摊销和维护费用，机械运转及日常保养所需润滑与擦拭的材料费用及机械停滞期间的维护和保养费用等。

4）安拆费及场外运费：安拆费指施工机械在现场进行安装与拆卸所需的人工、材料、机械和试运转费用以及机械辅助设施的折旧、搭设、拆除等费用；场外运费指施工机械整体或分体自停放地点运至施工现场或由一施工地点运至另一施工地点的运输、装卸、辅助材料及架线等费用。

5）人工费：指机上司机（司炉）和其他操作人员的工作日人工费及上述人员在施工机械规定的年工作台班以外的人工费。

6）燃料动力费：指施工机械在运转作业中所消耗的固体燃料（煤、木柴）、液体燃料（汽油、柴油）及水、电等。

7）车辆使用费：指施工机械按照国家规定和有关部门规定应缴纳的车船使用税、保险费及年检费等。

（4）企业管理费：是指施工企业组织施工生产和经营管理所需的费用。内容包括：

1）管理人员的基本工资、工资性（津）补贴、职工福利费、劳动保护费。

2）差旅交通费：指企业职工因公出差、住勤补助费、市内交通费和误餐补助费，职工探亲路费、劳动力招募费、工地转移费以及交通工具油料、燃料、牌照等。

3）办公费：指企业办公用文具、纸张、账表、印刷、邮电、书报、会议、水、电、燃煤、燃气等费用。

4）固定资产使用费：指企业属于固定资产的房屋、设备、仪器等的折旧、大修、维修或租赁费。

5）生产工具用具使用费：指企业管理使用不属于固定资产的工具、用具、家具、交通工具、检验、试验、消防等的购置、维修和摊销费，以及支付给工人自备工具的补贴费。

6）工会经费及职工教育经费：工会经费是指企业按职工工资总额计提的工会经费；职工教育经费是指企业为职工学习培训按职工工资总额计提的费用。

7）财产保险费：指企业管理用财产、车辆保险。

8）劳动保险补助费：包括由企业支付的六个月以上病假人员的工资，职工死亡丧葬补助费、按规定支付给离休干部的各项经费。

9）财务费：是指企业为筹集资金而发生的各种费用。

10）税金：指企业按规定交纳的房产税、车船使用税、土地使用税、印花税等。

11）意外伤害保险费：企业为从事危险作业的建筑安装施工人员支付的意外伤害保险费。

12）工程定位、复测、点交、场地清理费。

13）非甲方所为四小时以内的临时停水停电费用。

14）企业技术研发费：建筑企业为转型升级提高管理水平所进行的技术转让、科技研发、信息化建设等费用。

15）其他：业务招待费、远地施工增加费、劳务培训费、绿化费、广告费、公证费、法律顾问费、审计费、咨询费、联防费等。

（5）利润：是指施工企业完成所承包工程获得的盈利。

企业管理费和利润的取费标准以江苏省建设工程费用定额（2009年）取定，如表4.5、表4.6所示。

表4.5　建筑工程企业管理费、利润取费标准表

序号	工程名称	计算基础	管理费费率（%）			利润费率（%）
			一类工程	二类工程	三类工程	
一	建筑工程	人工费＋机械费	31	28	25	12
二	预制构件制作	人工费＋机械费	15	13	11	6
三	构件吊装、打桩工程	人工费＋机械费	11	9	7	5
四	制作兼打桩	人工费＋机械费	15	13	11	7
五	大型土石方工程	人工费＋机械费		6		4

表4.6　单独装饰工程管理费、利润取费标准表

序号	项目名称	计算基础	管理费费率（%）	利润费率（%）
一	单独装饰工程	人工费＋机械费	42	15

2. 措施项目费

措施项目费是指为完成工程项目施工所必须发生的施工准备和施工过程中技术、生活、安全、环境保护等方面的非工程实体项目费用。由通用措施项目费和专业措施项目费两部分组成。

通用措施项目费包括：

（1）安全文明施工费：为满足施工现场安全、文明施工以及环境保护、职工健康生活所需要的各项费用。本项为不可竞争费用。

1）安全施工措施包括：安全资料的编制、安全警示标志的购置及宣传栏的设置；"三宝"、"四口"、"五临边"防护的费用；安全用电的费用，包括电箱标准化、电气保护装置、外电防护标志；起重机、塔吊等超重设备（含井架、门架）及外用电梯的安全防护措施（含警示标志）费用及卸料平台的临边防护、层间安全门、防护棚等设施费用；建筑工地起重机械的检验检测费用；施工机具防护棚及围栏的安全保护设施费用；施工现场安全防护通道的费用；工人防护用品、用具购置费用；消防设施与消防器材的配置费用；电气保护、安全照明设施费；其他安全防护设施费用。

2）文明施工措施包括：大门、五牌一图、工人胸卡、企业标志的费用；围挡的墙面美化（包括内外粉刷、刷白、标语等）、压顶装饰费用；现场厕所便槽刷白、贴面砖、水泥砂浆地面或地砖费用；建筑物内临时便溺设施费用；其他施工现场临时设施的装饰装修、美化措施的费用；现场生活卫生设施费用；符合卫生要求的饮水设备、淋浴、消毒等设施费用；生活用洁净

燃料费用;防煤气中毒、防蚊虫叮咬等措施费用;施工现场操作场地硬化费用;现场污染源控制、建筑垃圾及生活垃圾清理外运,场地排水、排污措施的费用;防扬尘洒水费用;现场绿化费用;治安综合治理费用;现场电子监控费用;现场配备医疗保健器材、物品费用和急救人员培训费用;用于现场工人的防暑降温费,电风扇、空调等设备及用电费用;现场施工机械设备防噪音、防扰民措施费用;其他文明施工措施费用。

3) 环境保护费:是指施工现场为达到环保部门要求所需要的各项费用。

4) 安全文明施工费由基本费、现场考评费和奖励费三部分组成。基本费是施工企业在施工过程中必须发生的安全文明措施的基本保障费。现场考评费是施工企业执行有关安全文明施工规定,经考评组织现场核查打分和动态评价获取的安全文明措施增加费。奖励费是施工企业加大投入,加强管理,创建省、市级文明工地的奖励费用。

(2) 夜间施工增加费:规范、规程要求正常作业而发生的夜班补助、夜间施工降效、照明设施摊销及照明用电等费用。

(3) 二次搬运费:是指因施工场地狭小等特殊情况而发生的二次搬运费用。

(4) 冬雨季施工增加费:指在冬雨季施工期间所增加的费用。包括冬季作业、临时取暖、建筑物门窗洞口封闭及防雨措施、排水、工效降低等费用。

(5) 大型机械设备进出场及安拆费:是指机械整体或分体自停放场地运至施工现场,或由一个施工地点运至另一个施工地点所发生的机械进出场运输转移、机械安装、拆卸等费用。

(6) 施工排水费:为确保工程在正常条件下施工,采取各种排水措施所发生的费用。

(7) 施工降水费:为确保工程在正常条件下施工,采取各种降水措施所发生的费用。

(8) 地下、地上设施,建筑物的临时保护设施费:在工程施工过程中,对已建成的地上、地下设施和建筑物的进行临时保护所发生的费用。

(9) 已完工程及设备保护费:对已施工完成的工程和设备采取保护措施所发生的费用。

(10) 临时设施费:施工企业为进行工程施工所必须搭设的生活和生产用的临时建筑物、构筑物和其他临时设施等费用。

1) 临时设施费内容包括:临时宿舍、文化福利及公用事业房屋与构筑物、仓库、办公室、加工场等。

2) 建筑、装饰、安装、修缮、古建园林工程规定范围内(建筑物沿边起向外 50 m 内,多幢建筑两幢间隔 50 m 内)围墙、道路、水电、管线和塔吊基座(轨道)垫层(不包括混凝土固定式基础)等。

3) 市政工程施工现场在定额基本运距范围内的临时给水、排水、供电、供热线路(不包括变压器、锅炉等设备),临时道路,以及总长度不超过 200 m 的围墙(篱笆)。建设单位同意在施工就近地点临时修建混凝土构件预制场所发生的费用,应向建设单位结算。

(11) 检验试验费:施工企业按规定进行建筑材料、构配件等试样的制作、封样、送检和其他为保证工程质量进行的材料检验试验工作所发生的费用。根据有关国家标准或施工验收规范要求,对材料、构配件和建筑物工程质量检测检验发生的费用由建设单位直接支付给所委托的检测机构。

(12) 赶工措施费:施工合同约定工期相比定额工期提前,施工企业为缩短工期所发生的费用。

(13) 工程按质论价:施工合同约定质量标准超过国家规定,施工企业完成工程质量达到经有关部门鉴定为优质工程所必须增加的施工成本费。

（14）特殊条件下施工增加费：指地下不明障碍物、铁路、航空、航运等交通干扰而发生的施工降效费用。

专业工程的措施项目费包括：

（1）建筑工程：混凝土模板及支架、脚手架、垂直运输机械费，住宅工程分户验收费等。

（2）装饰工程：脚手架、垂直运输机械费、室内空气污染测试、住宅工程分户验收费等。

措施费费率标准和安全文明施工措施费费率见表 4.7、表 4.8 所示。

表 4.7　措施项目费费率标准

项　　　目	计算基础	费率(%)	
		建筑工程	单独装饰
现场安全文明施工措施费	分部分项工程费	(见表 4.8)	
夜间施工增加费		0～0.1	0～0.1
冬雨季施工增加费		0.05～0.2	0.05～0.1
已完工程及设备保护		0～0.05	0～0.1
临时设施费		1～2.2	0.3～1.2
检验试验费		0.2	0.2
赶工费		1～2.5	1～2.5
按质论价费		1～3	1～3
住宅分户验收		0.08	0.08

表 4.8　安全文明施工措施费费率

项目名称	计算基础	基本费率(%)	现场考评费率(%)	奖励费(获市级/省级文明工地)(%)
建筑工程	分部分项工程费	2.2	1.1	0.4/0.7
构件吊装		0.85	0.5	—
桩基工程		0.9	0.5	0.2/0.4
大型土石方工程		1.0	0.6	—
单独装饰工程		0.9	0.5	0.2/0.4

3. 其他项目费

（1）暂列金额：招标人在工程量清单中暂定并包括在合同价款中的款项，用于施工合同签订时尚未明确或不可预见的所需材料、设备、服务的采购，施工中可能发生的工程变更、合同约定调整因素出现时的工程价款调整及发生的索赔、现场签证确认等的费用。

（2）暂估价：招标人在工程量清单中提供的用于支付必然发生但暂时不能确定价格的材料的单价以及专业工程的金额。

（3）计日工：在施工过程中，完成发包人提出的施工图纸以外的零星项目或工作，按合同中约定的综合单价计价。

（4）总承包服务费：总承包人为配合协调发包人进行的工程分包、自行采购的设备、材料等进行管理、服务以及施工现场管理、竣工资料汇总整理等服务所需的费用。

4. 规费

规费是指政府和有关权力部门规定必须缴纳的费用。

（1）工程排污费：包括废气、污水、固体，扬尘及危险废物和噪声排污费等内容。

（2）安全生产监督费：有关部门批准收取的建筑安全生产监督费。

（3）社会保障费：企业为职工缴纳的养老保险费、医疗保险、失业保险、工伤保险和生育保险等社会保障方面的费用（包括个人缴纳的部分）。为确保施工企业各类从业人员社会保障权益落到实处，省市有关各部门可根据实际情况制定管理办法。

（4）住房公积金：企业为职工缴纳的住房公积金。

社会保障费率及公积金费率标准见表4.9所示。

表4.9 社会保障费率及公积金费率标准

序号	工程类别	计算基础	社会保障费率	公积金费率
1	建筑工程	分部分项工程费＋措施项目费＋其他项目费	3.0	0.50
2	预制构件制作、构件吊装、桩基工程		1.2	0.22
3	单独装饰工程		2.2	0.38
4	大型土石方工程		1.2	0.22
5	点工	人工工日	1.5	
6	包工不包料		1.3	

5. 税金

税金是指国家税法规定的应计入建筑安装工程造价内的营业税、城市维护建设税及教育费附加。

（1）营业税：是指以产品销售或劳务取得的营业额为对象的税种。

（2）城市建设维护税：是为加强城市公共事业和公共设施的维护建设而开征的税，它以附加形式依附于营业税。

（3）教育费附加：是为发展地方教育事业，扩大教育经费来源而征收的税种。它以营业税的税额为计征基数。

二、建筑工程造价计算程序

构成建筑工程造价各项费用要素计取的先后次序，业内人员称其为造价计算程序。

1. 工程量清单法计算程序

工程量清单法计算程序分包工包料和包工不包料两种情况，分别见表4.10、表4.11所示。

表4.10 工程量清单法计算程序（包工包料）

序号	费用名称		计算公式	备注
一	分部分项工程量清单费用		工程量×综合单价	
	其中	1. 人工费	人工消耗量×人工单价	
		2. 材料费	材料消耗量×材料单价	
		3. 机械费	机械消耗量×机械单价	
		4. 企业管理费	（1＋3）×费率	
		5. 利润	（1＋3）×费率	
二	措施项目清单费用		分部分项工程费×费率（或 综合单价×工程量）	
三	其他项目费用			

（续表）

序号	费用名称			计算公式	备注
四	其中		规费		
		1. 工程排污费		（一＋二＋三）×费率	按规定计取
		2. 建筑安全监督管理费			
		3. 社会保障费			
		4. 住房公积金			
五	税金			（一＋二＋三＋四）×费率	按当地规定计取
六	工程造价			一＋二＋三＋四＋五	

表 4.11　工程量清单法计算程序（包工不包料）

序号	费用名称			计算公式	备注
一	分部分项工程量清单人工费			人工消耗量×人工单价	
二	措施项目清单费用			（一）×费率（或 工程量×综合单价）	
三	其他项目费用				
四	其中		规费		
		1. 工程排污费		（一＋二＋三）×费率	按规定计取
		2. 建筑安全监督管理费			
		3. 社会保障费			
		4. 住房公积金			
五	税金			（一＋二＋三＋四）×费率	按当地规定计取
六	工程造价			一＋二＋三＋四＋五	

2.《计价表》法计算程序

计价表法计算程序分包工包料和包工不包料两种情况，分别见表 4.12、表 4.13 所示。

表 4.12　《计价表》法计算程序（包工包料）

序号	费用名称			计算公式	备注
一	其中		分部分项费用	工程量×综合单价	
		1. 人工费		《计价表》人工消耗量×人工单价	
		2. 材料费		《计价表》材料消耗量×材料单价	
		3. 机械费		《计价表》机械消耗量×机械单价	
		4. 企业管理费		（1＋3）×费率	
		5. 利润		（1＋3）×费率	
二	措施项目清单费用			分部分项工程费×费率（或 综合单价×工程量）	
三	其他项目费用				

（续表）

序号	费用名称		计算公式	备注
四	其中	规费		
		1. 工程排污费	（一＋二＋三）×费率	按规定计取
		2. 建筑安全监督管理费		
		3. 社会保障费		
		4. 住房公积金		
五	税金		（一＋二＋三＋四）×费率	按当地规定计取
六	工程造价		一＋二＋三＋四＋五	

表 4.13 《计价表》法计算程序（包工不包料）

序号	费用名称		计算公式	备注
一	分部分项人工费		《计价表》人工消耗量×人工单价	
二	措施项目费用		（一）×费率（或 工程量×综合单价）	
三	其他项目费用			
四	其中	规费		
		1. 工程排污费	（一＋二＋三）×费率	按规定计取
		2. 建筑安全监督管理费		
		3. 社会保障费		
		4. 住房公积金		
五	税金		（一＋二＋三＋四）×费率	按当地规定计取
六	工程造价		一＋二＋三＋四＋五	

5　建筑面积计算

建筑面积是指房屋建筑中各层外围结构水平投影面积的总和,包括房屋的使用面积、辅助面积和结构面积。它在建筑工程预算中的主要作用是:建筑面积是确定建筑工程技术经济指标的重要依据,是计算某些分项工程量的基础数据,是计划、统计及工程概况的主要数量指标之一,也是划分建筑工程类别的标准之一。

下面以《江苏省建筑与装饰工程计价表》(2004 年)中的建筑面积计算规则为例说明建筑面积的计算方法。

一、计算建筑面积的范围和方法

1. 单层建筑物的建筑面积计算

单层建筑物的建筑面积,应按其外墙勒脚以上结构外围水平面积计算,并应符合下列规定:单层建筑物高度在 2.20 m 及以上者应计算全面积;高度不足 2.20 m 者应计算 1/2 面积,如图 5.1 所示。

$$S = L \times B$$

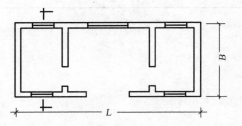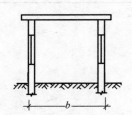

图 5.1　单层建筑物示意图

注意:

(1)有部分够条件就计算其中一部分,这里指的是总的高度,应按照屋顶面图示尺寸为界。

(2)这里"勒脚"是指墙根部很矮的一部分的墙体加厚,不能代表整个外墙结构,因此计算建筑面积时要扣除。

【例题 5.1】

已知某单层房屋平面和剖面图如图 5.2 所示,计算该房屋的建筑面积。

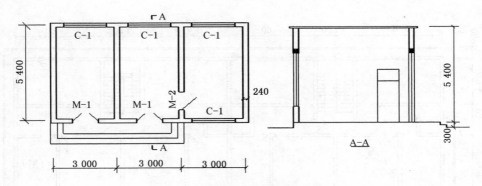

图 5.2　某单层房屋平面和剖面图

解：

$$S_{建}=(3.0\times3+0.24)\times(5.4+0.24)=52.11\ \text{m}^2$$

答：该建筑的建筑面积为 52.11 m²。

2. 有坡屋顶的建筑面积

利用坡屋顶内空间时净高超过 2.1 m 的部位应计算全面积；净高在 1.2 m 至 2.1 m 的部位应计算 1/2 面积；净高不足 1.2 m 的部位不应计算面积。

注意：是净高，而不是层高。按照净高来分界，如果给出屋顶上表面，就要减去板厚，找出净高。

【例题 5.2】

已知某房屋平面和剖面图，如图 5.3 所示，请计算该房屋的建筑面积。

分析：该建筑物阁楼（坡屋顶）净高超过 2.10 m 的部位计算全面积；净高在 1.20 m 至 2.10 m 的部位应计算 1/2 面积，计算时关键是找出室内净高 1.20 m 与 2.10 m 的分界线。

解：

净高 2.10 m 以下部分建筑面积

$$S_1=\left[(2.10-1.60)\times2+0.24\right]\times\left[(2.70\times4+4.20\times4)+0.24\right]\times\frac{1}{2}=17.26\ \text{m}^2$$

净高 2.10 m 以上部分建筑面积

$$S_2=(3.60+2.40+6.60-1.0)\times\left[(2.70\times4+4.20\times4)+0.24\right]=322.95\ \text{m}^2$$

$$S_{建}=S_1+S_2=17.26+322.95=340.21\ \text{m}^2$$

答：该建筑的建筑面积为 340.21 m²。

3. 局部有楼层

单层建筑物内设有局部楼层者，局部楼层的二层及以上楼层，有围护结构的应按其围护结构外围水平面积计算，无围护结构的应按其结构底板水平面积计算。层高在 2.20 m 及以上者应计算全面积；层高不足 2.20 m 者应计算 1/2 面积。

$$S=L\times B+a\times b$$

【例题 5.3】

已知某房屋平面和剖面图如图 5.4 所示，请计算该房屋的建筑面积。

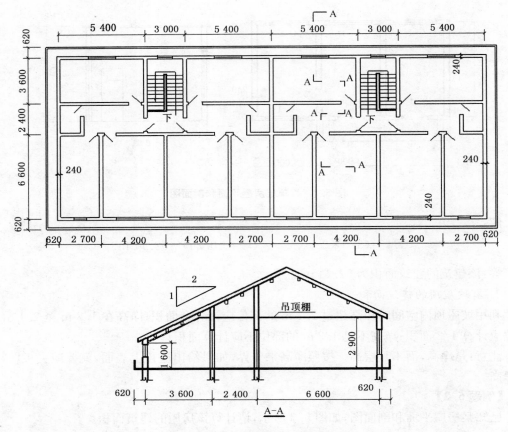

图5.3　某房屋平面和剖面图

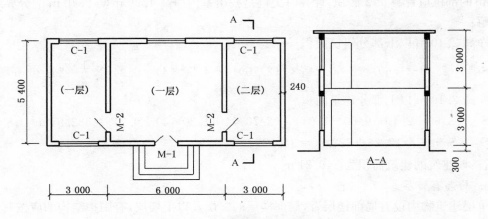

图5.4　房屋平面和剖面图

解：

$S_{建} = (3.00 \times 2 + 6.00 + 0.24) \times (5.40 + 0.24) + (3.00 + 0.24) \times (5.40 + 0.24) = 87.31 \text{ m}^2$。

答：该建筑的建筑面积为 87.31 m²。

4. 多层建筑物

多层建筑物首层应按外墙勒脚以上结构外围水平面积计算;二层及以上楼层应按其外墙结构外围水平面积计算。层高在 2.20 m 及以上者应计算全面积;层高不足 2.20 m 者应计算 1/2 面积,如图 5.5 所示。

【例题 5.4】

已知某房屋平面和剖面图如图 5.5 所示,请计算该房屋的建筑面积。

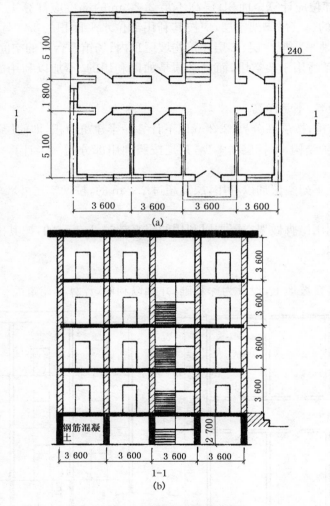

(a)

1-1
(b)

图 5.5 房屋平面图与剖面图

解:

$S_{建} = (3.60 \times 4 + 0.24) \times (5.10 \times 2 + 1.80 + 0.24) \times 4 + (3.60 \times 4 + 0.24) \times (5.10 \times 2 + 1.80 + 0.24) = 895.97 \text{ m}^2$。

答:该建筑的建筑面积为 895.97 m²。

注意:计算多层建筑物的建筑面积时,应注意其首层与二层以上楼层的计算边界是否相同。

5. 场馆看台

多层建筑物坡屋顶内和场馆看台下，当设计加以利用时净高超过 2.10 m 的部位应计算全面积；净高在 1.20 m 至 2.10 m 的部位应计算 1/2 面积；当设计不利用或室内净高不足 1.20 m 时不应计算全面积。

6. 坡地的建筑物吊脚架空层、深基础架空层

坡地的建筑物吊脚架空层、深基础架空层，设计加以利用并有围护结构的，层高在 2.20 m 及以上的部位应计算全面积；层高不足 2.20 m 的部位应计算 1/2 面积。设计加以利用，无围护结构的建筑吊脚架空层，应按其利用部位水平面积的 1/2 计算；设计不利用的深基础架空层、坡地吊脚架空层、多层建筑物坡屋顶内、场馆看台下的空间不应计算面积。

注意：(1) 本条适用于架空层，而且必须是加以利用的，不加以利用的，无论多高，不计算建筑面积。

(2) 以层高为界，不是净高。

(3) 有围护结构，按层高分界，2.2 m 以下计算一半建筑面积，即使层高 1 m，也要计算。但是，如果是无围护结构，不管层高多少，只是按照利用部分的一半计算。不是全部计算都一半。

用深基础做地下架空层加以利用，层高超过 2.2 m 的，按架空层外墙外围的水平面积的一半计算建筑面积。

坡地建筑物利用吊脚做架空层加以利用的层高超过 2.2 m 的，按其围护结构外围水平面积计算建筑面积。

【例题 5.5】

某建筑物坐落在坡地上，设计为深基础，并加以利用，计算其建筑面积，如图 5.6 所示。

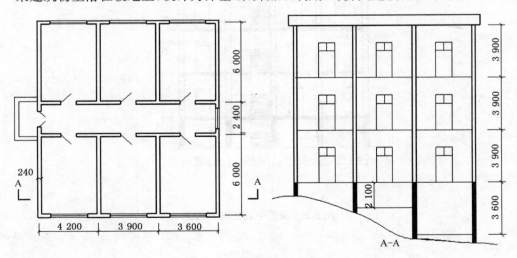

图 5.6

解：

$S_{建} = (4.20 + 3.90 + 3.60 + 0.24) \times (6.00 \times 2 + 2.40 + 0.24) \times 3 + (3.90 + 3.60 + 0.24) \times (6.00 \times 2 + 2.40 + 0.24) = 637.72 \ m^2$。

答：该建筑的建筑面积为 637.72 m²。

7. 地下室、半地下室(车间、商店、车站、车库、仓库等)

地下室、半地下室(车间、商店、车站、车库、仓库等)包括相应的有永久性顶盖的出入口,应按其外墙上口(不包括采光井、外墙防潮层及其保护墙)外边线所围水平面积计算,如图 5.7 所示。层高在 2.20 m 及以上者应计算全面积;层高不足 2.20 m 者应计算 1/2 面积。

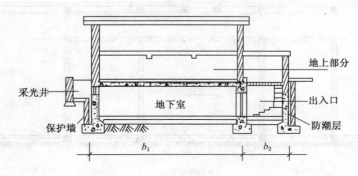

图 5.7

8. 建筑物内的门厅、大厅及其回廊

建筑物内的门厅、大厅按一层计算建筑面积。门厅、大厅内设有回廊时,应按其结构底板水平面积计算。层高在 2.20 m 及以上者应计算全面积;层高不足 2.20 m 者应计算 1/2 面积,如图 5.8 所示。

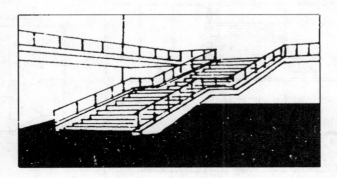

图 5.8　回廊示意图

【例题 5.6】

计算全地下室的建筑面积,出入口处有永久性的顶盖,平面图如图 5.9 所示。

解:

地下室建筑面积 $S_1 = (3.60 \times 4 + 6.00 + 0.50) \times (5.40 + 1.50 + 0.50) = 154.66 \text{ m}^2$

坡道面积 $S_2 = (1.50 + 0.24) \times (3.00 + 1.50 + 0.12) + (1.50 + 0.24) \times (3.00 - 0.25 - 0.12) = 12.62 \text{ m}^2$

$S = S_1 + S_2 = 154.66 + 12.62 = 167.28 \text{ m}^2$

答:该建筑的建筑面积为 167.28 m²。

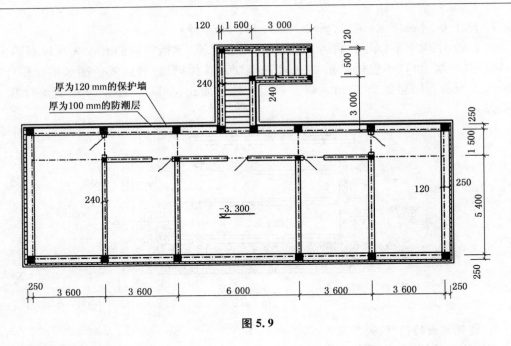

图 5.9

【例题 5.7】

已知某带回廊的建筑物平面图和剖面图,如图 5.10 所示,请计算该房屋的建筑面积。

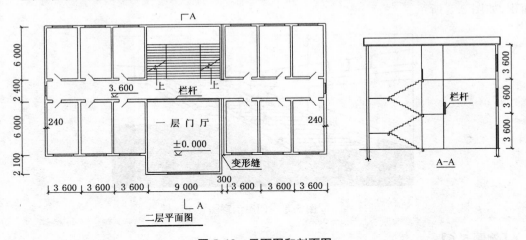

图 5.10 平面图和剖面图

解:

$S_建 = (3.60 \times 6 + 9.00 + 0.30 + 0.24) \times (6.00 \times 2 + 2.40 + 0.24) \times 3 + (9.00 + 0.24) \times 2.10 \times 2 - (9.00 - 0.24) \times 6 = 1\,353.92 \text{ m}^2$

答:该建筑的建筑面积为 $1\,353.92 \text{ m}^2$。

9. 架空走廊

建筑物间有围护结构的架空走廊,应按其维护结构外围水平面积计算。层高在 2.20 m 及以上者应计算全面积;层高不足 2.20 m 者应计算 1/2 面积。有永久性顶盖无围护结构的应按其结构底板水平面积的 1/2 计算。如图 5.11 所示。

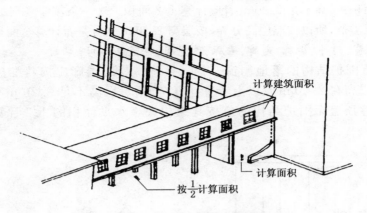

图 5.11 架空走廊示意图

【例题 5.8】

如图 5.12 所示,架空走廊一层为通道,三层无顶盖,计算该架空走廊的建筑面积。

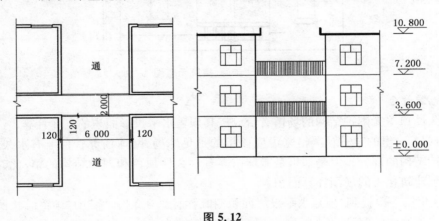

图 5.12

解:

$$S=(6-0.24)\times(2.0+0.24)=12.90 \text{ m}^2$$

答:该架空走廊的建筑面积为 12.90 m²。

10. 立体书库、立体仓库、立体车库

立体书库、立体仓库、立体车库,无结构层的应按一层计算。有结构层的应按其结构层面积分别计算,层高在 2.20 m 及以上者应计算全面积;层高不足 2.20 m 者应计算 1/2 面积。

注意:(1)这一条对原规则也有变动,增加了立体车库的面积计算,立体书库、立体仓库、立体车库均按"是否有结构层",区分不同层高确定面积的计算范围。而不是按原规则以书架层或货架层计算面积。

(2)有结构层的和自然层类似,所以按照层高分界,按照 2.2 m 分界。

11. 有围护结构的舞台灯光控制室

有围护结构的舞台灯光控制室,按其围护结构外围水平面积计算。层高在 2.20 m 及以上者应计算全面积；层高不足 2.20 m 者应计算 1/2 面积。这一条较原规则更加细化，有围护结构和自然层类似，所以按照层高分界，按层高 2.20 m 划分是否计算全面积。

12. 落地橱窗、门斗、挑廊、走廊、檐廊、眺望间、观望电梯间

建筑物外有围护结构的落地橱窗、门斗、挑廊、走廊、檐廊应按其维护结构外围水平面积计算。层高在 2.20 m 及以上者应计算全面积；层高不足 2.20 m 者应计算 1/2 面积。有永久性顶盖无围护结构的应按其结构底板水平面积的 1/2 计算，如图 5.13 所示。

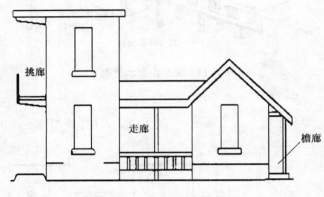

图 5.13　走廊、挑廊示意图

13. 场馆看台

有永久性顶盖无围护结构的场馆看台应按其顶盖水平投影面积的 1/2 计算。

注意：(1) 这里的"场馆"严格来说应该指的是足球场、网球场等看台上有永久性顶盖，但没有围护结构的部分。但是如果是篮球馆等有永久性顶盖和围护结构的馆，此时应该按单层或多层建筑相关的规则计算面积。

（2）这里第一次提到"顶盖水平投影面积"和后面第 18 条"雨篷"中"雨篷结构的外边线至外墙结构外边线的宽度超过 2.10 m 者，应按雨篷结构板的水平投影面积的 1/2 计算"，以及第 20 条"车棚、货棚、站台、加油站、收费站等"中的"有永久性顶盖无围护结构的车棚、货棚、站台、加油站、收费站等，应按其顶盖水平投影面积的 1/2 计算"一致。

【例题 5.9】

计算如图 5.14 所示的体育馆看台的建筑面积。

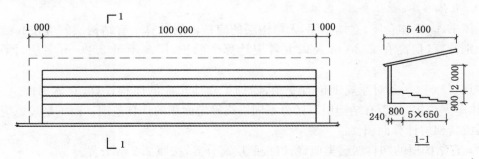

图 5.14　体育馆看台

解：

$$S=5.40\times(100.00+1.00\times2)\times\frac{1}{2}=275.40 \text{ m}^2$$

答：该体育看台的建筑面积为 275.40 m²。

14. 建筑物顶部有围护结构的楼梯间、水箱间、电梯机房等

建筑物顶部有围护结构的楼梯间、水箱间、电梯机房等,层高在 2.20 m 及以上者应计算全面积;层高不足 2.20 m 者应计算 1/2 面积。

注意:(1) 建筑物顶部有围护结构的楼梯间、水箱间、电梯机房等指的是有围护结构、有顶的房间,这样就可以和普通的房屋一致了,计算规则也一致,就好理解了。

(2) 如果顶部楼梯间是坡屋顶的话,就应该按坡屋顶的相关规定计算面积。

15. 设有围护结构不垂直于水平面而超出底板外沿的建筑物

设有围护结构不垂直于水平面而超出底板外沿的建筑物应按其底板的外围水平面积计算。层高在 2.20 m 及以上者应计算全面积;层高不足 2.20 m 者应计算 1/2 面积。

注意:这里"设有围护结构不垂直于水平面而超出底板外沿的建筑物"实际是指的是向外倾斜的墙体。如果是向内倾斜的墙体,就应该视为坡屋顶,应按坡屋顶的相关条件计算面积。

16. 室内楼梯间、电梯井、提物井、垃圾道、管道井、附属烟囱等建筑物

室内楼梯间、电梯井、提物井、垃圾道、管道井、附属烟囱等均按建筑物自然层计算建筑面积,如图 5.15 所示。

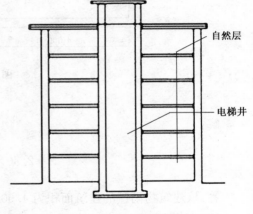

图 5.15　电梯井示意图

【例题 5.10】

某电梯平面外包尺寸 4.50 m×4.50 m,该建筑共 12 层,其中 11 层层高均为 3.00 m,1 层为技术层,层高为 2.00 m。屋顶电梯机房外包尺寸 6.00 m×8.00 m,层高 4.50 m,求电梯井与电梯机房总建筑面积。

解：

电梯井建筑面积 $S_1=4.50\times4.50\times11+4.50\times4.50\div2=232.875 \text{ m}^2$

电梯机房建筑面积 $S_2=6.00\times8.00=48.00 \text{ m}^2$

总建筑面积 $S=S_1+S_2\approx280.00 \text{ m}^2$

答：该电梯井与电梯机房总建筑面积为 280.88 m²。

17. 室外楼梯

有永久性顶盖的室外楼梯,应按建筑物自然层的水平投影面积的 1/2 计算。

(1) 有永久性顶盖的室外楼梯,应视为有顶盖,但无围护结构,所以计算规则和下面的阳台一样。类似于"有顶盖,无围护结构",都是计算一半,只是计算的基数不同。

(2) 室外楼梯,最上一层楼梯没有永久性顶盖或不能完全遮盖楼梯的雨篷,那么上层楼梯不计算面积。下层楼梯应该计算面积。

18. 雨篷

雨篷结构的外边线至外墙结构外边线的宽度超过 2.10 m 者,应按雨篷结构板的水平投影面积的 1/2 计算。

注意:(1) 这一条与原规则变化较大。有柱雨篷与无柱雨篷的计算方法一致。均以宽度是否超过 2.10 m 衡量。

(2) 这里的宽度,指的是外墙外边线到雨篷结构板的外边线,不是外墙中心线,也不是雨篷的外边缘线,不包括结构板以外的部分。

【例题 5.11】

计算如图 5.16 所示的建筑物入口处雨篷的建筑面积。

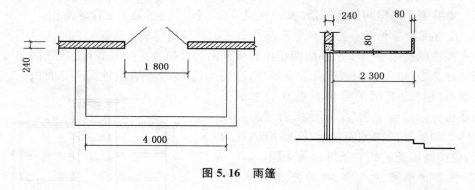

图 5.16 雨篷

解:

$$S = 2.30 \times 4 \times \frac{1}{2} = 4.60 \text{ m}^2$$

答:该建筑物雨篷的建筑面积为 4.60 m²。

19. 阳台

封闭式的阳台、挑廊,按其封闭外围水平投影面积计算建筑面积;不封闭的挑阳台、凹阳台按其结构水平投影面积(不包括附在梁上的混凝土线条)的一半计算建筑面积。

【例题 5.12】

求图 5.17 所示封闭阳台一层(层高 3.00 m)的建筑面积。

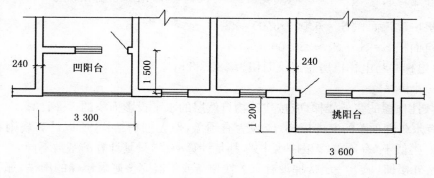

图 5.17 阳台

解：

$$S=(3.30-0.24)\times1.50+1.20\times(3.6+0.24)=9.20\text{ m}^2$$

答：该阳台的建筑面积为 9.20 m²。

20. 车棚、货棚、站台、加油站、收费站等

有永久性顶盖无围护结构的车棚、货棚、站台、加油站、收费站等，应按其顶盖水平投影面积的 1/2 计算。

【例题 5.13】

计算如图 5.18 所示火车站单排柱站台的建筑面积。

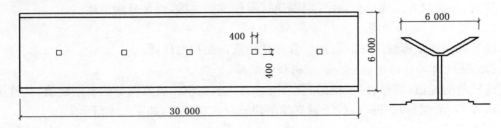

图 5.18　站台

解：

$$S=30\times6\times\frac{1}{2}=90\text{ m}^2$$

答：该站台的建筑面积为 90 m²。

21. 高低联跨的建筑物

高低连跨的建筑物，应以高跨结构外边线为分界分别计算建筑面积；其高低跨内部连通时，其变形缝应计算在低跨面积内。

【例题 5.14】

试分别计算高低连跨建筑物的建筑面积，如图 5.19 所示。

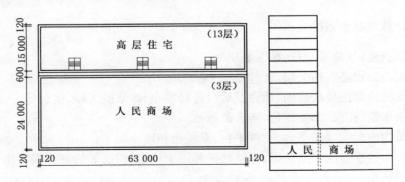

图 5.19　高低连跨建筑

解：

高跨：$S_1=(63.00+0.24)\times(15.00+0.24)\times13=12\,529.11\text{ m}^2$

低跨：$S_2＝(24.00＋0.60)×(63.00＋0.24)×3＝4\ 667.11\ m^2$

总建筑面积 $S＝S_1＋S_2＝12\ 529.11＋4\ 667.11＝17\ 196.22\ m^2$

答：该建筑物的建筑面积为 17 196.22 m²。

22. 幕墙

以幕墙作为围护结构的建筑物，应按幕墙外边线计算建筑面积。

注意：是按照外边线计算，将幕墙看作围护结构。

23. 保温材料

建筑物外墙外侧有保温隔热层的，应按保温隔热层外边线计算建筑面积。

注意：是按照外边线计算，将保温隔热层看作围护结构，也是鼓励节能。

24. 变形缝、沉降缝等

建筑物内的变形缝应按其自然层合并在建筑物面积内计算。

25. 穿过建筑物的通道（骑楼、过街楼的底层）

建筑物的通道（骑楼、过街楼的底层）不计算建筑面积。道路两旁的多层建筑，其首层后退 2 m 左右，沿街靠每开间的柱子做支撑的建筑形式叫骑楼，如图 5.20 所示。

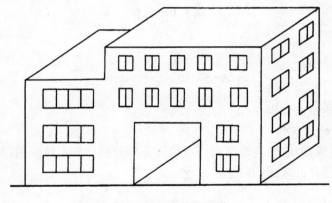

图 5.20 建筑物通道

二、不计算建筑面积的范围

（1）建筑物通道（骑楼、过街楼的底层）。

（2）建筑内的设备管道夹层。

（3）建筑物内部的单层房间，舞台及后台悬挂幕布、布景的天桥、挑台等。

（4）屋顶水箱、花架、凉棚露台、露天游泳池。

（5）建筑物内部的操作平台、上料平台、安装箱和罐体的平台。

（6）无永久性顶盖的架空走廊、室外楼梯和用于检修、消防等的室外钢楼梯、爬梯。

（7）自动扶梯、自动人行道。

（8）勒脚、附墙柱、踩、台阶、墙面抹灰、装饰面、镶贴块料面层、装饰性幕墙、空调室外机搁板（箱）、飘窗、构件、配件、宽度在 2.10 m 及以内的雨篷以及建筑物内不相连通的装饰性阳台、挑廊。

（9）独立烟囱、烟道、地沟、油（水）罐、气柜、水塔、贮油（水）池、贮仓、栈桥、地下人防通道、地铁隧道。

三、建筑面积计算及建筑面积相关术语

（1）勒脚　勒脚是建筑物外墙与室外地面接触部位加厚墙体的部分。

（2）层高　层高指上下相邻两层的楼面或楼面与地面之间的垂直距离。

（3）净高　净高指楼面或地面至上部楼板底面或吊顶底面之间的垂直距离。

（4）单层建筑物的高度　单层建筑物的高度指室内地面标高至屋面板板面之间的垂直距离。遇有以屋面板找坡的平屋顶单层建筑物,其高度指室内地面标高至屋面板最低处板面结构标高之间的垂直距离。

（5）结构标高　结构标高指结构设计图中所标注的标高。

（6）自然层　自然层指按楼板、地板结构分层的楼层。

（7）夹层、插层　夹层、插层指建筑在房屋内部空间的局部层次,是安插于上下两个正式楼层中间的附层。

（8）技术层　技术层指建筑物内专门用于设置管道、设备的楼层或地下层。

（9）永久性顶盖　永久性顶盖指与建筑物同期设计,经规划部门批准的、结构牢固永久使用的顶盖。

（10）围护性幕墙　围护性幕墙指直接作为外墙起围护作用的幕墙。

（11）装饰性幕墙　装饰性幕墙指设置在建筑物墙体外起装饰作用的幕墙。

（12）围护结构　围护结构指围合建筑空间四周的墙体、门、窗等。

（13）外墙结构　外墙结构指不包括装饰层、保温隔热层、防潮层、保护墙等附加层厚度的外墙本身的结构。

（14）地下室　房间地平面低于室外地平面的高度超过该房间净高的 1/2 者为地下室。

（15）半地下室　半地下室指房间地面低于室外地坪面的高度超过该房间净高的 1/3,且不超过 1/2 者。

（16）变形缝　变形缝是伸缩缝（温度缝）、沉降缝和抗震缝的统称。

（17）使用面积　使用面积指建筑物各层平面布置中可直接为生产或生活使用的净面积总和。

（18）辅助面积　辅助面积指建筑物各层平面布置中为生产或生活服务所占的净面积的总和。如楼梯间、走廊、电梯井等。

（19）结构面积　结构面积指建筑物各层平面布置中的墙体、柱、垃圾道、通风道等所占的面积的总和。

（20）架空层　架空层指建筑物深基础或坡地建筑吊脚架空部位不回填土石方形成的建筑空间。

（21）走廊　走廊指建筑物的水平交通空间。

（22）挑廊　挑廊指挑出建筑物外墙的水平交通空间。

（23）檐廊　檐廊指设置在建筑物底层出檐下的水平交通空间。

（24）回廊　回廊指建筑物门厅、大厅内设置在二层或二层以上的回形走廊。

（25）门斗　门斗指建筑物出入口设置的起分隔、挡风、御寒等作用的建筑过渡空间。

（26）建筑物通道　建筑物通道指为道路穿过建筑物而设置的建筑空间。

（27）架空走廊　架空走廊指建筑物与建筑物之间，在二层或二层以上专门为水平交通设置的走廊。

（28）落地橱窗　落地橱窗指突出外墙面根基落地的橱窗。

（29）阳台　阳台指供使用者进行活动和晾晒衣物的建筑空间。

（30）眺望间　眺望间指设置在建筑物顶层或挑出房间的供人们远眺或观察周围情况的建筑空间。

（31）雨篷　雨篷指设置在建筑物进出口上部的遮雨、遮阳篷。

（32）飘窗　飘窗指为房间采光和美化造型而设置的突出外墙的窗。

（33）骑楼　骑楼指楼层部分跨在人行道上的临街楼房。

（34）过街楼　过街楼指有道路穿过建筑空间的楼房。

6 装饰工程费用的计算

6.1 楼地面工程

楼地面是工业与民用建筑底层地面和楼层地面(楼面)的总称,包括室外散水、台阶、明沟、坡道等附属工程。根据构造做法,楼面主要有附加层、找平层、结合层和面层,地面主要有基层、垫层、附加层、结合层和面层。

楼地面工程主要内容包括:垫层,找平层,整体面层,块料面层,木地板、栏杆、扶手,散水、斜坡、明沟等六部分。

(1) 垫层收录了灰土、砂、砂石、毛石、碎砖、道渣、混凝土及商品混凝土的内容。

(2) 找平层收录了水泥砂浆、细石混凝土和沥青砂浆的内容。

(3) 整体面层收录了水泥砂浆、无砂面层、水磨石面层、水泥豆石浆、钢屑水泥浆、菱苦土、环氧地坪和抗静电地坪的楼地面、楼梯、台阶、踢脚线部分的内容。

(4) 块料面层包括:① 大理石;② 花岗岩;③ 大理石、花岗岩多色简单图案镶贴;④ 缸砖;⑤ 马赛克;⑥ 凹凸假麻石块;⑦ 地砖;⑧ 塑料、橡胶板;⑨ 玻璃地面;⑩ 镶嵌铜条;⑪ 镶贴面酸洗、打蜡。

(5) 木地板、栏杆、扶手包括:① 木扶手;② 硬木踢脚线;③ 抗静电活动地板;④ 地毯;⑤ 栏杆、扶手。

(6) 散水、斜坡、明沟包括混凝土散水、混凝土斜坡、斜坡蹉蹀、混凝土和砖明沟等内容。

一、有关规定

(1)《计价表》第十二章"楼地面工程"中各种混凝土、砂浆强度等级、抹灰厚度,设计与定额规定不同时,可以换算。

(2)《计价表》第十二章"楼地面工程"中整体面层子目均包括基层与装饰面层。找平层砂浆设计厚度不同,按每增、减 5 mm 找平层调整。黏结层砂浆厚度与定额不符时,按设计厚度调整。地面防潮层按《计价表》第十七章的相应项目执行。

(3) 整体面层、块料面层中的楼地面项目,均不包括踢脚线工料;水泥砂浆、水磨石楼梯包括踏步、踢脚板、踢脚线、平台、堵头,不包括楼梯底抹灰(楼梯底抹灰另按《计价表》第十四章的相应项目执行)。

(4) 踢脚线高度是按 150 mm 编制的,如设计高度与定额高度不同时,整体面层不调整,块料面层(不包括粘贴砂浆材料)按比例调整,其他不变。

(5) 菱苦土、水磨石面层定额项目已包括酸洗打蜡工料,设计不做酸洗打蜡,应扣除定额中的酸洗打蜡材料费及人工 0.51 工日/10 m²，其余项目均不包括酸洗打蜡，应另列项目计算。

(6) 大理石、花岗岩面层镶贴不分品种、拼色均执行相应定额。包括镶贴一道墙四周的镶边线（阴、阳角处含 45°角），设计有两条或两条以上镶边者，按相应定额子目人工乘 1.10 系数（工程量按镶边的工程量计算），矩形分色镶贴的小方块，仍按定额执行。

(7) 花岗岩、大理石板局部切除并分色镶贴成折线图案者称"简单图案镶贴"。切除分色镶贴成弧线形图案者称"复杂图案镶贴"，该两种图案镶贴应分别套用定额。凡市场供应的拼花石材成品铺贴，按拼花石材定额执行。

(8) 大理石、花岗岩板镶贴及切割费用已包括在定额内，但石材磨边未包括在内。设计磨边者，按《计价表》第十七章相应子目执行。

(9) 对花岗岩地面或特殊地面要求需成品保护者，不论采用何种材料进行保护，均按《计价表》第十七章相应项目执行，但必须是实际发生时才能计算。

(10) 扶手、栏杆、栏板适用于楼梯、走廊及其他装饰性栏杆、栏板、扶手，栏杆定额项目中包括了弯头的制作、安装。

设计栏杆、栏板的材料、规格、用量与定额不同，可以调整。定额中栏杆、栏板与楼梯踏步的连接是按预埋件焊接考虑的，设计用膨胀螺栓连接时，每 10 m 另增人工 0.35 工日，M10×100 膨胀螺栓 10 只，铁件 1.25 kg，合金钢钻头 0.13 只，电锤 0.13 台班。

(11) 楼梯、台阶不包括防滑条，设计用防滑条者，按相应定额执行。螺旋形、圆弧形楼梯贴块料面层按相应项目的人工乘系数 1.20，块料面层材料乘系数 1.10，其他不变。现场锯割大理石、花岗岩板材粘贴在螺旋形、圆弧形楼梯面，按实际情况另行处理。

(12) 斜坡、散水、明沟按苏 J9508 图编制的，均包括挖（填）土、垫层、砌筑、抹面。采用其他图集时，材料含量可以调整，其他不变。

(13) 通往地下室车道的土方、垫层、混凝土、钢筋混凝土按相应章节项目执行。

二、工程量计算规则

(1) 地面垫层按室内主墙间净面积乘以设计厚度以立方米计算，应扣除凸出地面的构筑物、设备基础、室内铁道、地沟等所占体积，不扣除柱、垛、间壁墙、附墙烟囱及面积在 0.3 m² 以内孔洞所占体积，但门洞、空圈、暖气包槽、壁龛的开口部分亦不增加。

(2) 整体面层、找平层均按主墙间净空面积以平方米计算，应扣除凸出地面建筑物、设备基础、地沟等所占面积，不扣除柱、垛、间壁墙、附墙烟囱及面积在 0.3 m² 以内的孔洞所占面积，但门洞、空圈、暖气包槽、壁龛的开口部分亦不增加。看台台阶、阶梯教室地面整体面层按展开后的净面积计算。

(3) 地板及块料面层，按图示尺寸实铺面积以平方米计算，应扣除凸出地面的构筑物、设备基础、柱、间壁墙等不做面层的部分，0.3 m² 以内的孔洞面积不扣除。门洞、空圈、暖气包槽、壁龛的开口部分的工程量另增并入相应的面层内计算。

(4) 楼梯整体面层按楼梯的水平投影面积以平方米计算，包括踏步、踢脚板、中间休息平台、踢脚线、梯板侧面及堵头。楼梯井宽在 200 mm 以内者不扣除，超过 200 mm 者，应扣除其面积，楼梯间与走廊连接的，应算至楼梯梁的外侧。

(5) 楼梯块料面层按展开实铺面积以平方米计算，踏步板、踢脚板、休息平台、踢脚线、堵头工程量应合并计算。

（6）台阶（包括踏步及最上一步踏步口外延300 mm）整体面层按水平投影面积以平方米计算；块料面层，按展开（包括两侧）实铺面积以平方米计算。

（7）水泥砂浆、水磨石踢脚线按延长米计算。其洞口、门口长度不予扣除，但洞口、门口、垛、附墙烟囱等侧壁也不增加；块料面层踢脚线，按图示尺寸以实贴延长米计算，门洞扣除，侧壁另加。

（8）多色简单、复杂图案镶贴花岗岩、大理石，按镶贴图案的矩形面积计算。成品拼花石材铺贴按设计图案的面积计算。计算简单、复杂图案之外的面积，扣除简单、复杂图案面积时，也按矩形面积扣除。

（9）楼地面铺设木地板、地毯以实铺面积计算。楼梯地毯压棍安装以套计算。

（10）其他

1）栏杆、扶手、扶手下托板均按扶手的延长米计算，楼梯踏步部分的栏杆与扶手应按水平投影长度乘系数1.18。

2）斜坡、散水、蹼蹉均按水平投影面积以平方米计算，明沟与散水连在一起，明沟按宽300 mm计算，其余为散水，散水、明沟应分开计算。散水、明沟应扣除踏步、斜坡、花台等的长度。

3）明沟按图示尺寸以延长米计算。

4）地面、石材面嵌金属和楼梯防滑条均按延长米计算。

三、例题讲解

【例题 6.1】

某商店平面如图6.1所示，地面做法：C20细石混凝土找平层60 mm厚，1∶2.5白水泥色石子水磨石面层20 mm厚，15 mm×2 mm铜条分隔，距墙柱边300 mm范围内按纵横1 m宽分隔。计算地面工程量。

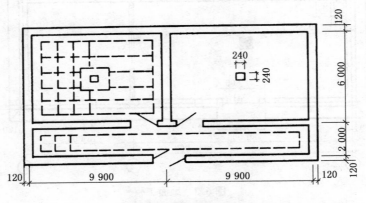

图6.1 某商店平面图

解： 现浇水磨石楼地面工程量＝$(9.90-0.24)\times(6.00-0.24)\times2+(9.90\times2-0.24)\times(2.00-0.24)=145.71\ \text{m}^2$

答：地面工程量为145.71 m²。

【例题 6.2】

某房屋平面如图 6.2 所示,室内水泥砂浆粘贴 200 mm 高石材踢脚板,计算其工程量。

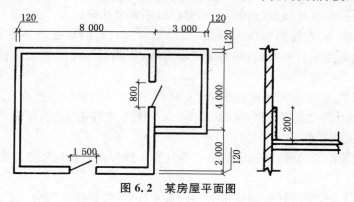

图 6.2 某房屋平面图

解: 踢脚线工程量＝(8.00－0.24＋6.00－0.24)×2＋(4.00－0.24＋3.00－0.24)×2－1.50－0.80×2＋0.12×6＝37.70 m

答:踢脚线工程量为 37.70 m。

【例题 6.3】

某一层建筑平面图如图 6.3 所示,室内地坪标高±0.00,室外地坪标高－0.45 m,土方堆积地距离房屋 150 m。该地面做法: 1∶2 水泥砂浆面层 20 mm,C15 混凝土垫层 80 mm,碎石垫层 100 mm,夯填地面土;踢脚线: 120 mm 高水泥砂浆踢脚线;Z:300 mm×300 mm;M1:1200 mm×2 000 mm;台阶:100 mm 碎石垫层,C15 混凝土,1∶2 水泥砂浆面层;散水:C15 混凝土 600 mm 宽,按苏 J9508 图集施工(不考虑模板),踏步高 150 mm,求地面部分工程量和综合单价及合价。

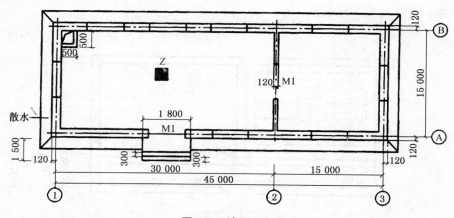

图 6.3 地面工程

分析:平台的工程量合并到地面中一并计算;水泥砂浆踢脚线高度与定额不符,不换算。计算工程量时,按照统筹的原则,最好先算面积,再算体积。

解: (1)列项目:挖回填(1-1)、人工运回填土(1-92＋1-95×2)、夯填地面土(1-102)、碎石垫层(12-9)、混凝土垫层(12-11)、水泥砂浆面层(12-22)、水泥砂浆踢脚线(12-27)、台阶原土打底夯(1-99)、台阶碎石垫层(12-9)、混凝土台阶(5-51)、台阶面层(12-25)、混凝土散水(12-172)。

(2) 计算工程量：

水泥砂浆地面：$S=(45.00-0.24)\times(15.00-0.24)+0.60\times1.8=661.70$ m²

挖回填土、人工运回填土、夯填地面土：$V_1=S\times(0.45-0.10-0.08-0.02)=165.43$ m³

碎石垫层：$V_2=S\times0.10=66.17$ m³

混凝土垫层：$V_3=S\times0.08=52.94$ m³

水泥砂浆踢脚线：$(45.00-0.24-0.12)\times2+(15.00-0.24)\times4=148.3$ m

台阶地面原土打底夯、混凝土台阶、台阶粉面：$1.80\times0.90=1.62$ m²

台阶碎石垫层：$1.62\times0.1=0.16$ m³（小数点后保留两位有效数字）

混凝土散水：$0.60\times[(45.24+0.60+15.24+0.60)\times2-1.80]=72.94$ m²

(3) 套定额,计算结果见表 6.1。

表 6.1 计算结果

序号	定额编号	项目名称	计量单位	工程量	综合单价(元)	合价(元)
1	1-1	人工挖一类回填土	m³	165.43	3.95	653.45
2	1-92+1-95×2	人工运土 150 m 以内	m³	165.43	8.61	1 424.35
3	1-102	夯填地面土	m³	165.43	9.44	1 561.66
4	12-9	碎石垫层	m³	66.17	82.53	5 461.01
5	12-11 换	C15 混凝土垫层	m³	52.94	215.79	11 423.92
6	12-22	水泥砂浆地面厚 20 mm	10 m²	66.17	80.63	5 335.29
7	12-27	水泥砂浆踢脚线 120 mm	10 m	14.83	25.07	371.79
8	1-99	台阶地面原土打底夯	10 m²	0.162	4.65	0.75
9	12-9	台阶碎石垫层	m³	0.16	82.53	13.20
10	5-51 换	C15 混凝土台阶	10 m²	0.162	379.18	61.43
11	12-25	台阶粉面	10 m²	0.162	180.19	29.19
12	12-172	C15 混凝土散水	10 m²	7.294	276.50	2 016.79
合计						28 352.83

注：① 5-51 换：$410.92-289.18+1.63\times157.94=379.18$ 元/10 m²。

② 12-11 换：$213.08-156.81+159.52=215.79$ 元/m³。

答：该地面部分工程的合价为 28 352.83 元。

【例题 6.4】

如图 6.3 所示,地面、平台及台阶粘贴镜面同质地砖,设计的构造为：素水泥浆一道；20 mm 厚 1：3 水泥砂浆找平层；5 mm 厚 1：2 水泥砂浆粘贴 500 mm×500 mm×5 mm 镜面同质地砖；踢脚线 150 mm 高；台阶及平台侧面不贴同质砖,粉刷 15 mm 底层,5 mm 面层。同质砖面层进行酸洗打蜡。用《计价表》计算同质地砖的工程量、综合单价及合价。

解： (1) 列项目：地面贴地砖(12-94)、台阶贴地砖(12-101)、同质砖踢脚线(12-102)、地面酸洗打蜡(12-121)、台阶酸洗打蜡(12-122)。

(2) 计算工程量：

地面同质砖、酸洗打蜡：$(45.00-0.24-0.12)\times(15.00-0.24)-0.30\times0.30-0.50\times0.50+1.20\times0.12+1.20\times0.24+1.80\times0.60=660.06$ m²

台阶同质砖、酸洗打蜡：$1.80\times(3\times0.30+3\times0.15)=2.43$ m²

踢脚线：$(45.00-0.24-0.12)\times2+(15.00-0.24)\times4-3\times1.20+2\times0.12+2\times0.24=145.44$ m

(3) 套定额，计算结果见表 6.2。

表 6.2　计算结果

序号	定额编号	项目名称	计量单位	工程量	综合单价(元)	合价(元)
1	12-94 换	地面 500 mm×500 mm 镜面同质砖	10 m²	66.006	1 631.9	107 715.19
2	12-101 换	台阶同质地砖	10 m²	0.243	1 783.67	433.43
3	12-102 换	同质砖踢脚线 150 mm	10 m	14.544	266.86	3 881.21
4	12-121	地面酸洗打蜡	10 m²	66.006	22.73	1 500.32
5	12-122	台阶酸洗打蜡	10 m²	0.243	31.09	7.55
合计						113 537.70

注：① 地面镜面同质地砖块数：$10\div(0.5\times0.5)\times1.02=41$ 块。

②12-94 换：$414.98-218.08+41\times35=1\,631.9$ 元/10 m²。

③12-101 换：$584.42-274.95+(0.3\times0.3)\div(0.5\times0.5)\times117\times35=1\,783.67$ 元/10 m²。

④ 12-102 换：$92.61-39.95+(0.3\times0.3)\div(0.5\times0.5)\times17\times35=266.86$ 元/10 m。

答：该块料面层的合价为 113 537.70 元。

6.2　墙柱面工程

墙柱面工程主要内容包括：一般抹灰、装饰抹灰、镶贴块料面层和木装修及其他四部分。

(1) 一般抹灰包括：① 纸筋石灰砂浆；② 水泥砂浆；③ 混合砂浆；④ 其他砂浆；⑤ 砖石墙面勾缝。

(2) 装饰抹灰包括：① 水刷石；② 干粘石；③ 斩假石；④ 嵌缝及其他。

(3) 镶嵌块料面层包括：① 大理石板；② 花岗岩板；③ 瓷砖；④ 外墙釉面砖；⑤ 陶瓷锦砖；⑥ 凹凸假麻石；⑦ 波形面砖；⑧ 文化石。

(4) 木装修及其他包括：① 钢木龙骨；② 隔墙龙骨；③ 夹板龙骨；④ 各种面层；⑤ 幕墙；⑥ 网塑夹芯板墙；⑦ 彩钢夹芯板墙。

一、有关规定

1. 一般规定

(1)《计价表》第十三章"墙柱面工程"按中级抹灰考虑，设计砂浆品种、饰面材料规格如与定额取定不同时，应按设计调整，但人工数量不变。

(2)《计价表》第十三章"墙柱面工程"均不包括抹灰脚手架费用，脚手架费用按《计价表》第十九章相应子目执行。

2. 柱墙面装饰

(1) 墙、柱的抹灰及镶贴块料面层所取定的砂浆品种、厚度详见《计价表》附录七。设计砂浆品种、厚度与定额不同均应调整(纸筋石灰砂浆厚度不同不调整)。砂浆用量按比例调整。

(2) 在圆弧形墙面、梁面抹灰或镶贴块料面层(包括挂贴、干挂大理石、花岗岩板),按相应定额项目人工乘 1.18(工程量按其弧形面积计算)。块料面层中带有弧边的石材损耗,应按实调整,每 10 m 弧形部分,切贴人工增加 0.6 工日,合金钢切割片 0.14 片,石料切割机 0.6 台班。

(3) 花岗岩、大理石块料面层均不包括阳角处磨边,设计要求磨边或墙、柱面贴石材装饰线条者,按相应章节相应项目执行。设计线条重叠数次,套相应"装饰线条"数次。

(4) 外墙面窗间墙、窗下墙同时抹灰,按外墙抹灰相应子目执行,单独圈梁抹灰(包括门、窗洞口顶部)按腰线子目执行,附着在混凝土梁上的混凝土线条抹灰按混凝土装饰线条抹灰子目执行。但窗间墙单独抹灰或镶贴块料面层,按相应人工乘 1.15。

(5) 内外墙贴面砖的规格与定额取定规格不符,数量应按下式确定:

$$实际数量 = \frac{10 \text{ m}^2 \times (1 + 相应损耗率)}{(砖长 + 灰缝宽) \times (砖宽 + 灰缝厚)}$$

(6) 高在 3.60 m 以内的围墙抹灰均按内墙面相应抹灰子目执行。

(7) 大理石、花岗岩板上钻孔成槽由供应商完成的,扣除基价中人工的 10% 和其他机械费。在金山石(12 cm)面上需剁斧时,按《计价表》第三章相应项目执行,"墙柱面工程"章中斩假石已包括底、面抹灰砂浆在内。

(8) 《计价表》"墙柱面工程"章中混凝土墙、柱、梁面的抹灰底层已包括刷一道素水泥浆在内,设计刷两道、每增一道按《计价表》"墙柱面工程"章中 13-71、13-72 相应项目执行。

(9) 外墙内表面的抹灰按内墙面抹灰子目执行;砌块墙面的抹灰按混凝土墙面相应抹灰子目执行。

3. 内墙、柱面木装饰及柱面包钢板

(1) 设计木墙裙的龙骨与定额间距、规格不同时,应按比例换算。定额仅编制了一般项目中常用的骨架与面层,骨架、衬板、基层、面层均应分开计算。

(2) 木饰面子目的木基层均未含防火材料,设计要求刷防火漆,按《计价表》第十六章中相应子目执行。

(3) 装饰面层中均未包括墙裙压顶线、压条、踢脚线、门窗贴脸等装饰线,设计有要求时,应按《计价表》相应章节子目执行。

(4) 铝合金幕墙龙骨含量、装饰板的品种设计要求与定额不同时应调整,但人工、机械不变。

(5) 不锈钢镜面板包柱,其钢板成型加工费未包括在内,应按市场价格另行计算。

(6) 网塑夹芯板之间设置加固方钢立柱、横梁应根据设计要求按《计价表》相应章节子目执行。

(7) 本定额未包括玻璃、石材的车边、磨边费用。石材车边、磨边按《计价表》相应章节子目执行;玻璃车边费用按市场加工费另行计算。

二、工程量计算规则

1. 内墙面抹灰

(1) 内墙面抹灰面积应扣除门窗洞口和空圈所占的面积,不扣除踢脚线、挂镜线、0.3 m² 以内的孔洞和墙与构件交接处的面积;但其洞口侧壁和顶面抹灰亦不增加。垛的侧面抹灰面积应并入内墙面工程量内计算。

（2）内墙面抹灰长度，以主墙间的图示净长计算，不扣除间壁所占的面积。其高度确定：不论有无踢脚线，其高度均自室内地坪面或楼面至天棚底面。

（3）石灰砂浆、混合砂浆粉刷中已包括水泥护角线，不另行计算。

（4）柱和单梁的抹灰按结构展开面积计算，柱与梁或梁与梁接头的面积不予扣除。砖墙中平墙面的混凝土柱、梁等的抹灰（包括侧壁）应并入墙面抹灰工程量内计算。凸出墙面的混凝土柱、梁面（包括侧壁）抹灰工程量应单独计算，按相应子目执行。

（5）厕所、浴室隔断抹灰工程量，按单面垂直投影面积乘系数 2.3 计算。

2. 外墙抹灰

（1）外墙面抹灰面积按外墙面的垂直投影面积计算，应扣除门窗洞口和空圈所占的面积，不扣除 0.3 m² 以内的孔洞面积。但门窗洞口、空圈的侧壁、顶面及垛等抹灰，应按结构展开面积并入墙面抹灰中计算。外墙面不同品种砂浆抹灰，应分别计算按相应子目执行。

（2）外墙窗间墙与窗下墙均抹灰，以展开面积计算。

（3）挑沿、天沟、腰线、扶手、单独门窗套、窗台线、压顶等，均以结构尺寸展开面积计算。窗台线与腰线连接时，并入腰线内计算。

（4）外窗台抹灰长度，如设计图纸无规定时，可按窗洞口宽度两边共加 20 cm 计算。窗台展开宽度一砖墙按 36 cm 计算，每增加半砖宽则累增 12 cm。

（5）单独圈梁抹灰（包括门、窗洞口顶部）、附着在混凝土梁上的混凝土装饰线条抹灰均以展开面积以平方米计算。

（6）阳台、雨篷抹灰按水平投影面积计算。定额中已包括顶面、底面、侧面及牛腿的全部抹灰面积。阳台栏杆、栏板、垂直遮阳板抹灰另列项目计算。栏板以单面垂直投影面积乘系数 2.1。

（7）水平遮阳板顶面、侧面抹灰按其水平投影面积乘系数 1.5，板底面积并入天棚抹灰内计算。

（8）勾缝按墙面垂直投影面积计算，应扣除墙裙、腰线和挑沿的抹灰面积，不扣除门、窗套、零星抹灰和门、窗洞口等面积，但垛的侧面、门窗洞侧壁和顶面的面积亦不增加。

3. 镶贴块料面层及花岗岩（大理石）板挂贴

（1）内墙面、外墙面、柱梁面、零星项目镶贴块料面层均按块料面层的建筑尺寸（各块料面层＋粘贴砂浆厚度＝25 mm）面积计算。门窗洞口面积扣除，侧壁、附垛贴面应并入墙面工程量中。内墙面腰线花砖按延长米计算。

（2）窗台、腰线、门窗套、天沟、挑檐、盥洗槽、池脚等块料面层镶贴，均以建筑尺寸的展开面积（包括砂浆及块料面层厚度）按零星项目计算。

（3）花岗岩、大理石板砂浆粘贴、挂贴均按面层的建筑尺寸（包括干挂空间、砂浆、板厚度）展开面积计算。

4. 内墙、柱木装饰及柱包不锈钢镜面

（1）内墙、内墙裙、柱（梁）面

木装饰龙骨、衬板、面层及粘贴切片板按净面积计算，并扣除门、窗洞口及 0.3 m² 以上的孔洞所占的面积，附墙垛及门、窗侧壁并入墙面工程量内计算。

单独门、窗套按《计价表》相应章节的相应子目计算。

柱、梁按展开宽度乘以净长计算。

（2）不锈钢镜面、各种装饰板面的计算：方柱、圆柱、方柱包圆柱的面层，按周长乘地面（楼面）至天棚底面的图示高度计算，若地面天棚面有柱帽、底脚时，则高度应从柱脚上表面至柱帽下表面计算。柱帽、柱脚，按面层的展开面积以平方米计算，套柱帽、柱脚子目。

（3）玻璃幕墙以框外围面积计算。幕墙与建筑顶端、两端的封边按图示尺寸以平方米计算，自然层的水平隔离与建筑物的连接按延长米计算（连接层包括上、下镀锌钢板在内）。幕墙上下设计有窗者，计算幕墙面积时，窗面积不扣除，但每 10 m² 窗面积另增加幕墙框料25 kg、人工 5 工日（幕墙上铝合金窗不再另外计算）。

石材圆柱面按石材面外围周长乘以柱高（应扣除柱墩、帽高度）以平方米计算。石材柱墩、柱帽按结构柱直径加 100 mm 后的周长乘其高度以平方米计算。圆柱腰线按石材面周长计算。

三、例题讲解

【例题 6.5】

某房屋如图 6.4 所示，外墙为混凝土墙面，设计为水刷白石子（12 mm 厚水泥砂浆1∶3，10 mm 厚水泥白石子浆 1∶1.5），计算所需工程量。

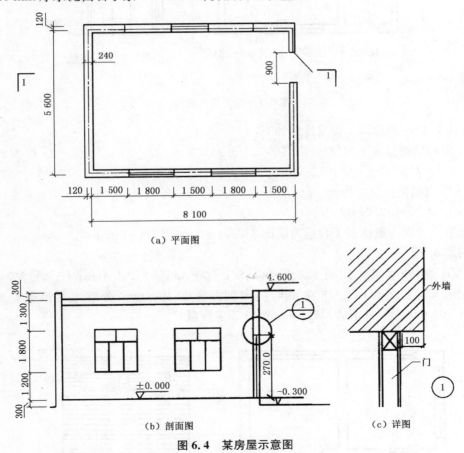

（a）平面图

（b）剖面图　　　　　（c）详图

图 6.4　某房屋示意图

解： 外墙水刷白石子工程量如下：

$$(8.10+0.12\times2+5.60+0.12\times2)\times2\times(4.60+0.30)$$
$$-1.80\times1.80\times4-0.90\times2.70=123.57 \text{ m}^2$$

答:此外墙水刷白石子工程量为 123.57 m²。

【例题 6.6】

某工程如图 6.5 所示,室内墙面抹 1∶2 水泥砂浆底,1∶3 石灰砂浆找平层,麻刀石灰浆面层,共 20 mm 厚。室内墙裙采用 1∶3 水泥砂浆打底(19 mm 厚),1∶2.5 水泥砂浆面层(6 mm 厚),计算室内墙面一般抹灰和室内墙裙工程量。

门:1 000 mm×2 700 mm 共 3 个;

窗:1 500 mm×1 800 mm 共 4 个。

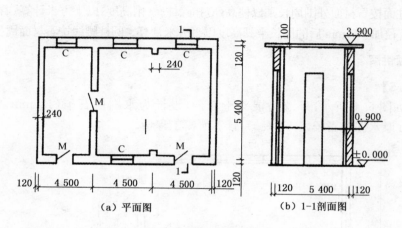

图 6.5　某工程示意图

解:　墙面一般抹灰工程量计算如下:

(1)室内墙面抹灰工程量=[(4.50×3−0.24×2+0.12×2)×2+(5.40−0.24)×4]×(3.90−0.10−0.90)−1.00×(2.70−0.90)×4−1.50×1.80×4=118.76 m²

(2)室内墙裙抹灰工程量=[(4.50×3−0.24×2+0.12×2)×2+(5.40−0.24)×4−1.00×4]×0.90=38.84 m²

答:室内墙面一般抹灰工程量为墙面 118.76 m²,墙裙 38.84 m²。

【例题 6.7】

某变电室,外墙尺寸如图 6.6 所示,M:1 500 mm×2 000 mm;C1:1 500 mm×1 500 mm;C2:1 200 mm×800 mm;门窗侧面宽度 100 mm;外墙水泥砂浆粘贴规格 194 mm×94 mm 瓷质外墙砖,灰缝 5 mm,计算工程量。

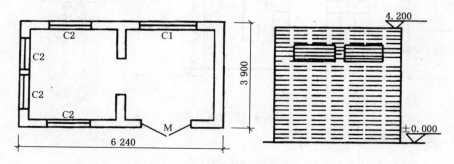

图 6.6　某变电室示意图

解： 块料墙面工程量＝(6.24＋3.90)×2×4.20－(1.50×2.00)－(1.50×1.50)－(1.20×0.80)×4＋[1.50＋2.00×2＋1.50×4＋(1.20＋0.80)×2×4]×0.10＝78.84 m²

答：块料墙面工程量为 78.84 m²。

【例题 6.8】

如图 6.7 所示，该楼面在混合砂浆找平层上二次装修，计算墙饰面的工程量。

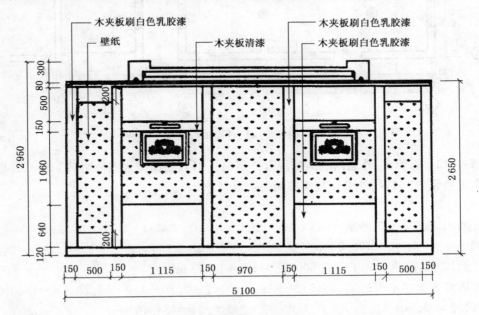

图 6.7　室内立面图

解： 根据墙饰面工程量计算规则，计算如下：

(1) 壁纸饰面工程：

$$S=(2.65-0.12-0.20\times2-0.08)\times(0.50+0.50)+$$
$$(2.65-0.12-0.08)\times0.97+1.06\times1.115\times2=6.79 \text{ m}^2$$

(2) 乳胶漆饰面工程：

$$S=2.65\times0.15\times6+(0.64+0.12+0.50+0.08)\times1.115$$
$$\times2+(0.20\times2+0.12+0.08)\times0.5\times2=5.97 \text{ m}^2$$

(3) 清漆饰面工程：

$$S=1.115\times0.15\times2=0.33 \text{ m}^2$$

答：此墙饰面工程量分别为壁纸饰面工程 6.79 m²；乳胶漆饰面工程 5.97 m²；清漆饰面工程 0.33 m²。

【例题 6.9】

如图 6.8 所示，某一层建筑，柱直径为 600 mm，M1 洞口尺寸 1 200 mm×2 000 mm，C1 尺寸 1 200 mm×1 500 mm×80 mm，墙内部采用 15 mm 1:1:6 混合砂浆找平，5 mm 的1:0.3:3 混合砂浆抹面，外部墙面和柱采用 12 mm 的 1:3 水泥砂浆找平，8 mm 的

1∶2.5 水泥砂浆抹面,外墙抹灰面内采用 5 mm 玻璃条分格嵌缝,用《计价表》计算墙、柱面部分粉刷的工程量和综合单价及合价。

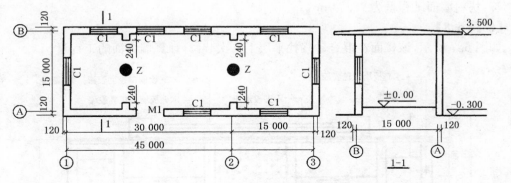

图 6.8　墙、柱面工程图

解: (1) 列项目:外墙内表面抹混合砂浆(13-31)、柱面抹水泥砂浆(13-28)、外墙外表面抹水泥砂浆(13-11)、外墙抹灰面玻璃条嵌缝(13-69)。

(2) 计算工程量:

外墙内表面抹混合砂浆=[(45.00−0.24+15.00−0.24)×2+8×0.24]×3.50−1.20×1.50×8−1.20×2=406.56 m²

柱面抹水泥砂浆=3.14×0.60×3.50×2=13.19 m²

外墙外表面抹水泥砂浆=(45.24+15.24)×2×3.80−1.20×1.50×8−1.20×2.00+2×(1.20+1.50)×0.24×8+(1.20+2×2)×0.24=454.46 m²

墙面嵌缝=(45.24+15.24)×2×3.80=459.65 m²

(3) 套定额,计算结果见表 6.3。

表 6.3　计算结果

序号	定额编号	项目名称	计量单位	工程量	综合单价(元)	合价(元)
1	13-31	外墙内表面抹混合砂浆	10 m²	40.656	87.06	3 539.51
2	13-28	柱面抹水泥砂浆	10 m²	1.319	152.18	200.73
3	13-11	外墙外表面抹水泥砂浆	10 m²	45.446	111.19	5 053.14
4	13-69	外墙抹灰面玻璃条嵌缝	10 m²	45.965	21.68	996.52
合计						9 789.90

答:该墙、柱面抹灰工程的合价为 9 789.90 元。

【例题 6.10】

上图墙面和柱面均采用湿挂花岗岩(采用 1∶2.5 水泥砂浆灌缝 50 mm 厚,花岗岩板 25 mm 厚),柱面采用 6 拼,石材面进行酸洗打蜡(门窗洞口不考虑装饰)。用《计价表》计算墙、柱面装饰的工程量和综合单价及合价。

分析:墙、柱面挂贴花岗岩板材的项目中,已包含酸打蜡的费用。

解:

(1) 列项目:砖墙面湿挂花岗岩(13-89)、圆柱面湿挂花岗岩(13-105)。

（2）计算工程量

1）墙面花岗岩

内表面：$[(45.00-0.24-2\times0.05+15.00-0.24-2\times0.075)\times2+8\times0.24]\times3.50-$
$1.20\times1.50\times8-1.20\times2.00=404.81$ m^2

外表面：$(45.24+2\times0.05+15.24+2\times0.075)\times2\times3.80-1.20\times1.50\times8-1.20\times$
$2.00=443.04$ m^2

小计：847.85 m^2

2）圆柱面花岗岩

$3.14\times(0.60+2\times0.075)\times3.50\times2=16.49$ m^2

（3）套定额，计算结果见表6.4。

表6.4 计算结果

序号	定额编号	项目名称	计量单位	工程量	综合单价（元）	合价（元）
1	13-89	墙面挂贴花岗岩	10 m^2	84.785	3 070.19	260 306.06
2	13-105 换	圆柱面六拼挂贴花岗岩	10 m^2	1.649	15 689.52	25 872.02
合计						286 178.08

注：13-105 换 15 696.93－119.39＋0.562×199.26＝15 689.52 元/10 m^2。

答：该墙、柱面装饰工程合价为 286 178.08 元。

6.3 天棚工程

天棚工程主要内容包括：天棚龙骨，天棚面层及饰面，扣板雨篷、采光天棚，天棚检修道，天棚抹灰等五部分。

（1）天棚龙骨包括：① 方木龙骨；② 轻钢龙骨；③ 铝合金龙骨；④ 铝合金方板龙骨；⑤ 铝合金条板龙骨；⑥ 天棚吊筋。

（2）天棚面层及饰面包括：① 三、五夹板面层；② 钙塑板面层；③ 纸面石膏板面层；④ 切片板面层；⑤ 铝合金方板面层；⑥ 铝合金条板面层；⑦ 其他饰面。

（3）扣板雨篷、采光天棚包括：①铝合金扣板雨篷；②采光天棚。

（4）天棚抹灰包括：① 抹灰面层；② 预制板底勾缝及装饰线。

一、有关规定

（1）定额中的木龙骨、金属龙骨是按面层龙骨的方格尺寸取定的，其龙骨、断面的取定如下：

1）木龙骨断面搁在墙上大龙骨 50 mm×70 mm，中龙骨 50 mm×50 mm，吊在混凝土板下，大、中龙骨 50 mm×40 mm。

2）U 型轻钢龙骨上人型：

大龙骨 60×27×1.5(高×宽×厚)

中龙骨 50×20×0.5(高×宽×厚)

小龙骨 25×20×0.5(高×宽×厚)

U 型轻钢龙骨不上人型：

> 大龙骨 45×15×1.2（高×宽×厚）
> 中龙骨 50×20×0.5（高×宽×厚）
> 小龙骨 25×20×0.5（高×宽×厚）

3）T 型铝合金龙骨上人型：

> 轻钢大龙骨 60×27×1.5（高×宽×厚）
> 铝合金 T 型主龙骨 20×35×0.8（高×宽×厚）
> 铝合金 T 型副龙骨 20×22×0.6（高×宽×厚）

T 型铝合金龙骨不上人型：

> 轻钢大龙骨 45×15×1.2（高×宽×厚）
> 铝合金 T 型主龙骨 20×35×0.8（高×宽×厚）
> 铝合金 T 型副龙骨 20×22×0.6（高×宽×厚）

设计与定额不符,应按设计的长度用量加下列损耗调整定额中的含量：

木龙骨 6%；轻钢龙骨 6%；铝合金龙骨 7%。

（2）天棚的骨架基层分为简单、复杂型两种：

简单型：是指每间面层在同一标高的平面上。

复杂型：是指每一间面层不在同一标高平面上,其高差在 100 mm 以上（含 100 mm）,但必须满足不同标高的少数面积占该间面积的 15% 以上。

（3）天棚吊筋、龙骨与面层应分开计算,按设计套用相应定额。

本定额金属吊筋是按膨胀螺栓连接在楼板上考虑的,每付吊筋的规格、长度、配件及调整办法详见天棚吊筋子目,设计吊筋与楼板底面预埋铁件焊接时也执行本定额。吊筋子目适用于钢、木龙骨的天棚基层。

设计小房间（厨房、厕所）内不用吊筋时,不能计算吊筋项目,并扣除相应定额中人工含量 0.67 工日/10 m²。

（4）本定额轻钢、铝合金龙骨是按双层编制的,设计为单层龙骨（大、中龙骨均在同一平面上）在套用定额时,应扣除定额中的小（副）龙骨及配件,人工乘系数 0.87,其他不变,设计小（副）龙骨用中龙骨代替时,其单价应调整。

（5）胶合板面层在现场钻吸音孔时,按钻孔板部分的面积,每 10 m² 增加人工 0.64 工日计算。

（6）木质骨架及面层的上表面,未包括刷防火漆,设计要求刷防火漆时,应按《计价表》第十六章相应定额子目计算。

（7）上人型天棚吊顶检修道,分为固定、活动两种,应按设计分别套用定额。

（8）天棚面层中回光槽按《计价表》第十七章的定额执行。

（9）天棚面的抹灰按中级抹灰考虑,所取定的砂浆品种、厚度详见《计价表》附录七。设计砂浆品种（纸筋石灰浆除外）厚度与定额不同均应按比例调整,但人工数量不变。

二、工程量计算规则

（1）本定额天棚饰面的面积按净面积计算，不扣除间壁墙、检修孔、附墙烟囱、柱垛和管道所占面积，但应扣除独立柱、0.3 m² 以上的灯饰面积（石膏板、夹板天棚面层的灯饰面积不扣除）与天棚相连接的窗帘盒面积。

（2）天棚中假梁、折线、叠线等圆弧形、拱形、特殊艺术形式的天棚饰面，均按展开面积计算。

（3）天棚龙骨的面积按主墙间的水平投影面积计算。天棚龙骨的吊筋按每 10 m² 龙骨面积套相应子目计算。

（4）圆弧形、拱形的天棚龙骨应按其弧形或拱形部分的水平投影面积计算套用复杂型子目，龙骨用量按设计进行调整，人工和机械按复杂型天棚子目乘系数 1.8。

（5）本定额天棚每间以在同一平面上为准，设计有圆弧形、拱形时，按其圆弧形、拱形部分的面积：圆弧形面层人工按其相应定额乘系数 1.15 计算，拱形面层的人工按相应定额乘系数 1.5 计算。

（6）铝合金扣板雨篷均按水平投影面积计算。

（7）天棚面抹灰：

1）天棚面抹灰按主墙间天棚水平面积计算，不扣除间壁墙、垛、柱、附墙烟囱、检查洞、通风洞、管道等所占的面积。

2）密肋梁、井字梁、带梁天棚抹灰面积，按展开面积计算，并入天棚抹灰工程量内。斜天棚抹灰按斜面积计算。

3）天棚抹面如抹小圆角者，人工已包括在定额中，材料、机械按附注增加。如带装饰线者，其线分别按三道线以内或五道线以内，以延长米计算（线角的道数以每一个突出的阳角为一道线）。

4）楼梯底面、水平遮阳板底面和沿口天棚，并入相应的天棚抹灰工程量内计算。混凝土楼梯、螺旋楼梯的底板为斜板时，按其水平投影面积（包括休息平台）乘系数 1.18，底板为锯齿形时（包括预制踏步板），按其水平投影面积乘系数 1.5 计算。

三、例题讲解

【例题 6.11】

如图 6.9 所示，某办公楼楼层走廊吊顶平面布置图，计算吊顶所需工程量。

解：

（1）轻钢龙骨工程量：$30.80 \times 2.90 = 89.32$ m²

（2）面层嵌入式不锈钢格栅工程量：$0.40 \times 2.50 \times 12 = 12$ m²

（3）面层铝合金穿孔面板工程量：$30.80 \times 2.90 - 0.40 \times 2.50 \times 12 = 77.32$ m²

答：此吊顶工程量分别为轻钢龙骨 89.32 m²，面层嵌入式不锈钢格栅 12 m²，面层铝合金穿孔面板 77.32 m²。

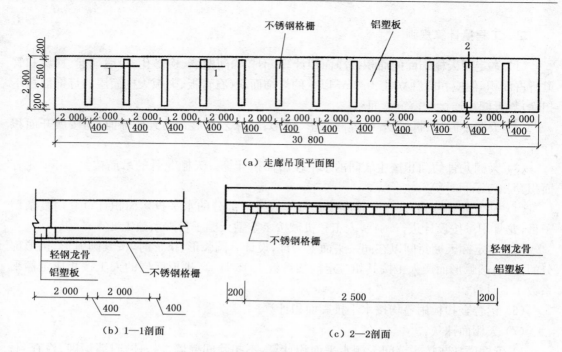

（a）走廊吊顶平面图

（b）1—1剖面

（c）2—2剖面

图 6.9　某办公楼楼层走廊吊顶平面布置

【例题 6.12】

工程现浇井字梁天棚如图 6.10 所示,麻刀石灰浆面层,计算工程量。

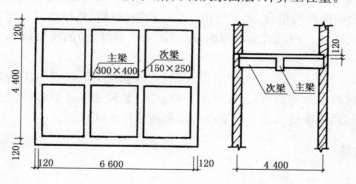

图 6.10　现浇井字梁天棚

解:

天棚抹灰工程量=(6.60−0.24)×(4.40−0.24)+(0.40−0.12)×(6.60−0.24)×2
+(0.25−0.12)×(4.40−0.24−0.30)×2×2−(0.25−0.12)
×0.15×4=31.95 m²

答:天棚抹灰工程量为 31.95 m²。

【例题 6.13】

如图 6.11 所示,该天棚采用 U 型轻钢龙骨吊顶,龙骨间距 600 mm,纸面石膏板罩面,刷两遍乳胶漆,天棚形式为二级,计算天棚的工程量。

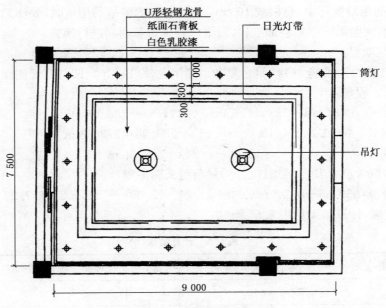

图 6.11 天棚平面图

解：

（1）灯带分项工程工程量：

$$L_{中}=[7.50-2\times(1.00+0.30+0.15)]\times2+[9.00-2\times(1.00+0.30+0.15)]\times2=21.4 \text{ m}$$

$$S_1=L_{中}\times b=21.4\times0.3=6.42 \text{ m}^2$$

（2）天棚吊顶分项工程工程量：

$$S_2=9.00\times7.50-6.42=61.08 \text{ m}^2$$

答：天棚吊顶工程工程量为 61.08 m²；灯带工程工程量为 6.42 m²。

【例题 6.14】

某装饰企业承担某一层房屋的内装饰，其中，天棚为不上人型轻钢龙骨，方格为 500 mm×500 mm，吊筋用 Φ6，面层用纸面石膏板，地面至天棚面层净高为 3 m，天棚面的阴、阳角线暂不考虑，平面尺寸及简易做法如图 6.12 所示。用《计价表》计算该企业完成天棚龙骨面层（不包括粘贴胶带及油漆）的综合单价及合价。（已知装饰企业的管理费率为 42%，利润率为 15%）

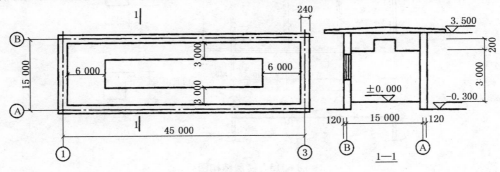

图 6.12 天棚工程

分析:吊筋用量换算中,每根减 10 cm 吊筋长度,调整吊筋用量时,要注意每 10 m² 内按 13 根调整。本例题属于单独装饰工程,需要对管理费和利润进行换算。

解:(1)列项目:

吊筋 1(14-41)、吊筋 2(14-41)、复杂型轻钢龙骨(14-10)、凹凸型天棚面层(14-55)。

(2)计算工程量:

吊筋 1:$(45.00-0.24-12)\times(15.00-0.24-6)=286.98$ m²

吊筋 2:$(45.00-0.24)\times(15.00-0.24)-286.98=373.68$ m²

轻钢龙骨:$(45.00-0.24)\times(15.00-0.24)=660.66$ m²

$286.98\div660.66=43.4\%>15\%$(为复杂型天棚吊顶)

纸面石膏板:$660.66+0.2\times(45.00-12.24+15.00-6.24)\times2=677.27$ m²

(3)套定额,计算结果见表 6.5。

表 6.5　计算结果

序号	定额编号	项目名称	计量单位	工程量	综合单价(元)	合价(元)
1	14-41 换 1	吊筋 $h=0.3$ m	10 m²	28.698	42.32	1 214.50
2	14-41 换 2	吊筋 $h=0.5$ m	10 m²	37.368	43.96	1 642.70
3	14-10 换	不上人型轻钢龙骨 500 mm×500 mm	10 m²	66.066	384.70	25 415.59
4	14-55 换	纸面石膏板	10 m²	67.727	233.61	19 313.47
合计						47 586.26

注:① 14-41 换 1:$45.99-0.102\times7\times13\times0.222\times2.80+10.48\times(42\%-25\%+15\%-12\%)=42.32$ 元/10 m²。
② 14-41 换 2:$45.99-0.102\times5\times13\times0.222\times2.80+10.48\times(42\%-25\%+15\%-12\%)=43.96$ 元/10m²。
③ 14-10 换:$370.97+(65.24+3.40)\times(42\%-25\%+15\%-12\%)=384.70$ 元/10m²。
④ 14-55 换:$225.27+41.72\times(42\%-25\%+15\%-12\%)=233.61$ 元/10m²。

答:该单独装饰工程天棚龙骨面层部分合价为 47 586.26 元。

【例题 6.15】

计算图 6.13 所示天棚的抹灰工程量。

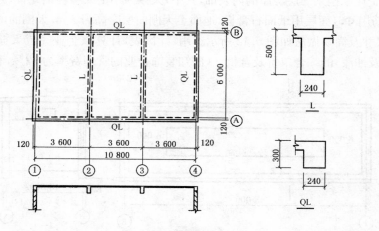

图 6.13　楼层结构图

解：顶棚面积$(10.80-0.24)\times(6.00-0.24)=60.83$ m²

梁面积：$(0.50-0.10)\times(6.00-0.24)\times4=9.22$ m²

合计：70.05 m²

答：该图所示天棚的抹灰工程量为 70.05 m²。

6.4 门窗工程

门窗工程主要内容包括购入构件成品安装，铝合金门窗制作、安装，木门窗、框扇制作和安装，装饰木门扇及门、窗五金配件安装等五部分。

（1）购入构件成品安装包括：① 铝合金门窗；② 塑钢门窗；③ 彩板门窗；④电子感应门；⑤ 卷帘门；⑥ 成品木门。

（2）铝合金门窗制作、安装包括：① 古铜色门；② 银白色门；③ 铝合金单扇全玻平开门；④ 铝合金单扇半玻平开门；⑤ 铝合金亮子双扇无框全玻地弹门；⑥ 古铜色窗；⑦ 银白色窗；⑧ 无框玻璃门扇；⑨ 门窗框包不锈钢板。

（3）木门、窗框扇制作和安装包括：① 普通木窗；② 纱窗扇；③工业木窗；④ 木百叶窗；⑤ 无框窗扇、圆形窗；⑥ 半玻木门；⑦ 镶板门；⑧ 胶合板门；⑨ 企口板门；⑩ 纱门扇；⑪ 全玻自由门、半截百叶门。

（4）装饰木门扇包括：① 细木工板实芯门扇；② 其他木门扇；③ 门扇上包金属软包面。

（5）门、窗五金配件安装包括：① 门窗特殊五金；② 铝合金五金配件；③ 木门窗五金配件。

一、有关规定

（1）门窗工程分为购入构件成品安装，铝合金门窗制作、安装，木门窗框、扇制作和安装，装饰木门扇及门窗五金配件安装等五部分。

（2）购入构件成品安装门窗单价中，除地弹簧、门夹、管子、拉手等特殊五金外，玻璃及一般五金已包括在相应的成品单价中，一般五金的安装人工已包括在定额内，特殊五金和安装人工应按"门、窗配件安装"的相应子目执行。

（3）铝合金门窗制作、安装

1）铝合金门窗制作、安装是按在现场制作编制的，如在构件厂制作，也按本定额执行，但构件厂至现场的运输费用应按当地交通部门的规定运费执行（运费不进入取费基价）。

2）铝合金门窗制作型材颜色分为古铜、银白色两种，应按设计分别套用定额，除银白色以外的其他颜色均按古铜色定额执行。各种铝合金型材规格、含量的取定详见《计价表》附表"铝合金门窗用料表"，表中加括号的用量即为本定额的取定含量。设计型材的规格与定额不符，应按附表的规格或设计用量加 6% 损耗调整。

3）铝合金门窗的五金应按"门、窗五金配件安装"另列项目计算。

4）门窗框与墙或柱的连接是按镀锌铁脚、膨胀螺栓连接考虑的，设计不同，定额中的铁脚、螺栓应扣除，其他连接件另外增加。

（4）木门、窗制作安装

1）《计价表》第十五章"门窗工程"中编制了一般木门窗制、安及成品木门框扇的安装，制作是按机械和手工操作综合编制的。

2）《计价表》第十五章"门窗工程"中均以一、二类木种为准，如采用三、四类木种，分别乘以下系数：木门、窗制作人工和机械费乘系数1.30，木门、窗安装人工乘系数1.15。

3）《计价表》第十五章"门窗工程"中木材木种划分如表6.6所示。

表6.6 木材的划分

一类	红松、水桐木、樟子松
二类	白松、杉木（方杉、冷杉）、杨木、铁杉、柳木、花旗松、椴木
三类	青松、黄花松、秋子松、马尾松、东北榆木、柏木、苦楝木、梓木、黄菠萝、椿木、楠木（桢楠、润楠）、柚木、樟木、山毛榉、栓木、白木、云香木、枫木
四类	栎木（柞木）、檀木、色木、槐木、荔木、麻栗木（麻栎、青刚）、桦木、荷木、水曲柳、柳桉、华北榆木、核桃楸、克隆、门格里斯

4）木材规格是按已成型的两个切断面规格料编制的，两个切断面以前的锯缝损耗按总说明规定应另外计算。

5）《计价表》第十五章"门窗工程"中注明的木材断面或厚度均以毛料为准，如设计图纸注明的断面或厚度为净料时，应增加断面刨光损耗：一面刨光加3 mm，两面刨光加5 mm，圆木按直径增加5 mm。

6）《计价表》第十五章"门窗工程"中的木材是以自然干燥条件下的木材编制的，需要烘干时，其烘干费用及损耗由各市确定。

7）《计价表》第十五章"门窗工程"中门、窗框扇断面除注明者外均是按苏J73—2常用项目的Ⅲ级断面编制的，其具体取定尺寸见表6.7。

表6.7 门窗框断面尺寸取定

门窗	门窗类型	边框断面（含刨光损耗）		扇立梃断面（含刨光损耗）	
		定额取定断面（mm）	截面积（cm²）	定额取定断面（mm）	截面积（cm²）
门	半截玻璃门	55×100	55	50×100	50
	冒头板门	55×100	55	45×100	45
	双面胶合板门	55×100	55	38×60	22.80
	纱 门			35×100	35
	全玻自由门	70×140（Ⅰ级）	98	50×120	60
	拼板门	55×100	55	50×100	50
	平开、推拉木门			60×120	72
窗	平开窗	55×100	55	45×65	29.25
	纱窗			35×65	22.75
	工业木窗	55×120（Ⅱ级）	66		

设计框、扇断面与定额不同时，应按比例换算。框料以边立框断面为准（框裁口处如为钉条者，应加贴条断面），扇料以立梃断面为准。换算公式如下：

$$\frac{设计断面积（净料加刨光损耗）}{定额断面积} \times 相应项目定额材积$$

或　　　　　　（设计断面积－定额断面积）×相应项目框、扇每增减 10 cm² 的体积

上式断面积均以 10 m² 为计量单位。

8）胶合板门的基价是按四八尺（1.22 m×2.44 m）编制的，剩余的边角料残值已考虑回收，如建设单位供应胶合板，按两倍门扇数量张数供应，每张裁下的边角料全部退还给建设单位（但残值回收取消）。若使用三七尺（0.91 m×2.13 m）胶合板，定额基价应按括号内的含量换算，并相应扣除定额中的胶合板边角料残值回收值。

9）门窗制作安装的五金、铁件配件按"门窗五金配件安装"相应项目执行，安装人工已包括在相应定额内。设计门、窗玻璃品种、厚度与定额不符，单价应调整，数量不变。

10）木质送、回风口的制作、安装按百叶窗定额执行。

11）设计门、窗有艺术造型有特殊要求时，因设计差异变化较大，其制作、安装应按实际情况另行处理。

12）"门窗框包不锈钢板"包括门窗骨架在内，应按其骨架的品种分别套用相应定额。

13）"门窗五金配件安装"的子目中，五金规格、品种与设计不符时应调整。

二、工程量计算规则

（1）购入成品的各种铝合金门窗安装，按门窗洞口面积以平方米计算，购入成品的木门扇安装，按购入门扇的净面积计算。

（2）现场铝合金门窗扇制作、安装按门窗洞口面积以平方米计算。

（3）各种卷帘门按洞口高度加 600 mm 乘卷帘门实际宽度的面积计算，卷帘门上有小门时，其卷帘门工程量应扣除小门面积。卷帘门上的小门按扇计算，卷帘门上电动提升装置以套计算，手动装置的材料、安装人工已包括在定额内，不另增加。

（4）无框玻璃门按其洞口面积计算。无框玻璃门中，部分为固定门扇、部分为开启门扇时，工程量应分开计算。无框门上带亮子时，其亮子与固定门扇合并计算。

（5）门窗框上包不锈钢板均按不锈钢板的展开面积以平方米计算，木门扇上包金属面或软包面均以门扇净面积计算。无框玻璃门上亮子与门扇之间的钢骨架横撑（外包不锈钢板），按横撑包不锈钢板的展开面积计算。

（6）门窗扇包镀锌铁皮，按门窗洞口面积以平方米计算；门窗框包镀锌铁皮、钉橡皮条、钉毛毡按图示门窗洞口尺寸以延长米计算。

（7）木门窗框、扇制作、安装工程量按以下规定计算：

1）各类木门窗（包括纱门、纱窗）制作、安装工程量均按门窗洞口面积以平方米计算。

2）连门窗的工程量应分别计算，套用相应门、窗定额，窗的宽度算至门框外侧。

3）普通窗上部带有半圆窗的工程量应按普通窗和半圆窗分别计算，其分界线以普通窗和半圆窗之间的横框上边线为分界线。

4）无框窗扇按扇的外围面积计算。

三、例题讲解

【例题 6.16】

某车间安装塑钢门窗如图 6.14 所示，门洞口尺寸为 1 800 mm×2 400 mm，窗洞口尺寸为 1 500 mm×2 100 mm，不带纱扇，计算其门窗安装需用量。

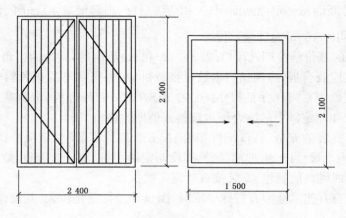

图 6.14 塑钢门窗

解:塑钢门　1.80×2.40＝4.32 m²

塑钢窗　1.50×2.10＝3.15 m²

答:此工程塑钢门的工程量为 4.32 m²,塑钢窗的工程量为 3.15 m²。

【例题 6.17】

已知某一层建筑的 M1 为有腰单扇无纱五冒头镶板门,规格为 900 mm×2 700 mm,框设计断面为 60 mm×120 mm,共 10 樘,现场制作安装,门扇规格与定额相同,框设计断面均指净料,全部安装球形执手锁,用计价表计算门的工程量和综合单价及合价。

解:

(1) 列项目:门框制作(15-196)、门扇制作(15-197)、门框安装(15-198)、门扇安装(15-199)、一般五金件(15-377)、门锁(15-346)。

(2) 计算工程量。

门框制作安装、门扇制作安装:0.90×2.70×10＝24.30 m²

五金配件、球形锁:10 樘(把)

(3) 套定额,计算结果见表 6.8。

表 6.8　计算结果

序号	定额编号	项目名称	计量单位	工程量	综合单价(元)	合价(元)
1	15-196 换	门框制作	10 m²	2.43	541.50	1 315.85
2	15-197	门扇制作	10 m²	2.43	633.47	1 539.33
3	15-198	门框安装	10 m²	2.43	29.64	72.03
4	15-199	门扇安装	10 m²	2.43	96.17	233.69
5	15-377	五金配件	樘	10	11.31	113.10
6	15-346	球形执手锁	把	10	39.77	397.70
合计						3 671.70

注:15-196 换　412.38－299.01＋(63×125)÷(55×100)×0.187×1 599＝541.50 元/10 m²。

答:该门的合价为 3 671.70 元。

6.5　油漆、涂料、裱糊工程

油漆、涂料、裱糊工程的主要内容包括油漆、涂料和裱糊饰面两部分。

(1) 油漆、涂料包括：① 木材面油漆；② 金属面油漆；③ 抹灰面油漆、涂料。

(2) 裱糊饰面包括：① 墙纸；② 墙布。

一、有关规定

(1)《计价表》"油漆、涂料、裱糊工程"的定额中涂料、油漆工程均采用手工操作，喷塑、喷涂、喷油采用机械喷枪操作，实际施工操作方法不同时，均按本定额执行。

(2) 油漆项目中，已包括钉眼刷防锈漆的工、料并综合了各种油漆的颜色，设计油漆颜色与定额不符时，人工、材料均不调整。

(3)《计价表》"油漆、涂料、裱糊工程"的定额已综合考虑分色及门窗内外分色的因素，如果需做美术图案者，可按实计算。

(4) 定额中规定的喷、涂刷的遍数，如与设计不同时，可按每增减一遍相应定额子目执行。

(5)《计价表》"油漆、涂料、裱糊工程"的定额对硝基清漆磨退出亮定额子目未具体要求刷理遍数，但应达到漆膜面上的白雾光消除、出亮为止，实际施工中不得因刷理遍数不同而调整本定额。

(6) 色聚氨酯漆已经综合考虑不同色彩的因素，均按《计价表》"油漆、涂料、裱糊工程"的定额执行。

(7)《计价表》"油漆、涂料、裱糊工程"的定额抹灰面乳胶漆、裱糊墙纸饰面是根据现行工艺，将墙面封油刮腻子、清油封底、乳胶漆涂刷及墙纸裱糊分列子目，本定额乳胶漆、裱糊墙纸子目已包括再次找补腻子在内。

(8) 喷塑(一塑三油)底油、装饰漆、面油其规格划分如下：

1) 大压花：喷点找平，点面积在 1.2 cm² 以上；

2) 中压花：喷点找平，点面积在 1~1.2 cm²；

3) 喷中点、小点：喷点面积在 1 cm² 以下。

(9) 浮雕喷涂料小点、大点规格划分如下：

1) 小点：点面积在 1.2 cm² 以下；

2) 大点：点面积在 1.2 cm² 以上(含 1.2 cm²)。

(10) 涂料定额是按常规品种编制的，设计用的品种与定额不符，单价可以换算，其余不变。

(11) 裱糊织锦缎定额中，已包括宣纸的裱糊工料费在内，不得另计。

(12) 木材面油漆设计有漂白处理时，由甲、乙双方另行协商。

二、工程量计算规则

(1) 天棚、墙、柱、梁面的喷(刷)涂料和抹灰面乳胶漆，工程量按实喷(刷)面积计算，但不扣除 0.3 m² 以内的孔洞面积。

（2）木材面油漆

各种木材面的油漆工程量按构件的工程量乘相应系数计算，其具体系数如下：

1）套用单层木门定额的项目工程量乘下列系数，见表6.9所示。

表6.9　单层木门油漆系数

项 目 名 称	系数	工程量计算方法
单层木门	1.00	按洞口面积计算
带上亮木门	0.96	
双层（一玻一纱）木门	1.36	
单层全玻门	0.83	
单层半玻门	0.90	
不包括门套的单层门扇	0.81	
凹凸线条几何图案造型单层木门	1.05	
木百叶门	1.50	
半木百叶门	1.25	
厂库房木大门、钢木大门	1.30	
双层（单裁口）木门	2.00	

注：① 门、窗贴脸、披水条、盖口条的油漆已包括在相应定额内，不予调整。
　　② 双扇木门按相应单扇木门项目乘以0.9系数。
　　③ 厂库房木大门、钢木大门上的钢骨架、零星铁件油漆以包含在系数内，不另计算。

2）套用单层木窗定额的项目工程量乘下列系数，见表6.10所示。

表6.10　单层木窗油漆系数

项 目 名 称	系数	工程量计算方法
单层玻璃窗	1.00	按洞口面积计算
双层（一玻一纱）窗	1.36	
双层（单裁口）窗	2.00	
三层（二玻一纱）窗	2.60	
单层组合窗	0.83	
双层组合窗	1.13	
木百叶窗	1.50	
不包括窗套的单层木窗扇	0.81	

3）套用木扶手定额的项目工程量乘下列系数，见表6.11所示。

表6.11　木扶手油漆系数

项 目 名 称	系数	工程量计算方法
木扶手（不带托板）	1.00	按延长米
木扶手（带托板）	2.60	
窗帘盒（箱）	2.04	
窗帘棍	0.35	
装饰线缝宽在150 mm内	0.35	
装饰线缝宽在150 mm外	0.52	
封檐板、顺水板	1.74	

4）套用其他木材面定额的项目工程量乘下列系数，见表 6.12 所示。

表 6.12 其他木材面油漆系数

项 目 名 称	系数	工程量计算方法
纤维板、木板、胶合板天棚	1.00	长×宽
木方格吊顶天棚	1.20	
鱼鳞板墙	2.48	
暖气罩	1.28	
木间壁木隔断	1.90	外围面积 长（斜长）×高
玻璃间壁露明墙筋	1.65	
木栅栏、木栏杆（带扶手）	1.82	
零星木装修	1.10	展开面积

5）套用木墙裙定额的项目工程量乘下列系数，见表 6.13 所示。

6）踢脚线按延长米计算，如踢脚线与墙裙油漆材料相同，应合并在墙裙工程量中。

7）橱、台、柜工程量计算按展开面积计算。零星木装修、梁、柱饰面按展开面积计算。

8）窗台板、筒子板（门、窗套），不论有无拼花图案和线条均按展开面积计算。

9）套用木地板定额的项目工程量乘下列系数，见表 6.14 所示。

表 6.13 木墙裙油漆系数

项 目 名 称	系数	工程量计算方法
木墙裙	1.00	净长×高
有凹凸、线条几何图案的木墙裙	1.05	

表 6.14 木地板油漆系数

项 目 名 称	系数	工程量计算方法
木地板	1.00	长×宽
木楼梯（不包括底面）	2.30	水平投影面积

（3）抹灰面、构件面油漆、涂料、刷浆

1）抹灰面的油漆、涂料、刷浆工程量等于抹灰的工程量。

2）混凝土板底、预制混凝土构件仅油漆、涂料、刷浆工程量按表 6.15 所示的方法计算套抹灰面定额相应项目。

表 6.15 抹灰面、构件面油漆、涂料、刷浆系数

项 目 名 称	系数	工程量计算方法
槽形板、混凝土折板底面	1.30	长×宽
有梁板底（含梁底、侧面）	1.30	
混凝土板式楼梯底（斜板） 混凝土板式楼梯底（锯齿形）	1.18 1.50	水平投影面积
混凝土花格窗、栏杆	2.00	长×宽
遮阳板、栏板	2.10	长×宽（高）

（续表）

项 目 名 称		系数	工程量计算方法
混凝土预制构件	屋架、天窗架	40 m²	每 m³ 构件
	柱、梁、支撑	12 m²	
	其他	20 m²	

（4）金属面油漆

1）套用单层钢门窗定额的项目工程量乘下列系数，见表 6.16 所示。

表 6.16　金属单层钢门窗油漆系数

项 目 名 称	系数	工程量计算方法
单层钢门窗	1.00	洞口面积
双层钢门窗	1.50	
单钢门窗带纱门窗扇	1.10	
钢百叶门窗	2.74	
半截百叶钢门	2.22	
满钢门或包铁皮门	1.63	
钢折叠门	2.30	
射线防护门	3.00	框（扇）外围面积
厂库房平开、推拉门	1.70	
间壁	1.90	长×宽
平板屋面	0.74	斜长×宽
瓦垄板屋面	0.89	
镀锌铁皮排水、伸缩缝盖板	0.78	展开面积
吸气罩	1.63	水平投影面积

2）套用其他金属面定额的项目工程量乘下列系数，见表 6.17 所示。

表 6.17　其他金属面油漆系数

项 目 名 称	系数	工程量计算方法
钢屋架、天窗架、挡风架、屋架梁、支撑、檩条	1.00	重量(t)
墙架（空腹式）	0.50	
墙架（格板式）	0.82	
钢柱、吊车梁、花式梁、柱、空花构件	0.63	
操作台、平台、制动梁、钢梁车挡	0.71	
钢栅栏门、栏杆、窗栅	1.71	
钢爬梯	1.20	
轻型屋架	1.42	
踏步式钢扶梯	1.10	
零星铁件	1.30	

注：钢柱、梁、屋架、天窗架等构件因电焊安装，应另增刷铁红防锈漆一遍，按上列系数 10% 计算。

（5）刷防火漆计算规则如下

1）隔壁、护壁木龙骨按其面层正立面投影面积计算。

2）柱木龙骨按其面层外围面积计算。

3）天棚龙骨按其水平投影面积计算。

4）木地板中木龙骨及木龙骨带毛地板按地板面积计算。

5）隔壁、护壁、柱、天棚面层及木地板刷防火漆，执行其他木材面刷防火漆相应子目。

三、例题讲解

【例题 6.18】

对[例题 6.17]的门采用聚氨酯漆油漆三遍，计算该门的油漆工程量。

解：油漆工程量＝$0.90 \times 2.70 \times 10 \times 0.96 = 23.33 \ \mathrm{m}^2$

答：该门的油漆工程量为 $23.33 \ \mathrm{m}^2$。

【例题 6.19】

对[例题 6.14]的顶棚纸面石膏板刷乳胶漆（土建三类），工作内容为：板缝自粘胶带 700 m、清油封底、满批腻子两遍、乳胶漆两遍。求该天棚油漆工程的工程量和综合单价及合价。

分析：在夹板面上批腻子、刷乳胶漆不分墙面还是天棚面，执行相同定额。

解：

（1）列项目：天棚自粘胶带（16-306）、清油封底（16-305）、天棚面满批腻子两遍（16-303）、天棚面乳胶漆两遍（16-311）。

（2）计算工程量（见[例题 6.14]）。

$$油漆面积 = 天棚面层面积 = 677.27 \ \mathrm{m}^2$$

（3）套定额，计算结果见表 6.18。

表 6.18　计算结果

序号	定额编号	项目名称	计量单位	工程量	综合单价（元）	合价（元）
1	16-306	天棚贴自粘胶带	10 m	70	17.95	1 256.5
2	16-305	清油封底	10 m²	67.727	20.14	1 364.02
3	16-303	满批腻子两遍	10 m²	67.727	40.57	2 747.68
4	16-311	乳胶漆两遍	10 m²	67.727	36.93	2 501.16
合计						7 869.36

答：该天棚油漆工程的合价为 7 869.36 元。

6.6　其他零星工程

其他零星工程的主要内容包括：① 招牌、灯箱基层；② 招牌、灯箱面层；③ 美术字安装；④压条、装饰线条；⑤ 镜面玻璃；⑥ 卫生间配件；⑦ 窗帘盒、窗帘轨、窗台板、门窗套制作安装；⑧ 木盖板、木搁板、固定式玻璃黑板；⑨ 暖气罩；⑩ 天棚面零星项目；⑪ 窗帘装饰布制作安装；⑫ 墙、地面成品防护，隔断；⑬ 柜类、货架。

一、有关规定

（1）《计价表》"其他零星工程"的定额中除铁件、钢骨架已包括刷防锈漆一遍外，其余均未包括油漆、防火漆的工料，如设计涂刷油漆、防火漆按油漆相应定额子目套用。

（2）《计价表》"其他零星工程"的定额招牌分为平面型、箱体型两种，在此基础上又分为简单、复杂型。平面型是指厚度在 120 mm 以内在一个平面上有招牌。箱体型是指厚度超过 120 mm，一个平面上有招牌或多面有招牌。沿雨篷、檐口、阳台走向立式招牌，按平面招牌复杂项目执行。

简单型招牌是指矩形或多边形、面层平整无凹凸面者。复杂招牌是指圆弧形或面层有凹凸造型的，不论安装在建筑物的何种部位均按相应定额执行。

（3）招牌、灯箱内灯具未包括在内。

（4）字体安装均以成品安装为准，不分字体均执行《计价表》"其他零星工程"的定额。

（5）《计价表》"其他零星工程"的定额装饰线条安装为线条成品安装，定额均以安装在墙面上为准。设计安装在天棚面层时，按以下规定执行（但墙、顶交界处的角线除外）：钉在木龙骨基层上，其人工按相应定额乘系数 1.34；钉在钢龙骨基层上乘系数 1.68；钉木装饰线条图案者人工乘系数 1.50（木龙骨基层上）及 1.80（钢龙骨基层上）。设计装饰线条成品规格与定额不同应换算，但含量不变。

（6）石材装饰线条均以成品安装为准。石材装饰线条磨边、磨圆边均包括在成品的单价中，不再另计。

（7）《计价表》"其他零星工程"的定额中的石材磨边是按在现场制作加工编制的，实际由外单位加工时，应另行计算。

（8）成品保护是指对已做好的项目面层上覆盖保护层，保护层的材料不同不得换算，实际施工中未覆盖的不得计算成品保护。

（9）货柜、柜类定额中未考虑面板拼花及饰面板上贴其他材料的花饰、造型艺术品，货架、柜类图见《计价表》定额 17-139 后。

二、工程量计算规则

（1）平面型招牌基层按正立面投影面积计算，箱体式钢结构招牌基层按外围体积计算。灯箱的面层按展开面积以平方米计算。

（2）沿雨篷、檐口或阳台走向的立式招牌基层，按平面招牌复杂型执行时，应按展开面积计算。

（3）招牌字按每个字面积在 0.2 m² 内、0.5 m² 内、0.5 m² 外三个子目划分，字安装不论安装在何种墙面或其他部位均按字的个数计算。

（4）单线木压条、木花式线条、木曲线条、金属装饰条及多线木装饰条、石材线等安装均按延长米计算。

（5）石材线磨边加工及石材板缝嵌云石胶按延长米计算。

（6）门窗套、筒子板按面层展开面积计算。窗台板按平方米计算。如图纸未注明窗台板长度时，可按窗框外围两边共加 100 mm 计算；窗口凸出墙面的宽度，按抹灰面另加 30 mm 计算。

(7) 门窗贴脸按门窗洞口尺寸外围长度以延长米计算,双面钉贴脸者工程量乘以 2;挂镜线按设计长度以延长米计,暖气罩、玻璃黑板按外框投影面积计算。

(8) 窗帘盒及窗帘轨按延长米计算,如设计图纸未注明尺寸可按洞口尺寸加 30 cm 计算。

(9) 窗帘装饰布

1) 窗帘布、窗纱布、垂直窗帘的工程量按展开面积计算。

2) 窗水波幔帘按延长米计算。

(10) 石膏浮雕灯盘、角花按个数计算,检修孔、灯孔、开洞按个数计算,灯带按延长米计算,灯槽按中心线延长米计算。

(11) 防潮层按实铺面积计算。成品保护层按相应子目工程量计算,台阶、楼梯按水平投影面积计算。

(12) 卫生间配件

1) 大理石洗漱台板工程量按平方米计算。

2) 浴帘杆、浴缸拉手及毛巾架以每副计算。

3) 镜面玻璃带框,按框的外围面积计算,不带框的镜面玻璃按玻璃面积计算。

(13) 隔断的计算

1) 半玻璃隔断是指上部为玻璃隔断,下部为其他墙体,其工程量按半玻璃设计边框外边线以平方米计算。

2) 全玻璃隔断是指其高度自下横档底算至上横档顶面,宽度按两边立框外边以平方米计算。

3) 玻璃砖隔断:按玻璃砖格式框外围面积计算。

4) 花式隔断、网眼木格隔断(木葡萄架)均以框外围面积计算。

5) 浴厕木隔断,其高度自下横档底算至上横档顶面以平方米计算。门扇面积并入隔断面积内计算。

6) 塑钢隔断按框外围面积计算。

(14) 货架、柜橱类均以正立面的高(包括脚的高度在内)乘以宽以平方米计算。收银台以个计算,其他以延长米为单位计算。

三、例题讲解

【例题 6.20】

图 6.12 所示天棚与墙相接处采用 60 mm×60 mm 红松阴角线条,凹凸处阴角采用 15 mm×15 mm 阴角线条,线条均为成品,安装完成后采用清漆油漆两遍。计算线条安装的工程量和综合单价及合价(按土建三类计取管理费和利润)。

解:

(1) 列项目:15 mm×15 mm 阴角线(17-27)、60 mm×60 mm 阴角线(17-29)、清漆两遍(16-55)。

(2) 计算工程量:

15 mm×15 mm 阴角线:$[(45.00-0.24-12.00)+(15.00-0.24-6.00)]×2=83.04$ m

60 mm×60 mm 阴角线:$[(45.00-0.24)+(15.00-0.24)]×2=119.04$ m

油漆工程量:$(83.04+119.04)×0.35=70.728$ m

(3)套定额,计算结果见表6.19。

表6.19　计算结果

序号	定额编号	项目名称	计量单位	工程量	综合单价(元)	合价(元)
1	17-27 换	15 mm×15 mm 红松阴角线	100 m	0.830 4	338.69	281.25
2	17-29	60 mm×60 mm 红松阴角线	100 m	1.190 4	822.00	978.51
3	16-55	清漆两遍	10 m	7.072 8	23.01	162.75
合计						1 422.51

注:17-27 换　278.69+0.68×64.40×1.37=338.69 元/100 m(钉在钢龙骨基层上的换算)。

答:该线条安装工程的合价为 1 422.51 元。

【例题6.21】

图6.15 为图6.8 中门窗的内部装饰详图(土建三类),门做筒子板和贴脸,窗在内部做筒子板和贴脸,贴脸采用 5 mm×5 mm 成品木线条(3 元/m),45°斜角连接,门、窗筒子板采用木针与墙面固定,胶合板三夹底、普通切片三夹板面,筒子板与贴脸采用清漆油漆两遍。计算门窗内部装饰的工程量和综合单价及合价。

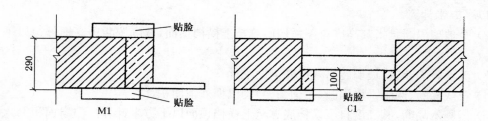

图6.15　筒子板及贴脸

解:

(1)列项目:贴脸安装(17-21)、筒子板安装(17-60)、筒子板油漆(16-57)。

(2)计算工程量:

1)贴脸

M1 贴脸:$(2.00×2+1.20+0.05×2)×2=10.6$ m

C1 贴脸:$(1.20+1.50+0.05×2)×2×8=44.8$ m

小计:55.4 m

2)筒子板

门:$(1.20+2.00×2)×0.29=1.51$ m^2

窗:$(1.20+1.50)×0.10×2×8=4.32$ m^2

小计:5.83 m^2

3)油漆:5.83 m^2(贴脸部分油漆含在门窗油漆中,不另计算)。

(3)套定额,计算结果见表6.20。

表 6.20　计算结果

序号	定额编号	项目名称	计量单位	工程量	综合单价(元)	合价(元)
1	17-21 换	贴脸条宽在 50 mm 内	100 m	0.554	439.35	243.40
2	17-60	筒子板	10 m²	0.583	673.09	392.41
3	16-57	筒子板油漆	10 m²	0.583	65.03	37.91
合计						673.72

注：17-21 换　424.23−308.88+108×3=439.35 元/100 m。

答：该门窗内部装饰的合价为 673.72 元。

6.7　高层施工人工降效

一、单独装饰工程超高人工降效

由于在 20 m 以上施工时，人工耗用比 20 m 以下的人工是要高些的，故每增加 10 m 高度，相应计算段人工增加一定比例。

(1)"高度"和"层高"，只要其中一个指标达到规定，即可套用该项目。

(2)当同一个楼层中的楼面和天棚不在同一计算段内，以天棚面标高段为准计算。

(3)装饰工程的高层施工人工降效系数应列入相关项目的综合单价中，一般不单独列项。

二、工程量计算规则

(1)单独装饰工程超高部分人工降效以超过 20 m 部分的人工费分段计算。

(2)计价表的计算表所列建筑物高度为 20 m，超过此高度按比上个计算段的比例基数递增 2.5% 推算。

【例题 6.22】

[例题 6.21]如果是单独装饰三类企业，在建筑物的九层施工，已知该层楼面相对标高为 26.40 m，室内外高差为 0.60 m，该层板底净高为 3.20 m，计算该工程的综合单价及合价。

解： (1)天棚板底至室外地坪总高为 26.4+0.6+3.2=30.2＞30 m，人工降效按《计价表》中 18-20 计算。

(2)套定额，计算结果见表 6.21。

表 6.21　计算结果

序号	定额编号	项目名称	计量单位	工程量	综合单价(元)	合价(元)
1	17-21 换	贴脸条宽在 50 mm 内	100 m	0.554	462.55	256.25
2	17-60 换	筒子板	10 m²	0.583	706.37	411.81
3	16-57 换	筒子板油漆	10 m²	0.583	76.95	44.86
合计						712.92

注：① 17-21 换：439.35+63.56×7.5%×(1+42%+15%)+(63.56+15)×(42%−25%+15%−12%)=462.55 元/100 m。

② 17-60 换：673.09+103.04×7.5%×1.57+(103.04+2.7)×0.2=706.37 元/10 m²。

③ 16-57 换：65.03+37.52×7.5%×1.57+(37.52+25.00)×0.12=76.95 元/m²。

答：该工程合价为 712.92 元。

6.8 脚手架工程

一、有关规定

1. 脚手架工程

（1）凡工业与民用建筑、构筑物所需搭设的脚手架，均按《计价表》中"脚手架"定额执行。

（2）《计价表》中"脚手架"定额适用于檐高在 20 m 以内的建筑物，不包括女儿墙、屋顶水箱、突出主体建筑的楼梯间等高度，前后檐高不同，按平均高度计算。檐高在 20 m 以上的建筑物脚手架除按本定额计算外，其超过部分所需增加的脚手架加固措施等费用，均按超高脚手架材料增加费子目执行。构筑物、烟囱、水塔、电梯井按其相应子目执行。

（3）《计价表》中"脚手架"定额已按扣件钢管脚手架与竹脚手架综合编制，实际施工中不论使用何种脚手架材料，均按《计价表》中"脚手架"定额执行。

（4）高度在 3.60 m 以内的墙面、天棚、柱、梁抹灰（包括钉间壁、钉天棚）用的脚手架费用套用 3.60 m 以内的抹灰脚手架。如室内（包括地下室）净高超过 3.60 m 时，天棚需抹灰（包括钉天棚）应按满堂脚手架计算，但其内墙抹灰不再计算脚手架。高度在 3.60 m 以上的内墙面抹灰，如无满堂脚手架可以利用时，可按墙面垂直投影面积计算抹灰脚手架。

（5）建筑物室内净高超过 3.60 m 的钉板间壁以其净长乘以高度可计算一次脚手架（按抹灰脚手架定额执行），天棚吊筋与面层按其水平投影面积计算一次满堂脚手架。

（6）天棚面层高度在 3.60 m 内，吊筋与楼层的连接点高度超过 3.60 m，应按满堂脚手架相应项目基价乘以 0.60 计算。

（7）瓦屋面坡度大于 45°时，屋面基层、盖瓦的脚手架费用应另按实计算。

（8）室内天棚面层净高 3.60 m 以内的钉天棚、钉间壁的脚手架与其抹灰的脚手架合并计算一次脚手架，套用 3.60 m 以内的抹灰脚手架。单独天棚抹灰计算一次脚手架，按满堂脚手架相应项目乘以 0.1 系数。

（9）室内天棚面层净高超过 3.60 m 的钉天棚、钉间壁的脚手架与其抹灰的脚手架合并计算一次满堂脚手架。室内天棚净高超过 3.60 m 的板下勾缝、刷浆、油漆可另行计算一次脚手架费用，按满堂脚手架相应项目乘以 0.10 计算；墙、柱梁面刷浆、油漆的脚手架按抹灰脚手架相应项目乘以 0.10 计算。

（10）当结构施工搭设的电梯井脚手架延续至电梯设备安装使用时，套用安装用电梯井脚手架时应扣除定额中的人工及机械。

（11）构件吊装脚手架按表 6.22 执行。

表 6.22　　构件吊装脚手架

单位：元

类型	柱	梁	屋架	其他
混凝土构件（m³）	1.58	1.65	3.20	2.30
钢构件（t）	0.70	1.00	1.5	1.00

　　2. 超高脚手架材料增加费

　　(1)本定额中脚手架是按建筑物檐高在20 m以内编制的,檐高超过20 m时应计算脚手架材料增加费。

　　(2)檐高超过20 m脚手架材料增加费内容包括:脚手架使用周期延长摊销费、脚手架加固。脚手架材料增加费包干使用,无论实际发生多少,均按《计价表》中"脚手架"的规定执行,不调整。

　　(3)檐高超过20 m脚手架材料增加费按下列规定计算。

　　1)檐高超过20 m部分的建筑物应按其超过部分的建筑面积计算。

　　2)层高超过3.6 m每增高0.1 m按增高1 m的比例换算(不足0.1 m按0.1 m计算),按相应项目执行。

　　3)建筑物檐高高度超过20 m,但其最高一层或其中一层楼面未超过20 m时,则该楼层在20 m以上部分仅能计算每增高1 m的增加费。

　　4)同一建筑物中有两个或两个以上的不同檐口高度时,应分别按不同高度竖向切面的建筑面积套用相应子目。

　　5)单层建筑物(无楼隔层者)高度超过20 m,其超过部分除构件安装按《计价表》第七章的规定执行外,另再按《计价表》中"脚手架"相应项目计算每增高1 m的脚手架材料增加费。

　　二、脚手架工程工程量计算规则

　　1. 脚手架工程

　　(1)脚手架工程量计算一般规则

　　1)凡砌筑高度超过1.5 m的砌体均需计算脚手架。

　　2)砌墙脚手架均按墙面(单面)垂直投影面积以平方米计算。

　　3)计算脚手架时,不扣除门、窗洞口、空圈、车辆通道、变形缝等所占面积。

　　4)同一建筑物高度不同时,按建筑物的竖向不同高度分别计算。

　　(2)砌筑脚手架工程量计算规则

　　1)外墙脚手架按外墙外边线长度(如外墙有挑阳台,则每只阳台计算一个侧面宽度,计入外墙面长度内,两户阳台连在一起的也只算一个侧面)乘以外墙高度以平方米计算。外墙高度指室外设计地坪至檐口(或女儿墙上表面)高度,坡屋面至屋面板下(或椽子顶面)墙中心高度。

　　2)内墙脚手架以内墙净长乘以内墙净高计算。有山尖者算至山尖1/2处的高度;有地下室时,自地下室室内地坪至墙顶面高度。

　　3)砌体高度在3.60 m以内者,套用里脚手架;高度超过3.60 m者,套用外脚手架。

　　4)山墙自设计室外地坪至山尖1/2处高度超过3.60 m时,该整个外山墙按相应外脚手架计算,内山墙按单排外架子计算。

　　5)独立砖(石)柱高度在3.60 m以内者,脚手架以柱的结构外围周长乘以柱高计算,执行砌墙脚手架里架子;柱高超过3.60 m者,以柱的结构外围周长加3.60 m乘以柱高计算,执行砌墙脚手架外架子(单排)。

　　6)砌石墙到顶的脚手架,工程量按砌墙相应脚手架乘系数1.50。

7) 外墙脚手架包括一面抹灰脚手架在内,另一面墙可计算抹灰脚手架。

8) 砖基础自设计室外地坪至垫层(或混凝土基础)上表面的深度超过 1.50 m 时,按相应砌墙脚手架执行。

9) 突出屋面部分的烟囱,高度超过 1.50 m 时,其脚手架按外围周长加 3.60 m 乘以实砌高度按 12 m 内单排外脚手架计算。

(3) 现浇钢筋混凝土脚手架工程量计算规则

1) 钢筋混凝土基础自设计室外地坪至垫层上表面的深度超过 1.50 m,同时带形基础底宽超过 3.0 m、独立基础或满堂基础及大型设备基础的底面积超过 16 m² 的混凝土浇捣脚手架应按槽、坑土方规定放工作面后的底面积计算,按满堂脚手架相应定额乘以 0.3 系数计算脚手架费用。

2) 现浇钢筋混凝土独立柱、单梁、墙高度超过 3.60 m 应计算浇捣脚手架。柱的浇捣脚手架以柱的结构周长加 3.60 m 乘以柱高计算;梁的浇捣脚手架按梁的净长乘以地面(或楼面)至梁顶面的高度计算;墙的浇捣脚手架以墙的净长乘以墙高计算。套柱、梁、墙混凝土浇捣脚手架。

3) 层高超过 3.60 m 的钢筋混凝土框架柱、墙(楼板、屋面板为现浇板)所增加的混凝土浇捣脚手架费用,以每 10 m² 框架轴线水平投影面积,按满堂脚手架相应子目乘以 0.3 系数执行;层高超过 3.60 m 的钢筋混凝土框架柱、梁、墙(楼板、屋面板为预制空心板)所增加的混凝土浇捣脚手架费用,以每 10 m² 框架轴线水平投影面积,按满堂脚手架相应子目乘以 0.4 系数执行。

(4) 贮仓脚手架,不分单筒或贮仓组,高度超过 3.60 m,均按外边线周长乘以设计室外地坪至贮仓上口之间高度以平方米计算。高度在 12 m 内,套双排外脚手架,乘 0.7 系数执行;高度超过 12 m 套 20 m 内双排外脚手架乘 0.7 系数执行(均包括外表面抹灰脚手架在内)。贮仓内表面抹灰按抹灰脚手架工程量计算规则第 2、3 条规定执行。

(5) 抹灰脚手架、满堂脚手架工程量计算规则

1) 抹灰脚手架

① 钢筋混凝土单梁、柱、墙,按以下规定计算脚手架:

单梁:以梁净长乘以地坪(或楼面)至梁顶面高度计算;

柱:以柱结构外围周长加 3.60 m 乘以柱高计算;

墙:以墙净长乘以地坪(或楼面)至板底高度计算。

② 墙面抹灰:以墙净长乘以净高计算。

③ 如有满堂脚手架可以利用时,不再计算墙、柱、梁面抹灰脚手架。

④ 天棚抹灰高度在 3.60 m 以内,按天棚抹灰面(不扣除柱、梁所占的面积)以平方米计算。

2) 满堂脚手架:天棚抹灰高度超过 3.60 m,按室内净面积计算满堂脚手架,不扣除柱、垛、附墙烟囱所占面积。

① 基本层:高度在 8 m 以内计算基本层;

② 增加层:高度超过 8 m,每增加 2 m,计算一层增加层,计算式如下:

$$增加层数 = \frac{室内净高(m) - 8\ m}{2\ m}$$

余数在 0.6 m 以内,不计算增加层,超过 0.6 m,按增加一层计算。

③ 满堂脚手架高度以室内地坪面(或楼面)至天棚面或屋面板的底面为准(斜的天棚或屋面板按平均高度计算)。室内挑台栏板外侧共享空间的装饰如无满堂脚手架利用时,按地面(或楼面)至顶层栏板顶面高度乘以栏板长度以平方米计算,套相应抹灰脚手架定额。

(6) 其他脚手架工程量计算规则

1) 高压线防护架按搭设长度以延长米计算。

2) 金属过道防护棚按搭设水平投影面积以平方米计算。

3) 斜道、烟囱、水塔、电梯井脚手架区别不同高度以座计算。滑升模板施工的烟囱、水塔,其脚手架费用已包括在滑模计价表内,不另计算脚手架。烟囱内壁抹灰是否搭设脚手架,按施工组织设计规定办理,其费用按相应满堂脚手架执行,人工增加 20% 其余不变。

4) 高度超过 3.60 m 的贮水(油)池,其混凝土浇捣脚手架按外壁周长乘以池的壁高以平方米计算,按池壁混凝土浇捣脚手架项目执行,抹灰者按抹灰脚手架另计。

2. 檐高超过 20 m 脚手架材料增加费

建筑物檐高超过 20 m,即可计算脚手架材料增加费,建筑物檐高超过 20 m,脚手架材料增加费,以建筑物超过 20 m 部分建筑面积计算。

三、例题讲解

【例题 6.23】

如图 6.16 为某一层砖混房屋,计算该房屋的地面以上部分砌墙、墙体粉刷和天棚粉刷脚手架工程量、综合单价和复价。

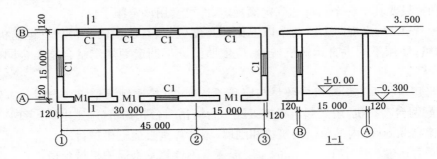

图 6.16 砌墙脚手架

解:(1) 列项目 19-2、19-1、19-10、19-10。

(2) 计算工程量:

外墙脚手架:(45.24+15.24)×2×(3.50+0.30)=459.65 m²

内墙脚手架:(15.00-0.24)×2×3.50=103.32 m²

内墙粉刷脚手架(包括外墙内部粉刷):

[(45.00-0.24-0.24×2)×2+(15.00-0.24)×6]×3.50=619.92 m²

天棚粉刷脚手架:(45.00-0.24-0.24×2)×(15.00-0.24)=653.57 m²

(3) 套定额,计算结果见表 6.23。

表 6.23　计算结果

序号	定额编号	项目名称	计量单位	工程量	综合单价（元）	合价（元）
1	19-2	砌筑外墙脚手架（含外粉）	10 m²	45.965	65.26	2 999.68
2	19-1	砌筑内墙脚手架	10 m²	10.332	6.88	71.08
3	19-10	内墙粉刷脚手架	10 m²	61.992	2.05	127.08
4	19-10	天棚粉刷脚手架	10 m²	65.357	2.05	133.98
合计						3 331.82

注：外墙外侧的粉刷脚手架含在外墙砌筑脚手架中。

答：该脚手架工程的复价合计 3 331.82 元。

6.9　建筑工程垂直运输

一、有关规定

1. 建筑物垂直运输

（1）"檐高"是指设计室外地坪至檐口的高度，突出主体建筑物顶的女儿墙、电梯间、楼梯间、水箱等不计入檐口高度以内；"层数"指地面以上建筑物的高度。

（2）《计价表》中"建筑工程垂直运输"的定额工作内容包括在我省调整后的国家工期定额内完成单位工程全部工程项目所需的垂直运输机械台班，不包括机械的场外运输、一次安装、拆卸、路基铺垫和轨道铺拆等费用。施工塔吊与电梯基础、施工塔吊和电梯与建筑物连接的费用单独计算。

（3）《计价表》中"建筑工程垂直运输"的定额项目划分是以建筑物"檐高"、"层数"两个指标界定的，只要其中一个指标达到定额规定，即可套用该定额子目。

（4）一个工程，出现两个或两个以上檐口高度（层数），使用同一台垂直运输机械时，定额不作调整；使用不同垂直运输机械时，应依照国家工期定额规定结合施工合同的工期约定，分别计算。

（5）当建筑物垂直运输机械数量与定额不同时，可按比例调整定额含量。本定额按卷扬机施工配两台卷扬机，塔式起重机施工配一台塔吊一台卷扬机（施工电梯）考虑。

（6）檐高 3.60 m 内的单层建筑物和围墙，不计算垂直运输机械台班。

（7）垂直运输高度小于 3.6 m 的一层地下室不计算垂直运输机械台班。

（8）预制混凝土平板、空心板、小型构件的吊装机械费用已包括在《计价表》中"建筑工程垂直运输"的定额中。

（9）《计价表》中"建筑工程垂直运输"的定额中现浇框架系指柱、梁、板全部为现浇的钢筋混凝土框架结构。如部分现浇，部分预制，按现浇框架乘系数 0.96。

（10）柱、梁、墙、板构件全部现浇的钢筋混凝土框筒结构、框剪结构按现浇框架执行；筒体结构按剪力墙（滑模施工）执行。

（11）预制或现浇钢筋混凝土柱，预制屋架的单层厂房，按预制排架定额计算。

（12）单独地下室工程项目定额工期按不含打桩工期自基础挖土开始考虑。

（13）当建筑物以合同工期日历天计算时，在同口径条件下定额乘以下系数：

$$\frac{1+（国家工期定额日历天-合同工期日历天）}{国家工期定额日历天}$$

未承包施工的工程内容，如打桩、挖土等的工期，不能作为提前工期考虑。

（14）混凝土构件，使用泵送混凝土浇筑者，卷扬机施工定额台班乘系数 0.96；塔式起重机施工定额中的塔式起重机台班含量乘系数 0.92。

（15）建筑物高度超过定额取定高度，每增加 20 m，人工、机械按最上两档之差递增。不足 20 m 者，按 20 m 计算。

（16）采用履带式、轮胎式、汽车式起重机（除塔式起重机外）吊（安）装预制大型构件的工程，除按《计价表》"建筑工程垂直运输"的规定计算垂直运输费外，另按《计价表》第七章有关规定计算构件吊（安）装费。

2. 烟囱、水塔、筒仓垂直运输

烟囱、水塔、筒仓的"高度"指设计室外地坪至构筑物的顶面高度，突出构筑物主体顶的机房等高度，不计入构筑物高度内。

二、工程量计算规则

（1）建筑物垂直运输机械台班用量，区分不同结构类型、檐口高度（层数）按国家工期定额以日历天计算。

（2）单独装饰工程垂直运输机械台班，区分不同施工机械、垂直运输高度、层数，按定额工日分别计算。

（3）烟囱、水塔、筒仓垂直运输机械台班，以"座"计算。超过定额规定高度时，按每增高 1 m 定额项目计算。高度不足 1 m，按 1 m 计算。

（4）施工塔吊、电梯基础，塔吊及电梯与建筑物连接件，按施工塔吊及电梯的不同型号以"台"计算。

6.10　场内二次搬运

一、有关规定

（1）市区沿街建筑在现场堆放材料有困难，汽车不能将材料运入巷内的建筑，材料不能直接运到单位工程周边需再次中转，建设单位不能按正常合理的施工组织设计提供材料，构件堆放场地和临时设施用地的工程而发生的二次搬运费用，执行《计价表》中"场内二次搬运"的定额。

（2）执行《计价表》中"场内二次搬运"的定额时，应以工程所发生的第一次搬运为准。

（3）水平运距的计算，分别以取料中心点为起点，以材料堆放中心为终点。超运距增加运距不足整数者，进位取整计算。

（4）运输道路 15% 以内的坡度已考虑，超过时另行处理。

（5）松散材料运输不包括做方，但要求堆放整齐。如需做方者，应另行处理。

（6）机动翻斗车最大运距为 600 m，单（双）轮车最大运距为 120 m，超过时，应另行处理。

二、工程量计算规则

（1）砂子、石子、毛石、块石、炉渣、矿渣、石灰膏按堆积原方计算。

（2）混凝土构件及水泥制品按实体积计算。

（3）玻璃按标准箱计算。

（4）其他材料按《计价表》"场内二次搬运"中表的计量单位计算。

7 工程量清单计价

7.1 《建设工程工程量清单计价规范》编制概况

《建设工程工程量清单计价规范》(GB 50500—2013),以下简称 2013《计价规范》是根据《中华人民共和国建筑法》、《中华人民共和国合同法》、《中华人民共和国招标投标法》等法律以及最高人民法院《关于审理建设工程施工合同纠纷案件适用法律问题的解释》(法释〔2004〕14 号)按照我国工程造价管理改革的总体目标,本着国家宏观调控、市场竞争形成价格的原则制定的。

2013《计价规范》在总结了《建设工程工程量清单计价规范》(GB 50500—2008)实施以来的经验,针对执行中存在的问题,为进一步适应建设市场计量、计价的需要,对《建设工程工程量清单计价规范》(GB 50500—2008)附录 A 建筑物部分、附录 B 装饰装修工程进行修订并增加新项目而成。修订过程中,编制组在全国范围内广泛征求意见,与正在实施和正在修订的有关国家标准进行了协调。经多次讨论、反复修改,最终形成本规范。

2013《计价规范》经中华人民共和国住房和城乡建设部批准为国家标准,于 2013 年 7 月 1 日正式施行。

下面是实行工程量清单计价的目的、意义。

1. 实行工程量清单计价,是工程造价深化改革的产物

长期以来,我国承发包计价、定价以工程预算定额为主要依据。1992 年,为了适应建设市场改革的要求,针对工程预算定额编制和使用中存在的问题,据出了"控制量、指导价、竞争费"的改革措施,工程造价管理由静态管理模式逐步变为动态管理模式。其中对工程预算定额改革的主要思路和原则是:将工程预算定额中的人工、材料、机械的消耗量和相应的单价分离,人、材、机的消耗量是国家根据有关规范、标准以及社会的平均水平来确定。控制量的目的就是保证工程质量,指导价就是要逐步走向市场形成价格,这一措施在我国实行社会主义市场经济初期起到了积极的作用。但随着建设市场化进程的发展,这种做法仍然难以改变工程预算定额在中国指令性的状况,难以满足招标投标和评标的要求。因为,控制的量是反映的社会平均消耗水平,不能准确地反映各个企业的实际消耗量(个体水平),不能全面地体现企业技术装备水平、管理水平和劳动生产率,也不能充分体现市场公平竞争,而工程量清单计价将改革以工程预算定额为计价依据的计价模式。

2. 实行工程量清单计价,是规范建设市场秩序,适应社会主义市场经济发展的需要

工程造价是工程建设的核心内容,也是建设市场运行的核心内容,建设市场上存在许多不规范行为,大多与工程造价有关。过去的工程预算定额在工程发包与承包工程计价中调节双方利益、反映市场价格等方面显得滞后,特别是在公开、公平、公正竞争方面,缺乏合理

完善的机制,甚至出现了一些漏洞。实现建设市场的良性发展除了法律法规和行政监督以外,发挥市场规律中"竞争"和"价格"的作用也是治本之策。工程量清单计价是市场形成工程造价的主要形式,工程量清单计价有利于发挥企业自主报价的能力,实现政府定价的转变,也有利于规范业主在招标中的行为,有效改变招标单位在招标中盲目压价的行为,从而真正体现公开、公平、公正的原则,反映市场经济规律。

3. 实行工程量清单计价,是促进建设市场有序竞争和企业健康发展的需要

采用工程量清单计价模式招标投标,对发包单位,由于工程量清单是招标文件的组成部分,招标单位必须编制出准确的工程量清单,并承担相应的风险,促进招标单位提高管理水平。由于工程量清单是公开的,所以可以避免工程招标中的弄虚作假、暗箱操作等不规范行为。对承包企业,采用工程量清单报价,必须对单位工程成本、利润进行分析,统筹考虑、精心选择施工方案,并根据企业的定额合理确定人工、材料、施工机械等要素的投入与配置,优化组合,合理控制现场费用和施工技术措施费用,确定投标价。改变过去过分依赖国家发布定额的状况,企业根据自身的条件编制出自己的企业定额。

工程量清单计价的实行,有利于规范建筑市场计价行为,规范建设市场秩序,促进建设市场有序竞争;有利于控制建设项目投资,合理利用资源;有利于促进技术进步,提高劳动生产率;有利于提高造价工程师的素质,使其成为懂技术、懂经济、懂管理的全面发展的复合型人才。

4. 实行工程量清单计价,有利于我国工程造价管理政府职能的转变

按照政府部门"真正履行经济调节、市场监管、社会管理和公共服务"职能的要求,政府对工程造价政府管理的模式要相应改变,将推行政府宏观调控、企业自主报价、市场竞争形成价格、社会全面监督的工程造价管理思路。实行工程量清单计价,将会有利于我国工程造价政府管理职能的转变,由过去政府控制的指令性定额转变为制定适应市场经济规律需要的工程量清单计价方法,由过去行政直接干预转变为对工程造价依法监管,有效地强化政府对工程造价的宏观调控。

5. 实行工程量清单计价,是适应我国加入 WTO,融入世界大市场的需要

随着我国改革开放的进一步加快,中国经济日益融入全球市场,特别是我国加入 WTO后,行业壁垒下降,建设市场将进一步对外开放。国外的企业以及投资的项目越来越多地进入国内市场,我国企业走出国门在海外投资和经营的项目也在增加。为了适应这种对外开放建设市场的形势,就必须与国际通行的计价方法相适应,为建设市场主体创造一个与国际惯例接轨的市场竞争环境。工程量清单计价是国际通行的计价做法,在我国实行工程量清单计价,有利于提高国内建设各方主体参与国际化竞争的能力,有利于提高工程建设的管理水平。

7.2　装饰工程工程量清单计价

装饰工程工程量清单计价根据工程的情况,主要内容包括:①楼地面装饰工程;②墙、柱面装饰与隔断、幕墙工程;③天棚工程;④门窗工程;⑤油漆、涂料、裱糊工程;⑥其他装饰工程。

一、楼地面装饰工程清单计价

1. 主要内容

①抹灰工程；②块料面层；③橡塑面层；④其他材料面层；⑤踢脚线；⑥楼梯面层；⑦台阶装饰；⑧零星装饰项目。

2. 工程量计算规则及注意事项

（1）整体面层（011101）

水泥砂浆楼地面（011101001）、现浇水磨石楼地面（011101002）、细石混凝土楼地面（011101003）、菱苦土楼地面（011101004）、自流平楼地面（011101005）工程量按设计图示尺寸以面积计算。扣除凸出地面构筑物、设备基础、室内管道、地沟等所占面积，不扣除间壁墙和 0.3 m² 以内的柱、垛、附墙烟囱及孔洞所占面积，门洞、空圈、暖气包槽、壁龛的开口部分不增加面积。

平面砂浆找平层（011101006）工程量按设计图示尺寸以面积计算。

注意：① 水泥砂浆面层处理是拉毛还是提浆压光应在面层做法要求中描述。

② 平面砂浆找平层只适用于仅做找平层的平面抹灰。

③ 间壁墙指墙厚≤120 mm 的墙。

④ 楼地面混凝土垫层另按 2013《计价规范》附录表 E.1"现浇混凝土基础"垫层项目编码列项，除混凝土外的其他材料垫层按 2013《计价规范》附录表 D.4"垫层"项目编码列项。

（2）块料面层（011102）

石材楼地面（011102001）、碎石材楼地面（011102002）、块料楼地面（011102003）工程量按设计图示尺寸以面积计算。门洞、空圈、暖气包槽、壁龛的开口部分并入相应的工程量内。

注意：① 在描述碎石材项目的面层材料特征时可不用描述规格、颜色。

② 石材、块料与黏结材料的结合面刷防渗材料的种类在防护层材料种类中描述。

③ 本工作内容中的磨边指施工现场磨边，后面章节工作内容中涉及的磨边含义相同。

（3）橡塑面层（011103）

橡胶板楼地面（011103001）、橡胶板卷材楼地面（011103002）、塑料板楼地面（011103003）、塑料卷材楼地面（011103004）工程量按设计图示尺寸以面积计算。门洞、空圈、暖气包槽、壁龛的开口部分并入相应的工程量内。

注意：本项目中如涉及找平层，另按 2013《计价规范》附录表 L.1 找平层项目编码列项。

（4）其他材料面层（011104）

地毯楼地面（011104001）、竹木（复合）地板（011104002）、金属复合地板（011104003）、防静电活动地板（011104004）工程量按设计图示尺寸以面积计算。门洞、空圈、暖气包槽、壁龛的开口部分并入相应的工程量内。

（5）踢脚线（011105）

水泥砂浆踢脚线（011105001）、石材踢脚线（011105002）、块料踢脚线（011105003）、塑料板踢脚线（011105004）、木质踢脚线（011105005）、金属踢脚线（011105006）、防静电踢脚线（011105007）工程量以平方米计量按设计图示长度乘高度以面积计算，或以米计量按延长米计算。

注意：石材、块料与黏结材料的结合面刷防渗材料的种类在防护材料种类中描述。

(6) 楼梯面层(011106)

石材楼梯面层(011106001)、块料楼梯面层(011106002)、拼碎块料面层(011106003)、水泥砂浆楼梯面层(011106004)、现浇水磨石楼梯面层(011106005)、地毯楼梯面层(011106006)、木板楼梯面层(011106007)、橡胶板楼梯面层(011106008)、塑料板楼梯面层(011106009)工程量按设计图示尺寸以楼梯(包括踏步、休息平台及≤500 mm的楼梯井)水平投影面积计算。楼梯与楼地面相连时,算至梯口梁内侧边沿;无梯口梁者,算至最上一层踏步边沿并加300 mm。

注意:2013《计价规范》中关于楼梯的计算不管是何种面层计算规则均是一样的,而《计价表》中就区分不同面层采用不同的计算规则。虽然《计价表》中整体面层也是按楼梯水平投影面积计算,与2013《计价规范》仍有区别,表现在①楼梯井范围不同,2013《计价规范》是500 mm为控制指标,《计价表》以200 mm为界限;②楼梯与楼地面相连时2013《计价规范》规定只算至楼梯梁内侧边缘,《计价表》规定应算至楼梯梁外侧面。

① 在描述碎石材项目的面层材料特征时可不用描述规格、颜色。

② 石材、块料与黏结材料的结合面刷防渗材料的种类在防护层材料种类中描述。

(7) 台阶装饰(011107)

石材台阶面(011107001)、块料台阶面(011107002)、拼碎块料台阶面(011107003)、水泥砂浆台阶面(011107004)、现浇水磨石台阶面(011107005)、剁假石台阶面(011107006)工程量按设计图示尺寸以台阶(包括最上层踏步边沿加300 mm)水平投影面积计算。

注意:① 在描述碎石材项目的面层材料特征时可不用描述规格、颜色。

② 石材、块料与黏结材料的结合面刷防渗材料的种类在防护层材料种类中描述。

(8) 零星装饰项目

石材零星项目(011108001)、拼碎石材零星项目(011108002)、块料零星项目(011108003)、水泥砂浆零星项目(011108004)的工程量按设计图示尺寸以面积计算。

注意:① 楼梯、台阶牵边和侧面镶贴块料面层,不大于0.5 m²的少量分散的楼地面镶贴块料面层,应按2013《计价规范》附录表K8执行。

② 石材、块料与黏结材料的结合面刷防渗材料的种类在防护层材料种类中描述。

3. 楼地面工程清单计价要点

(1) 踢脚线:《计价表》中不论是整体面层还是块料面层楼梯均包括踢脚线在内,而2013《计价规范》未明确,在实际操作中为便于计算,可参照《计价表》把楼梯踢脚线合并在楼梯内报价,但在楼梯清单的项目特征一栏应把踢脚线描绘在内,在报价时不要漏掉。

(2) 台阶:2013《计价规范》中无论是块料面层还是整体面层,均按水平投影面积计算;《计价表》中整体面层按水平投影面积计算,块料面层按展开(包括两侧)实铺面积计算。

注意:台阶面层与平台面层使用同一种材料时,平台计算面层后,台阶不再计算最上一层踏步面积,但应将最后一步台阶的踢脚板面层包括在报价内。

(3) 有填充层和隔离层的楼地面往往有二层找平层,报价时应注意。

4. 楼地面清单及计价示例

【例题7.1】

根据[例题6.4]的题意,计算楼地面工程的工程量清单。

解 (1) 列项目:块料楼地面(011102003)、块料踢脚线(011105003)、块料台阶面

（011107002）。

（2）计算工程量。

块料楼地面：$(45.00-0.24-0.12) \times (15.00-0.24) + 1.20 \times 0.12 + 1.20 \times 0.24 + 1.80 \times 0.6 = 660.40$ m²

块料踢脚线（长度见［例题 6.4］中有关工程量）：$145.44 \times 0.15 = 21.82$ m²

块料台阶面（同［例题 6.3］中有关工程量）：$0.90 \times 1.80 = 1.62$ m²

（3）工程量清单，见表 7.1。

表 7.1　工程量清单

序号	项目编码	项目名称	项目特征	计量单位	工程数量
1	011102002001	同质地砖楼地面	（1）找平层：20 厚 1：3 水泥砂浆； （2）结合层：5 厚 1：2 水泥砂浆； （3）面层：500 mm×500 mm 镜面同质地砖； （4）酸洗打蜡、成品保护	m²	660.40
2	011105003001	同质地砖踢脚线	（1）找平层：20 厚 1：3 水泥砂浆； （2）结合层：5 厚 1：2 水泥砂浆； （3）面层：500 mm×500 mm 镜面同质地砖	m²	21.82
3	011107002001	同质地砖台阶面	（1）找平层：15 厚 1：3 水泥砂浆； （2）结合层：5 厚 1：2 水泥砂浆； （3）面层：500 mm×500 mm 镜面同质地砖； （4）酸洗打蜡、成品保护	m²	1.62

【例题 7.2】

根据［例题 6.4］的题意，按《计价表》计算楼地面工程的清单综合单价。

解　（1）列项目：同质地砖楼地面（011102003001）（地砖地面 12-94、地面酸洗打蜡 12-121、成品保护 17-93）；地砖踢脚线（011105003001）（地砖踢脚线 12-102）；同质地砖台阶面（011107002001）（台阶地砖面 12-101、台阶酸洗打蜡 12-122、成品保护 17-93）。

（2）计算工程量。

地砖地面、酸洗打蜡、成品保护工程量：660.40 m²

台阶地砖面、酸洗打蜡、成品保护工程量（见［例题 6.4］）：2.43 m²

踢脚线工程量：（长度见［例题 6.4］中有关工程量）：$145.44 \times 0.15 = 21.82$ m²

（3）清单计价，见表 7.2。

表 7.2　清单计价

序号	项目编码	项目名称	计量单位	工程数量	金额（元）	
					综合单价	合价
1	011102003001	同质地砖楼地面	m²	660.40	166.21	109 765.34
	12-94 换	地面同质砖	10 m²	66.006	1 631.90	107 715.19
	12-121	地面酸洗打蜡	10 m²	66.006	22.73	1 500.32
	17-93	成品保护	10 m²	66.006	8.33	549.83
2	011105003001	地砖踢脚线	m²	21.82	177.87	3 881.12
	12-102 换	同质地砖踢脚线	10 m	14.544	266.86	3 881.21

（续表）

序号	项目编码	项目名称	计量单位	工程数量	金额（元）	
					综合单价	合价
3	011107002001	同质地砖台阶面	m²	1.62	273.46	443.00
	12-101 换	台阶地砖面	10 m²	0.243	1 783.69	433.43
	12-122	台阶酸洗打蜡	10 m²	0.243	31.09	7.55
	17-93	成品保护	10 m²	0.243	8.33	2.02

答：同质地砖楼地面的清单综合单价为 166.21 元/m²，地砖踢脚线的清单综合单价为 177.87 元/m²，同质地砖台阶面的清单综合单价为 273.46 元/m²。

二、墙、柱面装饰与隔断、幕墙工程清单计价

1. 主要内容

①墙面抹灰；②柱（梁）面抹灰；③零星抹灰；④墙面块料面层；⑤柱（梁）面镶贴块料；⑥镶贴零星块料；⑦墙饰面；⑧柱（梁）饰面；⑨幕墙工程；⑩隔断。

2. 工程量计算规则

（1）墙面抹灰（011201）

墙面一般抹灰（011201001）、墙面装饰抹灰（011201002）、墙面勾缝（011201003）、立面砂浆找平层（011201004）工程量按设计图示尺寸以面积计算。扣除墙裙、门窗洞口及单个>0.3 m²的孔洞面积，不扣除踢脚线、挂镜线和墙与构件交接处的面积，门窗洞口和孔洞的侧壁及顶面不增加面积。附墙柱、梁、垛、烟囱侧壁并入相应的墙面面积内，其中：

1）外墙抹灰面积按外墙垂直投影面积计算。

2）外墙裙抹灰面积按其长度乘以高度计算。

3）内墙抹灰面积按主墙间的净长乘以高度计算。

① 无墙裙的，高度按室内楼地面至天棚底面计算。

② 有墙裙的，高度按墙裙顶至天棚底面计算。

③ 有吊顶天棚抹灰，高度算至天棚底。

4）内墙裙抹灰面按内墙净长乘以高度计算。

注意：① 外墙面《计价表》中规定"门窗洞口、空圈的侧壁、顶面及垛应按结构展开面积并入墙面抹灰中计算"，应注意区分 2013《计价规范》和《计价表》中规定的不同。

② 立面砂浆找平项目适用于仅做找平层的立面抹灰。

③ 墙面抹石灰砂浆、水泥砂浆、混合砂浆、聚合物水泥砂浆、麻刀石灰浆、石膏灰浆等按 2013《计价规范》附录表 L.1 中"墙面一般抹灰"列项；墙面水刷石、斩假石、干粘石、假面砖等按 2013《计价规范》附录表 L.1 中"墙面装饰抹灰"列项。

④ 飘窗凸出外墙面增加的抹灰并入外墙工程量内。

⑤ 有吊顶天棚的内墙面抹灰，抹至吊顶以上部分在综合单价中考虑。

（2）柱（梁）面抹灰（011202）

柱、梁面一般抹灰（011202001）、柱、梁面装饰抹灰（011202002）、柱、梁面砂浆找平（011202003）工程量计算中，柱面抹灰按设计图示柱断面周长乘以高度以面积计算；梁面抹

灰按设计图示梁断面周长乘以长度以面积计算。

柱、梁面勾缝(011202004)工程量按设计图示柱断面周长乘以高度以面积计算。

注意:① 砂浆找平项目适用于仅做找平层的柱(梁)面抹灰。

② 柱(梁)面抹石灰砂浆、水泥砂浆、混合砂浆、聚合物水泥砂浆、麻刀石灰浆、石膏灰浆等按 2013《计价规范》附录表 L.2 中"柱、梁面一般抹灰"编码列项;柱(梁)面水刷石、斩假石、干粘石、假面砖等按"柱、梁面装饰抹灰"项目编码列项。

(3) 零星抹灰(011203)

零星项目一般抹灰(011203001)、零星项目装饰抹灰(011203002)、零星项目砂浆找平(011203003)工程量按设计图示尺寸以面积计算。

注意:① 零星项目抹石灰砂浆、水泥砂浆、混合砂浆、聚合物水泥砂浆、麻刀石灰浆、石膏灰浆等按零星项目一般抹灰编码列项,水刷石、斩假石、干粘石、假面砖等按零星项目装饰抹灰编码列项。

② 墙、柱(梁)面≤0.5 m² 的少量分散的抹灰按 2013《计价规范》附录表 L.3"零星抹灰"项目编码列项。

(4) 墙面块料面层(011204)

石材墙面(011204001)、拼碎石材墙面(011204002)、块料墙面(011204003)工程量按镶贴表面积计算。

干挂石材钢骨架(011204004)工程量按设计图示以质量计算。

注意:① 在描述碎块项目的面层材料特征时可不用描述规格、颜色。

② 石材、块料与黏结材料的结合面刷防渗材料的种类在防护层材料种类中描述。

③ 安装方式可描述为砂浆或黏结剂粘贴、挂贴、干挂等,不论哪种安装方式,都要详细描述与组价相关的内容。

(5) 柱(梁)面镶贴块料(011205)

石材柱面(011205001)、块料柱面(011205002)、拼碎块柱面(011205003)、石材梁面(011205004)、块料梁面(011205005)工程量按镶贴表面积计算。

注意:① 在描述碎块项目的面层材料特征时可不用描述规格、颜色。

② 石材、块料与粘接材料的结合面刷防渗材料的种类在防护层材料种类中描述。

③ 柱梁面干挂石材的钢骨架按"墙面块料面层"相应项目编码列项。

(6) 镶贴零星块料(011206)

石材零星项目(011206001)、块料零星项目(011206002)、拼碎块零星项目(011206003)工程量按镶贴表面积计算。

注意:① 在描述碎块项目的面层材料特征时可不用描述规格、颜色。

② 石材、块料与粘接材料的结合面刷防渗材料的种类在防护材料种类中描述。

③ 零星项目干挂石材的钢骨架按 2013《计价规范》附录表 L.4 相应项目编码列项。

④ 墙柱面≤0.5 m² 的少量分散的镶贴块料面层按 2013《计价规范》附录表中零星项目执行。

(7) 墙饰面(011207)

墙面装饰板(011207001)工程量按设计图示墙净长乘净高以面积计算。扣除门窗洞口及单个>0.3 m² 的孔洞所占面积。

墙面装饰浮雕(011207002)工程量按设计图示尺寸以面积计算。

(8) 柱(梁)饰面(011208)

柱(梁)面装饰(011208001)按设计图示饰面外围尺寸以面积计算。柱帽、柱墩并入相应柱饰面工程量内。

成品装饰柱(011208002)工程量以根计量,按设计数量计算;或以米计量,按设计长度计算。

(9) 幕墙工程(011209)

带骨架幕墙(011209001)工程量按设计图示框外围尺寸以面积计算。与幕墙同种材质的窗所占面积不扣除。

全玻(无框玻璃)幕墙(011209002)工程量按设计图示尺寸以面积计算。带肋全玻幕墙按展开面积计算。

注意:幕墙钢骨架按"墙面块料面层"中"干挂石材钢骨架"编码列项。

(10) 隔断(011210)

木隔断(011210001)、金属隔断(011210002)工程量按设计图示框外围尺寸以面积计算。不扣除单个≤0.3 m²的孔洞所占面积;浴厕侧门的材质与隔断相同时,门的面积并入隔断面积内。

玻璃隔断(011210003)、塑料隔断(011210004)工程量按设计图示框外围尺寸以面积计算。不扣除单个≤0.3 m²的孔洞所占面积。

成品隔断(011210005)工程量以平方米计量,按设计图示框外围尺寸以面积计算;或以间计量,按设计间的数量计算。

其他隔断(011210006)按设计图示框外围尺寸以面积计算。不扣除门窗所占面积;扣除单个0.3 m²以上的孔洞所占面积。

3. 墙、柱面装饰与隔断、幕墙工程清单计价要点

(1) 关于阳台、雨篷的抹灰:在2013《计价规范》中无一般阳台、雨篷抹灰列项,可参照《计价表》中有关阳台、雨篷粉刷的计算规则,以水平投影面积计算,并以补充清单编码的形式列入墙面抹灰中,并在项目特征一栏详细描述该粉刷部位的砂浆厚度(包括打底、面层)及砂浆的配合比。

(2) 墙面装饰板:2013《计价规范》中包括了龙骨、基层、面层和油漆,而《计价表》中是分别计算的,工程量计算规则都不尽相同。

(3) 柱(梁)面装饰:2013《计价规范》中不分矩形柱、圆柱均为一个项目,其柱帽、柱墩并入柱饰面工程量内;《计价表》分矩形柱、圆柱分别设子目,柱帽、柱墩也单独设子目,工程量也单独计算。

(4) 设置在隔断、幕墙上的门窗,可包括在隔墙、幕墙项目报价内,也可单独编码列项,并在清单项目中进行描述。

4. 墙、柱面清单及计价示例

【例题 7.3】

根据[例题6.10]的题意,计算墙、柱面工程的工程量清单。

解 (1) 列项目:花岗岩墙面(011204001001)、花岗岩柱面(011205001001)。

(2) 计算工程量(见[例题6.10])。

花岗岩墙面工程量:847.85 m²

花岗岩柱面工程量:16.49 m²

(3) 工程量清单,见表 7.3。

表 7.3 工程量清单

序号	项目编码	项目名称	项目特征	计量单位	工程数量
1	011204001001	花岗岩墙面	面层材料:现场确定; 砖墙面上采用 1:2.5 水泥砂浆灌缝 50 mm 厚,面层酸洗打蜡	m²	847.85
2	011205001001	花岗岩柱面	(1) 面层材料:现场确定; (2) 混凝土柱面上采用 1:2.5 水泥砂浆灌缝 50 mm 厚,面层酸洗打蜡	m²	16.49

【例题 7.4】

根据[例题 6.10]的题意,按《计价表》计算墙、柱面工程的清单综合单价。

解 (1) 列项目:花岗岩墙面(011204001001)(墙面湿挂花岗岩 13-89);花岗岩柱面(011205001001)(圆柱面湿挂花岗岩 13-105)。

(2) 计算工程量(见[例题 6.10])。

墙面花岗岩工程量:847.85 m²

圆柱面花岗岩工程量:16.49 m²

(3) 清单计价,见表 7.4。

表 7.4 清单计价

序号	项目编码	项目名称	计量单位	工程数量	金额(元)	
					综合单价	合价
1	011204001001	花岗岩墙面	m²	847.85	307.02	260 306.91
	13-89	墙面挂贴花岗岩	10 m²	84.785	3 070.19	260 306.06
2	011205001001	花岗岩柱面	m²	16.49	1 568.95	25 872.00
	13-105 换	圆柱面六拼挂贴花岗岩	10 m²	1.649	15 689.52	25 872.02

答:花岗岩墙面的清单综合单价为 307.02 元/m²,花岗岩柱面的清单综合单价为 1 568.95 元/m²。

三、天棚工程清单计价

1. **主要内容**

①天棚抹灰;②天棚吊顶;③采光天棚;④天棚其他装饰。

2. **工程量计算规则及注意事项**

(1) 天棚抹灰(011301)

天棚抹灰(011301001)工程量按设计图示尺寸以水平投影面积计算。不扣除间壁墙、垛、柱、附墙烟囱、检查口和管道所占的面积,带梁天棚的梁两侧抹灰面积并入天棚面积内,板式楼梯底面抹灰按斜面积计算,锯齿形楼梯底板抹灰按展开面积计算。

（2）天棚吊顶（011302）

吊顶天棚（011302001）工程量按设计图示尺寸以水平投影面积计算。天棚面中的灯槽及跌级、锯齿形、吊挂式、藻井式天棚面积不展开计算。不扣除间壁墙、检查口、附墙烟囱、柱垛和管道所占面积，扣除单个＞0.3 m²的孔洞、独立柱及与天棚相连的窗帘盒所占的面积。

格栅吊顶（011302002）、吊筒吊顶（011302003）、藤条造型悬挂吊顶（011302004）、织物软雕吊顶（011302005）、网架（装饰）吊顶（011302006）工程量按设计图示尺寸以水平投影面积计算。

（3）采光天棚（011303）

采光天棚（011303001）工程量按框外围展开面积计算。

注意：采光天棚骨架不包括在本项中，应单独按2013《计价规范》中附录F"金属结构工程"相关项目编码列项。

（4）天棚其他装饰（011304）

灯带（槽）（011304001）工程量按设计图示尺寸以框外围面积计算。

送风口、回风口（011304002）工程量按设计图示数量计算。

3. 天棚工程清单计价要点

（1）楼梯天棚的抹灰：2013《计价规范》按实际粉刷面积计算，《计价表》则规定按投影面积乘以系数计算。

（2）抹装饰线条线角的道数以一个突出的棱角为一道线。

4. 天棚清单及计价示例

【例题7.5】

根据［例题6.14］的题意，计算天棚工程的工程量清单。

解 （1）列项目：天棚吊顶（011302001001）。

（2）计算工程量。

天棚吊顶工程量：$(45.00-0.24)\times(15.00-0.24)=660.66$ m²

（3）工程量清单，见表7.5。

表7.5 工程量清单

序号	项目编码	项目名称	项目特征	计量单位	工程数量
1	011302001001	天棚吊顶	（1）天棚吊筋：φ6； （2）龙骨：不上人型轻钢龙骨 500 mm×500 mm； （3）面层：纸面石膏板； （4）凹凸型吊顶	m²	660.66

【例题7.6】

根据［例题6.14］的题意，按《计价表》计算天棚工程的清单综合单价。

解 （1）列项目：天棚吊顶（011302001001）［吊筋1（14-41）、吊筋2（14-41）、复杂型轻钢龙骨（14-10）、凹凸型天棚面层（14-55）］。

（2）计算工程量（见［例题6.14］）。

吊筋1工程量：286.98 m²

吊筋2工程量：373.68 m²

轻钢龙骨工程量：660.66 m²

纸面石膏板工程量:826.74 m²

(3)清单计价,见表7.6。

表7.6 清单计价

序号	项目编码	项目名称	计量单位	工程数量	金额(元)	
					综合单价	合价
1	011302001001	天棚吊顶	m²	660.66	72.03	47 587.34
	14-41 换1	吊筋 h=0.3 m	10 m²	28.698	42.32	1 214.50
	14-41 换2	吊筋 h=0.5 m	10 m²	37.368	43.96	1 642.70
	14-10 换	不上人型轻钢龙骨	10 m²	66.066	384.70	25 415.59
	14-55 换	纸面石膏板	10 m²	82.674	233.61	19 313.47

答:天棚吊顶的清单综合单价为72.03 元/m²。

四、门窗工程清单计价

1. 主要内容

①木门;②金属门;③金属卷帘(闸)门;④厂库房大门、特种门;⑤其他门;⑥木窗;⑦金属窗;⑧门窗套;⑨窗台板;⑩窗帘、窗帘盒、轨。

2. 工程量计算规则及注意事项

(1) 木门(010801)

木质门(010801001)、木质门带套(010801002)、木质连窗门(010801003)、木质防火门(010801004)工程量以樘计量,按设计图示数量计算;或以平方米计量,按设计图示洞口尺寸面积计算。

木门框(010801005)工程量以樘计量,按设计图示数量计算;或以米计量,按设计图示框的中心线计算。

门锁安装(010801006)工程量按设计图示数量计算。

(2) 金属门(010802)

金属(塑钢)门(010802001)、彩板门(010802002)、钢质防火门(010802003)、防盗门(010802004)工程量以樘计量,按设计图示数量计算;或以平方米计量,按设计图示洞口尺寸面积计算。

(3) 金属卷帘(闸)门(010803)

金属卷帘(闸)门(010803001)、防火卷帘(闸)门(010803002)工程量以樘计量,按设计图示数量计算;或以平方米计量,按设计图示洞口尺寸面积计算。

(4) 厂库房大门、特种门(010804)

木板大门(010804001)、钢木大门(010804002)、全钢板大门(010804003)、金属格栅门(010804005)、特种门(010804007)工程量以樘计量,按设计图示数量计算;或以平方米计量,按设计图示洞口尺寸面积计算。

防护铁丝门(010804004)、钢质花饰大门(010804006)工程量以樘计量,按设计图示数量计算;或以平方米计量,按设计图示门框或扇以面积计算。

（5）其他门（010805）

平开电子感应门（010805001）、旋转门（010805002）、电子对讲门（010805003）、电动伸缩门（010805004）、全玻自由门（010805005）、镜面不锈钢饰面门（010805006）、复合材料门（010805007）工程量以樘计量,按设计图示数量计算;或以平方米计量,按设计图示洞口尺寸面积计算。

（6）木窗（010806）

木质窗（010806001）工程量以樘计量,按设计图示数量计算;或以平方米计量,按设计图示洞口尺寸面积计算。

木飘（凸）窗（010806003）、木橱窗（010806002）工程量以樘计量,按设计图示数量计算;或以平方米计量,按设计图示尺寸以框外围展开面积计算。

木纱窗（010806004）工程量以樘计量,按设计图示数量计算;或以平方米计量,按框的外围尺寸以面积计算。

（7）金属窗（010807）

金属（塑钢、断桥）窗（010807001）、金属防火窗（010807002）、金属百叶窗（010807003）、金属格栅窗（010807005）工程量以樘计量,按设计图示数量计算;或以平方米计量,按设计图示洞口尺寸面积计算。

金属纱窗（010807004）工程量以樘计量,按设计图示数量计算;或以平方米计量,按框的外围尺寸以面积计算。

金属（塑钢、断桥）橱窗（010807006）、金属（塑钢、断桥）飘（凸）窗（010807007）工程量以樘计量,按设计图示数量计算;或以平方米计量,按设计图示尺寸以框外围展开面积计算。

彩板窗（010807008）、复合材料窗（010807009）工程量以樘计量,按设计图示数量计算;或以平方米计量,按设计图示洞口尺寸或框外围以面积计算。

（8）门窗套（010808）

木门窗套（010808001）、木筒子板（010808002）、饰面夹板筒子板（010808003）、金属门窗套（010808004）、石材门窗套（010808005）、成品木门窗套（010808007）工程量以樘计量,按设计图示数量计算;或以平方米计量,按设计图示尺寸以展开面积计算;或以米计量,按设计图示中心以延长米计算。

门窗木贴脸（010808006）工程量以樘计量按设计图示数量计算,或以米计量按设计图示中心以延长米计算。

（9）窗台板（010809）

木窗台板（010809001）、铝塑窗台板（010809002）、金属窗台板（010809003）、石材窗台板（010809004）工程量按设计图示尺寸以展开面积计算。

（10）窗帘、窗帘盒、轨（010810）

窗帘（010810001）工程量以米计量,按设计图示尺寸以成活后长度计算;或以平方米计量,按设计图示尺寸以成活后展开面积计算。

木窗帘盒（010810002）、饰面夹板、塑料窗帘盒（010810003）、铝合金窗帘盒（010810004）、窗帘轨（010810005）工程量按设计图示尺寸以长度计算。

3. 门窗工程工程量清单及计价示例

【例题 7.7】

根据[例题 6.17]的题意,计算门窗工程的工程量清单。

解 (1) 列项目:木质门(010801001001)、木门框(010801005001)、门锁安装(010801006001)。

(2) 计算工程量。

木质门工程量:10 樘

木门框工程量:10 樘

门锁安装工程量:10 套

(3) 工程量清单,见表 7.7。

表 7.7 工程量清单

序号	项目编码	项目名称	项目特征	计量单位	工程数量
1	010801001001	木质门	(1)木门种类:镶板木门; (2)洞口尺寸:900 mm×2 700 mm; (3)五金件:铰链	樘	10
2	010801005001	木门框	(1)门框边框断面:60 mm×120 mm,净料,现场制作安装; (2)油漆面层用底油、色油刷清漆两遍	樘	10
3	010801006001	门锁安装	锁品种:球形执手锁	套	10

【例题 7.8】

根据[例题 6.17]的题意,按《计价表》计算门窗工程的清单综合单价。

解 (1) 列项目:木质门(010801001001)(门扇制作 15-197、门扇安装 15-199、一般五金件15-377);木门框(010801005001)(门框制作 15-196、门框安装 15-198、门油漆 16-53);门锁安装(010801006001)(球形执手锁 15-346)。

(2) 计算工程量(见[例题 6.17])。

门框制作安装、门扇制作安装工程量:24.3 m²

五金配件:球形锁工程量:10 套

单层木门油漆工程量:$0.9×2.7×10×0.96=23.33$ m²

(3) 清单计价,见表 7.8。

表 7.8 清单计价

序号	项目编码	项目名称	计量单位	工程数量	金额(元)	
					综合单价	合价
1	010801001001	木质门	樘	10	188.61	1 886.12
	15-197	门扇制作	10 m²	2.43	633.47	1 539.33
	15-199	门扇安装	10 m²	2.43	96.17	233.69
	15-377	五金配件	樘	10	11.31	113.10
2	010801005001	木门框	樘	10	163.44	1 634.41

（续表）

序号	项目编码	项目名称	计量单位	工程数量	综合单价	合价
					金额（元）	
	15-196 换	门框制作	10 m²	2.43	541.50	1 315.85
	15-198	门框安装	10 m²	2.43	29.64	72.03
	16-53	单层木门清漆两遍	10 m²	2.333	105.67	246.53
3	010801006001	门锁安装	套	10	39.77	397.70
	15-346	球形执手锁	把	10	39.77	397.70

答：镶板木门的清单综合单价为 188.61 元/樘，木门框为 163.44 元/樘，门锁安装为 39.77 元/套。

五、油漆、涂料、裱糊工程清单计价

1. 主要内容

①门油漆；②窗油漆；③木扶手及其他板条、线条油漆；④木材面油漆；⑤金属面油漆；⑥抹灰面油漆；⑦喷刷涂料；⑧裱糊。

2. 工程量计算规则及注意事项

（1）门油漆（011401）

木门油漆（011401001）、金属门油漆（011401002）工程量以樘计量，按设计图示数量计算；或以平方米计量，按设计图示洞口尺寸以面积计算。

注意：① 木门油漆应区分木大门、单层木门、双层（一玻一纱）木门、双层（单裁口）木门、全玻自由门、半玻自由门、装饰门及有框门或无框门等项目，分别编码列项。

② 金属门油漆应区分平开门、推拉门、钢制防火门等项目，分别编码列项。

③ 以平方米计量，项目特征可不必描述洞口尺寸。

（2）窗油漆（011402）

木窗油漆（011402001）、金属窗油漆（011402002）工程量以樘计量，按设计图示数量计算；或以平方米计量，按设计图示洞口尺寸以面积计算。

注意：① 木窗油漆应区分单层木门、双层（一玻一纱）木窗、双层框扇（单裁口）木窗、双层框三层（二玻一纱）木窗、单层组合窗、双层组合窗、木百叶窗、木推拉窗等项目，分别编码列项。

② 金属窗油漆应区分平开窗、推拉窗、固定窗、组合窗、金属隔栅窗等项目，分别编码列项。

③ 以平方米计量，项目特征可不必描述洞口尺寸。

（3）木扶手及其他板条、线条油漆（011403）

木扶手油漆（011403001）、窗帘盒油漆（011403002），以及封檐板、顺水板油漆（011403003），挂衣板、黑板框油漆（011403004），挂镜线、窗帘棍、单独木线油漆（011403005）工程量按设计图示尺寸以长度计算。

注意：木扶手应区分带托板与不带托板，分别编码列项，若是木栏杆带扶手，木扶手不应单独列项，应包含在木栏杆油漆中。

（4）木材面油漆（011404）

木护墙、木墙裙油漆（011404001），窗台板、筒子板、盖板、门窗套、踢脚线油漆

(011404002),清水板条天棚、檐口油漆(011404003),木方格吊顶天棚油漆(011404004),吸音板墙面、天棚面油漆(011404005),暖气罩油漆(011404006),其他木材面(011404007)工程量按设计图示尺寸以面积计算。

木间壁、木隔断油漆(011404008),玻璃间壁露明墙筋油漆(011404009),木栅栏、木栏杆(带扶手)油漆(011404010)工程量按设计图示尺寸以单面外围面积计算。

衣柜、壁柜油漆(011404011),梁柱饰面油漆(011404012),零星木装修油漆(011404013),工程量按设计图示尺寸以油漆部分展开面积计算。

木地板油漆(011404014),木地板烫硬蜡面(011404015)工程量按设计图示尺寸以面积计算。空洞、空圈、暖气包槽、壁龛的开口部分并入相应的工程量内。

(5) 金属面油漆(011405)

金属面油漆(011405001)工程量以吨计量,按设计图示尺寸以质量计算;或以平方米计量,按设计展开面积计算。

(6) 抹灰面油漆(011406)

抹灰面油漆(011406001)、满刮腻子(011406003)工程量按设计图示尺寸以面积计算。

抹灰线条油漆(011406002)工程量按设计图示尺寸以长度计算。

(7) 喷刷涂料(011407)

墙面喷刷涂料(011407001)、天棚喷刷涂料(011407002)工程量按设计图示尺寸以面积计算。

空花格、栏杆刷涂料(011407003)工程量按设计图示尺寸以单面外围面积计算。

线条刷涂料(011407004)工程量按设计图示尺寸以长度计算。

金属构件刷防火涂料(011407005)工程量以吨计量,按设计图示尺寸以质量计算;或以平方米计量按设计展开面积计算。

木材构件喷刷防火涂料(011407006)工程量以平方米计量,按设计图示尺寸以面积计算。

注意:喷刷墙面涂料部位要注明内墙或外墙。

(8) 裱糊(011408)

墙纸裱糊(011408001)、织锦缎裱糊(011408002)工程量按设计图示尺寸以面积计算。

3. 油漆、涂料、裱糊工程清单计价要点

(1) 2013《计价规范》中以"樘"、面积、长度计算工程量,与计价表中工程量需乘以折算系数是不同的。

(2) 有线角、线条、压条的油漆、涂料面的工料消耗应包括在报价内。

(3) 空花格、栏杆刷涂料工程量按单面外围面积计算,应注意其展开面积工料消耗应包括在报价内。

4. 油漆、涂料、裱糊工程清单及计价示例

【例题 7.9】

根据[例题 6.19]的题意,计算油漆工程的工程量清单。

解 (1) 列项目:天棚面乳胶漆(011407002001)。

(2) 计算工程量(见[例题 6.14])。

天棚面乳胶漆工程量:826.74 m²

(3) 工程量清单,见表 7.9。

表 7.9 工程量清单

序号	项目编码	项目名称	项目特征	计量单位	工程数量
1	011407002001	天棚面乳胶漆	(1) 基层类型:纸面石膏板; (2) 喷刷涂料部位:天棚面层; (3) 刮腻子要求:满批腻子两遍; (4) 涂料品种、喷刷遍数:乳胶漆两遍; (5) 板缝自黏胶带 700 m	m²	826.74

【例题 7.10】

根据[例题 6.19]的题意,按《计价表》计算油漆工程的清单综合单价。

解 (1) 列项目:天棚面乳胶漆(011407002001)(天棚贴自粘胶带 16-306、清油封底 16-305、天棚面满批腻子两遍 16-303、天棚面乳胶漆两遍 16-311)。

(2) 计算工程量(见[例题 6.19])。

(3) 清单计价,见表 7.10。

表 7.10 清单计价

序号	项目编码	项目名称	计量单位	工程数量	综合单价	合价
1	011407002001	天棚面乳胶漆	m²	826.74	11.28	9 325.63
	16-306	天棚贴自粘胶带	10 m	70	17.95	1 256.5
	16-305	清油封底	10 m²	82.674	20.14	1 665.05
	16-303	满批腻子两遍	10 m²	82.674	40.57	3 354.08
	16-311	乳胶漆两遍	10 m²	82.674	36.93	3 053.15

答:天棚面乳胶漆的清单综合单价为 11.28 元/m²。

六、其他装饰工程清单计价

1. 主要内容

①柜类、货架;②压条、装饰线;③扶手、栏杆、栏板装饰;④暖气罩;⑤浴厕配件;⑥雨篷、旗杆;⑦招牌、灯箱;⑧美术字。

2. 工程量计算规则

(1) 柜类、货架(011501)

柜台(011501001)、酒柜(011501002)、衣柜(011501003)、存包柜(011501004)、鞋柜(011501005)、书柜(011501006)、厨房壁柜(011501007)、木壁柜(011501008)、厨房低柜(011501009)、厨房吊柜(011501010)、矮柜(011501011)、吧台背柜(011501012)、酒吧吊柜(011501013)、酒吧台(011501014)、展台(011501015)、收银台(011501016)、试衣间(011501017)、货架(011501018)、书架(011501019)、服务台(01150120)工程量按设计图示数量以"个"计算。

(2) 压条、装饰线(011502)

金属装饰线(011502001)、木质装饰线(011502002)、石材装饰线(011502003)、石膏装饰线(011502004)、镜面玻璃线(011502005)、铝塑装饰线(011502006)、塑料装饰线(011502007)、GRC 装饰线条(011502008)工程量按设计图示以长度计算。

(3) 扶手、栏杆、栏板装饰(011503)

金属扶手、栏杆、栏板(011503001)，硬木扶手、栏杆、栏板(011503002)，塑料扶手、栏杆、栏板(011503003)，GRC扶手、栏杆(011503004)，金属靠墙扶手(011503005)、硬木靠墙扶手(011503006)、塑料靠墙扶手(011503007)、玻璃栏板(011503008)工程量按设计图示以扶手中心线长度(包括弯头长度)计算。

(4) 暖气罩(011504)

饰面板暖气罩(011504001)、塑料板暖气罩(011504002)、金属暖气罩(011504003)按设计图示尺寸以垂直投影面积(不展开)计算。

(5) 浴厕配件(011505)

洗漱台(011505001)工程量以平方米计量，按设计图示尺寸以台面外接矩形面积计算，不扣除孔洞、挖弯、削角所占面积，挡板、吊沿板面积并入台面面积内；或以个计量，按设计图示数量计算。

晒衣架(011505002)、帘子杆(011505003)、浴缸拉手(011505004)、卫生间扶手(011505005)、卫生纸盒(011505008)、肥皂盒(011505009)、镜箱(011505011)工程量以个计量，按设计图示数量计算。

毛巾杆(架)(011505006)工程量以套计量，按设计图示数量计算。

毛巾环(011505007)工程量以副计量，按设计图示数量计算。

镜面玻璃(011505010)工程量按设计图示尺寸以边框外围面积计算。

(6) 雨篷、旗杆(011506)

雨篷吊挂饰面(011506001)、玻璃雨棚(011506003)工程量按设计图示尺寸以水平投影面积计算。

金属旗杆(011506002)工程量以根计量，按设计图示数量计算。

(7) 招牌、灯箱(011507)

平面、箱式招牌(011507001)工程量按设计图示尺寸以正立面边框外围面积计算。复杂形的凹凸造型部分不增加面积。

竖式标箱(011507002)、灯箱(011507003)、信报箱(011507004)工程量以个计量，按设计图示数量计算。

(8) 美术字(011508)

泡沫塑料字(011508001)、有机玻璃字(011508002)、木质字(011508003)、金属字(011508004)、吸塑字(011508005)工程量以个计量，按设计图示数量以计算。

3. 其他装饰工程清单计价要点

(1) 厨房壁柜和厨房吊柜的区别：嵌入墙内为壁柜，以支架固定在墙上的为吊柜。

(2) 压条、装饰线项目已包括在门扇、墙柱面、天棚等项目内的，不再单独列项。

(3) 洗漱台项目适用于石质(天然石材、人造石材等)、玻璃等。

(4) 旗杆的砌砖或混凝土台座，台座的饰面可按相关附录的章节另行编码列项，也可纳入旗杆价内。

(5) 美术字不分字体按大小规格分类。

(6) 台柜项目以"个"计算，应按设计图纸或说明，包括台柜、台面材料(石材、皮革、金属、实木等)、内隔板材料、连接件、配件等，均应包括在报价内。

(7) 洗漱台现场制作、切割、磨边等人工、机械的费用应包括在报价内。

（8）金属旗杆也可将旗杆台座及台座面层一并纳入报价。

4．其他工程清单及计价示例

【例题 7.11】

根据［例题 6.20］的题意，计算其他工程的工程量清单。

解 （1）列项目：15 mm×15 mm 阴角线（011502002001）、60 mm×60 mm 阴角线（011501002002）。

（2）计算工程量。

15 mm×15 mm 阴角线工程量：83.04 m

60 mm×60 mm 阴角线工程量：119.04 m

（3）工程量清单，见表 7.11。

表 7.11 工程量清单

序号	项目编码	项目名称	项目特征	计量单位	工程数量
1	011502002001	成品阴角线	（1）规格：15 mm×15 mm，成品； （2）油漆：刷底油、色油、清漆两遍	m	83.04
2	011502002002	成品阴角线	（1）规格：60 mm×60 mm，成品； （2）油漆：刷底油、色油、清漆两遍	m	119.04

【例题 7.12】

根据［例题 6.20］的题意，按《计价表》计算其他工程的清单综合单价。

解 （1）列项目：阴角线（011502002001）（15 mm×15 mm 阴角线 17-27、清漆两遍 16-55）、阴角线（011502002002）（60 mm×60 mm 阴角线 17-29、清漆两遍 16-55）。

（2）计算工程量（见［例题 6.20］）。

15 mm×15 mm 阴角线：83.04 m

60 mm×60 mm 阴角线：119.04 m

15 mm×15 mm 阴角线油漆：83.04×0.35＝29.06 m

60 mm×60 mm 阴角线油漆：119.04×0.35＝41.66 m

（3）清单计价，见表 7.12。

表 7.12 清单计价

序号	项目编码	项目名称	计量单位	工程数量	综合单价	合价
1	011502002001	阴角线	m	83.04	4.19	347.94
	17-27 换	15 mm×15 mm 红松阴角线	100 m	0.830 4	338.69	281.25
	16-55	清漆两遍	10 m	2.906	23.01	66.87
2	011502002002	阴角线	m	119.04	9.03	1 074.93
	17-29	60 mm×60 mm 红松阴角线	100 m	1.190 4	822.00	978.51
	16-55	清漆两遍	10 m	4.166	23.01	95.86

答：阴角线 15 mm×15 mm 的清单综合单价为 4.19 元/m，阴角线 60 mm×60 mm 的清单综合单价为 9.03 元/m。

8 装饰工程工程量清单计价实例

本章内容费用计算按单独装饰工程费率取定。

8.1 分部分项工程清单计价实例

【例题 8.1】

一工厂工具间如图 8.1 所示,水泥砂浆地面做法见苏 J9501—2/2,其中 60 厚 C15 混凝土垫层改为 60 厚 C20 混凝土垫层,水泥砂浆踢脚线高 150 mm,计算该分项工程的清单造价及综合单价。(假设该工程内容为一类土建建筑工程中的分部分项工程,材料价格按《计价表》,门窗规格见表 8.1)

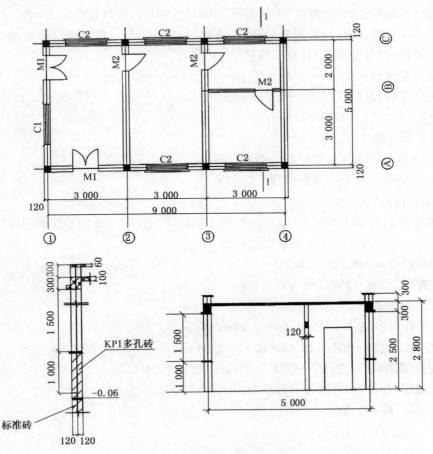

图 8.1 某工厂工具间示意图

表 8.1　门窗表

编号	宽(mm)	高(mm)	樘数
M1	1 200	2 500	2
M2	900	2 100	2
C1	1 500	1 500	1
C2	1 200	1 500	5

【解析】

(1) 混凝土强度等级不同,单价要换算。

(2) 工程类别与《计价表》单价中的标准不同要换算。

(3) 按 2013《计价规范》水泥砂浆踢脚取 m^2 为计量单位,按设计图示长度乘以高度计算。按《计价表》,踢脚线以 m 为单位,按延长米计算,其洞口、门口长度不予扣除,但洞口、门口、垛、附墙烟囱等侧壁也不增加。

(4) 本题按土建一类取费,《计价表》中的管理费和利润要作相应调整。

解:

1. 按 2013《计价规范》计算工程量清单

(1) 确定项目编码和计量单位

水泥砂浆地面查《计价规范》项目编码为 01110100100,取计量单位为 m^2。

水泥砂浆踢脚线查《计价规范》项目编码为 011105001001,取计量单位为 m^2。

(2) 按 2013《计价规范》计算工程量

水泥砂浆地面:$(3.00-0.24) \times (5.00-0.24) \times 3 = 39.41 \ m^2$

水泥砂浆踢脚线:$\{[(3.00-0.24)+(5.00-0.24)] \times 2 \times 2 + (3.00-0.24) \times 4 + (5.00-0.24-0.12) \times 2\} \times 0.15 = 7.56 \ m^2$

(3) 工程量清单

011101001001 水泥砂浆地面　39.41 m^2

011105001001 水泥砂浆踢脚线　7.56 m^2

(4) 项目特征描述

夯实地基上 100 厚碎石,60 厚 C20 混凝土垫层,20 厚 1:2 水泥砂浆面层压实抹光。踢脚线高 150 mm,10 厚 1:2 水泥砂浆底面。

2. 按《计价表》计算清单造价

(1) 按《计价表》计算规则计算工程量

水泥砂浆地面:$2.76 \times 4.76 \times 3 = 39.41 \ m^2$

100 厚碎石垫层:$39.41 \times 0.10 = 3.94 \ m^3$

60 厚 C20 混凝土垫层:$39.41 \times 0.06 = 2.36 \ m^3$

水泥砂浆踢脚线:$(2.76+4.76) \times 2 \times 2 + (2.76 \times 2 + 4.76 - 0.12) \times 2 = 50.40 \ m$

(2) 套用《计价表》计算各子目单价

12-9 换　碎石干铺

其中:人工费　14.56 元

　　　材料费　61.26 元

机械费　0.97 元

管理费　(14.56＋0.97)×42％＝6.52 元

利　润　(14.56＋0.97)×15％＝2.33 元

小计：85.64 元/m³

12-11 换　C20 现浇混凝土垫层

分析：C10 混凝土换 C20 混凝土增加　1.01×(177.41－155.26)＝22.37 元

其中：人工费　35.36 元

材料费　158.69＋22.37＝181.06 元

机械费　4.34 元

管理费　(35.36＋4.34)×42％＝16.67 元

利　润　(35.36＋4.34)×15％＝5.96 元

小计：243.39 元/m³

12-22 换　1：2 水泥砂浆面层

其中：人工费　24.70 元

材料费　43.97 元

机械费　2.06 元

管理费　(24.70＋2.06)×42％＝11.24 元

利　润　(24.70＋2.06)×15％＝4.01 元

小计：85.98 元/10 m²

12-27 换　1：2 水泥砂浆踢脚线

其中：人工费　12.48 元

材料费　7.41 元

机械费　0.41 元

管理费　(12.48＋0.41)×42％＝5.41 元

利　润　(12.48＋0.41)×15％＝1.93 元

小计：27.64 元/10 m

(注：上述过程可在计算机上利用软件完成)

(3) 计算清单造价

011101001001 水泥砂浆地面

12-9 换　3.94×85.64＝337.42 元

12-11 换　2.36×243.39＝574.40 元

12-22 换　39.41÷10×85.98＝338.84 元

合计：1 250.66 元

011105001001 水泥砂浆踢脚线

12-27 换　50.40÷10×27.64＝139.31 元

合计：139.31 元

3. 计算综合单价

011101001001 水泥砂浆地面　1 250.66÷39.41＝31.73 元/m²

011105001001 水泥砂浆踢脚线　139.31÷7.56＝18.43 元/m²

【例题 8.2】

某混凝土地面垫层上 1:3 水泥砂浆找平,水泥砂浆贴供货商供应的 600×600 花岗岩板材,要求对格对缝,施工单位现场切割,要考虑切割后剩余板材应充分使用,墙边用黑色板材镶边线 180 mm 宽,具体分格详见图 8.2 所示。门挡处不贴花岗岩。花岗岩市场价格:芝麻黑 280 元/m²,紫红色 600 元/m²,黑色 300 元/m²,乳白色 350/m²,贴好后应酸洗打蜡,进行成品保护。不考虑其他材料的调差,不计算踢脚线。施工单位签订合同时已明确,工资单价为 35 元/工日,请按题意计算该地面的工程量清单和清单造价。

【解析】

(1)四周黑色镶边,芝麻黑套一般花岗岩镶贴楼地面《计价表》子目,中间的圆形图案面积按方形扣除。

(2)中间圆形图案按方形面积套用多色复杂图案镶贴楼地面《计价表》子目。弧形部分花岗岩损耗率按实计算。

(3)花岗岩地面酸洗打蜡未含在花岗岩楼地面计价子目内,另套相应的计价子目。

(4)计价时,要注意各花岗岩价格的区分。人工工日为 35 元/工日,要注意调整。

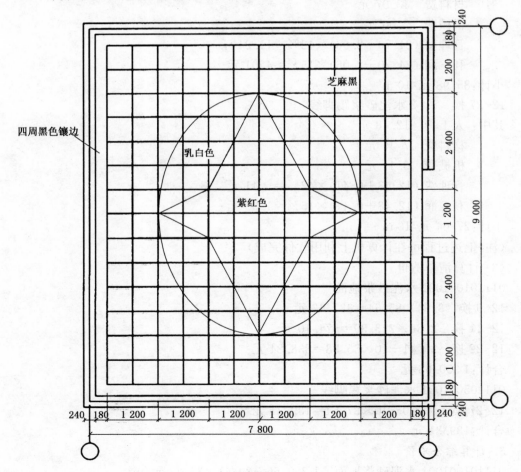

图 8.2

解:

1. 按 2013《计价规范》计算工程量清单

(1) 确定项目编码和计量单位

花岗岩楼地面查《计价规范》项目编码为 011101001，取计量单位为 m^2。

(2) 按 2013《计价规范》计算工程量

花岗岩楼地面：$(7.80-0.24) \times (9.00-0.24) = 66.23 \ m^2$

(3) 工程量清单

011101001001 花岗岩楼地面 66.23 m^2

(4) 项目特征描述

混凝土地面垫层上 20 厚 1∶3 水泥砂浆找平层，8 厚 1∶1 水泥细砂浆结合层，上贴 600×600 规格花岗岩板，酸洗打蜡，并进行成品保护。

2. 按《计价表》计算清单造价

(1) 按《计价表》计算规则计算工程量

1) 四周黑色镶边的面积

$0.18 \times (7.56+8.76-0.18 \times 2) \times 2 = 5.75 \ m^2$

2) 大面积芝麻黑镶贴的面积

$7.56 \times 8.76 - 4.80 \times 6.00 - 5.75 = 31.68 \ m^2$

3) 中间多色复杂图案花岗岩镶贴的面积

$4.80 \times 6.00 = 28.80 \ m^2$

4) 花岗岩酸洗打蜡，成品保护的面积

$7.56 \times 8.76 = 66.23 \ m^2$

(2) 套用《计价表》计算各子目单价

12-57 换 四周黑色镶边花岗岩镶贴 3 370.20 元/10 m^2

分析：黑色花岗岩计入单价

增 $10.20 \times (300.00-250.00) = 510.00$ 元

其中：人工费 $118.16+4.22 \times (35.00-28.00) = 147.70$ 元

材料费 $2 620.52+510.00 = 3 130.52$ 元

机械费 4.96 元

管理费 $(147.70+4.96) \times 42\% = 64.12$ 元

利 润 $(147.70+4.96) \times 15\% = 22.90$ 元

小计：3 370.20 元/10 m^2

12-57 换 芝麻黑花岗岩镶贴 3 166.20 元/m^2

分析：芝麻黑花岗岩计入单价

增 $10.20 \times (280.00-250.00) = 306.00$ 元

其中：人工费 147.70 元

材料费 $2 620.52+306.00 = 2 926.52$ 元

机械费 4.96 元

管理费 64.12 元

利 润 22.90 元

小计:3 166.20 元/m²

12-65 换　中间圆形多色复杂图案花岗岩镶贴　5 151.20 元/m²

分析:

1) 按实计算弧形部分花岗岩板材的面积(2%为施工切割损耗)

乳白色花岗岩:$S_1 = 0.60 \times 0.60 \times 9$ 块 $\times 4$ 片 $\times 1.02 = 13.22$ m²

芝麻黑花岗岩:$S_2 = 0.60 \times 0.60 \times 6$ 块 $\times 4$ 片 $\times 1.02 = 8.81$ m²

紫红色花岗岩:$0.60 \times 0.60 \times 30$ 块 $\times 1.02 = 11.02$ m²

2) 计算乳白色、芝麻黑、紫红色花岗岩在《计价表》子目中的含量

乳白色花岗岩含量:$13.22 \div 28.80 \times 10 = 4.59$ m²/m²

芝麻黑花岗岩含量:$8.81 \div 28.80 \times 10 = 3.06$ m²/m²

紫红色花岗岩含量:$11.02 \div 28.80 \times 10 = 3.83$ m²/m²

3) 乳白色、芝麻黑、紫红色花岗岩计入单价

增:乳白色花岗岩 $4.59 \times (350.00 - 250.00) = 459.00$ 元

芝麻黑花岗岩 $3.06 \times (280.00 - 250.00) = 91.80$ 元

紫红色花岗岩 $3.83 \times (600.00 - 250.00) = 1 340.50$ 元

小计:1 891.30 元/10 m²

4) 按《计价表》第 491 页增加人工

增　$5.88 \times 0.20 = 1.18$ 工日

5) 计算《计价表》单价

其中:人工费 $(5.88 + 1.18) \times 35.00 = 247.10$ 元

　　　材料费　$2 841.46 + 1 891.30 = 4 732.76$ 元

　　　机械费　19.42 元

　　　管理费 $(247.10 + 19.42) \times 42\% = 111.94$ 元

　　　利　润 $(247.10 + 19.42) \times 15\% = 39.98$ 元

小计:5 151.20 元/m²

12-121 块料面层酸洗打蜡　22.73 元/10 m²

17-93 成品保护　8.33 元/10 m²

(3) 计算清单造价

011101001001 花岗岩楼地面

12-57 换　四周黑色花岗岩镶贴　$5.75 \div 10 \times 3 370.20 = 1 937.86$ 元

12-57 换　芝麻黑花岗岩镶贴　$31.68 \div 10 \times 3 166.20 = 10 030.51$ 元

12-65 换　中间圆形多色复杂图案花岗岩镶贴　$28.80 \div 10 \times 5 151.20 = 14 835.45$ 元

12-121　块料面层酸洗打蜡　$66.23 \div 10 \times 22.73 = 150.54$ 元

17-93　成品保护　$66.23 \div 10 \times 8.33 = 55.17$ 元

合　计:27 009.53 元

3. 计算综合单价

011102001001 花岗岩楼地面　$27 009.53 \div 66.23 = 407.81$ 元/m²

【例题 8.3】

一餐厅楼梯栏杆如图 8.3 所示。采用型钢栏杆,或成品榉木扶手。设计要求栏杆

25×25方管与楼梯用 $M_{8×80}$ 膨胀螺栓连接。木扶手刷聚酯亚光漆三遍,型钢栏杆刷防锈漆一遍、黑色调和漆两遍。人工按 35 元/工日计算,求该扶手 1 m 的清单综合单价。（注:25×4扁钢 0.79 kg/m,25×25×1.5方钢管 1.18 kg/m,材料价格不调整）

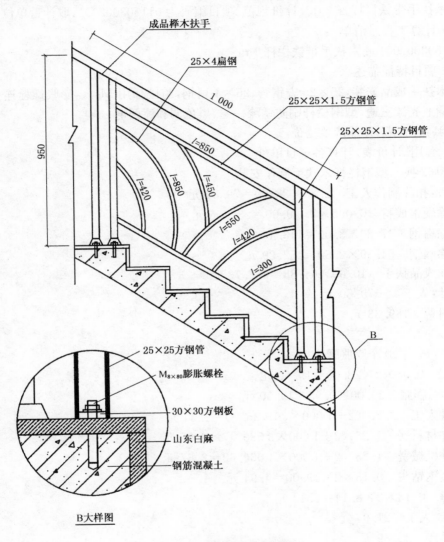

图 8.3　楼梯栏杆示意图

【解析】

（1）设计成品木扶手安装,每10 m 扣除制作人工2.85工日,扣除硬木成材,增加成品榉木扶手的价格。

（2）型钢栏杆按设计用量加6%损耗进行调整,油漆按"t"计。

（3）栏杆与楼梯用膨胀螺栓连接,另增工料费用。其中铁件要按6-4子目进行工、料、机二次分析。

（4）人工按35元/工日,计算综合单价时,注意调整。

解：

1. 按 2013《计价规范》计算工程量清单

（1）确定项目编码和计量单位

硬木扶手带铁栏杆查 2013《计价规范》项目编码为 011503002001，取计量单位为 m。

（2）计算工程量清单

011503002001 硬木扶手带铁栏杆 1 m。

（3）项目特征描述

榉木扶手成品安装，25×25 方钢管、25×4 扁钢，与楼梯用 $M_{8×80}$ 膨胀螺栓连接。木扶手刷聚酯亚光漆三遍，型钢栏杆刷防锈漆一遍、黑色调和漆两遍。

2. 按《计价表》计算清单造价

（1）套用《计价表》计算各子目单价

12-162 换　型钢栏杆木扶手制作安装

分析：扣除制作人工　2.85×28.00＝79.80 元

扣除硬木成材　0.095×2 449.00＝232.66 元

扣除扁钢　47.80×3.00＝143.40 元

扣除圆钢　54.39×2.80＝152.29 元

增加成品扶手　10.60×64.88＝687.73 元

小计：人工　－79.80 元

材料费　159.38 元

每 10 m 增 20 个膨胀螺栓：

人工　0.35×2×28.00＝19.60 元

$M_{8×80}$ 膨胀　20.00×0.95＝19.00 元

铁件人工　1.25×2÷1 000×36×26.00＝2.34 元

铁件材料费　1.25×2÷1 000×3 580.47＝8.95 元

铁件机械费　1.25×2÷1 000×1 066.62＝2.67 元

合金钢钻头　0.13×2×19.00＝4.94 元

电锤　0.13×2×8.14＝2.12 元

小计：人工　21.94 元

材料费　32.89 元

机械费　4.79 元

按《计价表》计算型钢含量

25×4 扁钢：(1.00＋0.42＋0.85＋0.45＋0.55＋0.42＋0.30)×1.06×0.79×10＝33.41 kg

33.41×3.00＝100.23 元

25×25×1.5 方钢管：(0.95×4＋0.85×2)×1.06×1.18×10＝68.79 kg

68.79×3.25＝223.57 元

小计：材料费 323.80 元

其中:人工费 228.20－79.80＋21.94＋(8.15－2.85＋0.7)×(35.00－28.00)＋0.09×(35.00－26.00)＝213.15元

材料费 543.07＋159.38＋32.89＋323.80＝1 059.14元

机械费 201.91＋4.79＝206.70元

管理费 (213.15＋206.70)×42%＝176.34元

利润 (213.15＋206.70)×15%＝62.98元

12-162 换 单价 1 718.30 元/10 m

16-167 换 扶手油亚光聚酯漆三遍 66.02 元/10 m

其中:人工费 20.72＋0.74×(35.00－28.00)＝25.90元

材料费 25.36元

管理费 25.90×42%＝10.88元

利润 25.90×15%＝3.89元

小计:66.02元/10 m

16-260 换 金属面调和漆两遍 164.72 元/t

小计:人工费 55.44＋1.98×(35.00－28.00)＝69.30元

材料费 55.92元

管理费 69.30×48%＝29.11元

利润 69.30×15%＝10.40元

小计:164.72元/t

16-264 换 金属面防锈漆一遍 106.31 元/t

人工费 30.24＋1.08×(35.00－28.00)＝37.80元

材料费 46.96元

管理费 37.80×42%＝15.88元

利润 37.80×15%＝5.67元

小计:106.31元/t

(2)计算清单造价

011503002001 硬木扶手铁栏杆 1 m

12-162 换 硬木扶手铁栏杆制安 1÷10×1 718.30＝171.83元

16-167 换 扶手油漆 1÷10×66.02＝6.60元

16-260 换 铁栏杆油漆 (32.99＋68.79)÷10÷1 000×164.72＝1.68元

16-264 换 铁栏杆防锈漆 (32.99＋68.79)÷10÷1 000×106.31＝1.08元

合计:181.19元

3. 计算综合单价

011503002001 硬木扶手铁栏杆 181.19 元/m

【例题 8.4】

某学院门厅处一混凝土圆柱直径 $D=600$,柱帽、柱墩挂贴进口黑金砂花岗岩,柱身挂贴四拼进口米黄花岗岩,灌缝1∶2水泥砂浆50 mm厚,贴好后酸洗打蜡。具体尺寸如图8.4所示。计算该分项工程的清单造价及综合单价。(材料价格及费率均按定额执行)

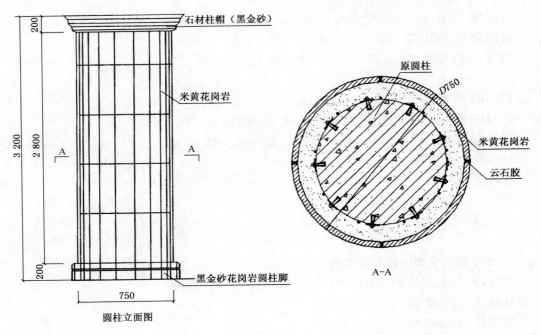

图 8.4

【解析】

(1) 按2013《计价规范》计算柱帽、柱墩工程量,按外围尺寸乘以高度以面积计算。

(2) 按2013《计价表》计算柱帽、柱墩工程量,按结构柱直径加100 mm后的周长乘以其高以 m² 计算。

(3) 柱面石材云石胶嵌缝定额中未包括,要按《计价表》第十七章相应子目执行。

解:

1. 按2013《计价规范》计算工程量清单

(1) 确定项目编码和计量单位

石材圆柱面查2013《计价规范》项目编码为011205001001,取计量单位为 m²。

(2) 按2013《计价规范》规定计算工程量:$\pi \times 0.75 \times 3.20 = 7.54$ m².

(3) 项目特征描述

石材圆柱面:混凝土圆柱面结构尺寸直径 $D=600$,柱身饰面尺寸为直径 $D=750$,柱帽、柱墩挂贴进口黑金砂,柱身挂贴四拼进口米黄花岗岩,灌缝1∶2水泥砂浆50 mm厚,板缝嵌云石胶,石材面进行酸洗打蜡。

2. 按《计价表》计算清单造价

(1) 按《计价表》工程量计算规则计算工程量

黑金砂柱帽:$(0.60+0.10) \times \pi \times 0.20 = 0.44$ m²

黑金砂柱墩:$(0.60+0.10) \times \pi \times 0.20 = 0.44$ m²

四拼米黄柱身:$0.75 \times \pi \times (3.20-0.20 \times 2) = 6.60$ m²

板缝嵌云石胶：$(3.20-0.20×2)×4=11.20$ m

（2）套用《计价表》计算各工程内容价格，计算结果见表 8.2。

表 8.2 计算结果

子目	项目名称	单位	单价	数量	合价（元）
13-104	柱身挂贴四拼米黄花岗岩	10 m²	17 266.81	0.66	11 396.10
13-107	柱墩挂贴黑金砂	10 m²	25 533.56	0.044	1 123.48
13-108	柱帽挂贴黑金砂	10 m²	29 119.96	0.044	1 281.28
17-44	板缝嵌云石胶	10 m	15.65	1.12	17.53
合计					13 818.39

3. 计算分项清单综合单价

011205001001 石材圆柱面：$13\ 818.39÷7.54=1\ 832.68$ 元/m²

【例题 8.5】

某公司小会议室墙面装饰如图 8.5 所示。200 mm 宽铝塑板腰线，120 mm 高红影踢脚线，有四条竖向镭射玻璃装饰条（210 mm 宽），镭射玻璃边采用 30 mm 宽红影装饰线条，其余红影切片板斜拼纹。做法：预埋木砖、木龙骨 24 mm×30 mm，间距 300 mm×300 mm，杨木芯十二厘板基层，踢脚线基层板为 12 mm 厚细木工板。木龙骨木基层板刷防火漆二度。饰面板油漆为润油粉、刮腻子、漆片、刷硝基清漆、磨退出亮。计算该分项工程的清单造价及综合单价。（材料价格及费率均不调整）

【解析】

（1）木龙骨、十二厘板基层的高度比面层高 120 mm，即踢脚线内也应考虑，在用 2013《计价表》计算工程量时要注意。

（2）踢脚线安装在木基层板上时，要扣除定额中木砖含量。

（3）套用《计价表》时，木饰面子目的木基层均未含防火材料，设计要求刷防火漆，按《计价表》第十六章中相应子目执行。

（4）套用《计价表》时，装饰面层中均未包括墙裙压顶线、压条、踢脚线、门窗贴脸等装饰线，设计有要求时，按相应章节子目执行。

（5）套用《计价表》时，设计切片板斜拼纹者，每 10 m² 斜拼纹按墙面定额人工乘系数 1.30，切片板含量乘系数 1.10，其他不变。

解：

1. 按 2013《计价规范》计算工程量清单

（1）确定项目编码和计量单位

红影饰面板踢脚线查 2013《计价规范》项目编码为 011105005001，取计量单位 m²。

红影饰面板墙面查 2013《计价规范》项目编码为 011207001001，取计量单位 m²。

（2）按 2013《计价规范》规定计算工程量

红影饰面板踢脚线：$(4.80+1.22×4)×0.12=1.16$ m²

红影饰面板墙面：$10.52×2.70-1.16=27.24$ m²

（3）项目特征描述

红影饰面板踢脚线：踢脚线高 120 mm，12 厚细木工板基层，红影切片板面层，红影阴角线

15×15,基层板刷防火漆二度,饰面板油漆为润油粉、刮腻子、漆片、刷硝基清漆、磨退出亮。

　　红影饰面板墙面:墙面预埋木砖,木龙骨 24 mm×30 mm,间距 300 mm×300 mm 杨木芯十二厘板基层,面层红影饰面板斜拼纹,200 mm 宽铝塑板腰线,腰线 10 mm 金属线条收口,局部有四条竖向镭射玻璃装饰条(210 mm 宽),镭射玻璃边采用 30 mm 宽红影装饰线条,木龙骨木基层板刷防火漆二度,饰面板油漆为润油粉、刮腻子、漆片、刷硝基清漆、磨退出亮。

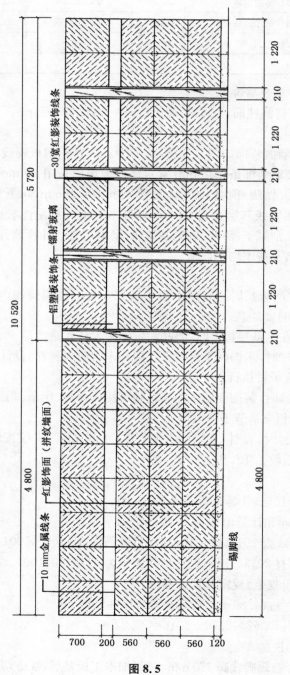

图 8.5

2. 按《计价表》计算清单造价

(1) 按《计价表》工程量计算规则计算工程量

1) 红影饰面板踢脚线:4.80＋1.22×4＝9.68 m²

木基层板防火漆:(4.80＋1.22×4)×0.12＝1.16 m²

红影饰面板踢脚线硝基清漆:9.68 m

2) 红影饰面板墙面

墙面木龙骨:10.52×2.70＝28.40 m²

墙面十二厘板基层:10.52×2.70＝28.40 m²

墙面铝塑板面层:(4.80＋1.22×4)×0.20＝1.94 m²

墙面贴镭射玻璃:0.21×2.70×4＝2.27 m²

墙面红影饰面板:(4.80＋1.22×4)×(2.70－0.20－0.12)＝23.04 m²

木龙骨防火漆二度:10.52×2.70＝28.40 m²

基层板防火漆二度:10.52×2.70＝28.40 m²

红影饰面板硝基清漆:(4.80＋1.22×4)×(2.70－0.20－0.12)＝23.04 m²

10 mm 金属装饰线条:(4.80＋1.22×4)×2＝19.36 m

30 mm 红影装饰线条:2.70×2×4＝21.60 m

木装饰线条油漆:21.6 m

(2) 套用《计价表》计算各工程内容价格,计算结果见表 8.3、表 8.4。

1) 红影饰面踢脚线

12-138 换 红影饰面板踢脚线:968.76 元/100 m

分析:扣木砖 143.91 元

细木板高度为 120 mm 15.75÷150×120×28.09＝353.93 元

红影饰面板高度为 120 mm 15.75÷150×120×10.55＝132.93 元

12-138 换

1 234.39－143.91－442.42＋353.93－166.16＋132.93＝968.76 元/100 m

表 8.3 计算结果

子目	项目名称	单位	单价	数量	合价(元)
12-138 换	红影饰面板踢脚线	100 m	968.76	0.097	93.97
16-216	墙面木基层防火漆二度	10 m²	84.55	0.116	9.81
16-182	踢脚线硝基清漆	10 m	80.79	0.97	78.37
合计					182.14

2) 红影饰面板墙面

13-182 换 红影饰面板斜拼纹面层:261.12 元/m²

分析:红影饰面板增 (11.00×1.10－11)×10.55＝11.61 元

人工费增 37.24×1.30－37.24＝11.17 元

管理费增 11.17×25%＝2.79 元

利润增 11.17×12%＝1.34 元

13-182 换 234.21＋11.61＋11.17＋2.79＋1.34＝261.12 元/10 m²

17-25 换　10 mm 金属装饰条:398.72 元/100 m

分析:镜面不锈钢宽度换为 10 mm　5.25÷50×10×183.75＝192.94 元

17-25 换　1 170.47－964.69＋192.94＝398.72 元/100 m

表 8.4　计算结果

子目	项目名称	单位	单价	数量	合价(元)
13-155	墙面木龙骨	10 m²	280.12	2.84	795.51
13-172	墙面十二厘板基层(钉在木龙上)	10 m²	257.53	2.84	731.39
13-182 换	红影饰面板斜拼纹面层	10 m²	261.12	2.304	601.62
13-200	墙面铝塑板面层	10 m²	978.48	0.194	189.83
13-208	墙面贴镭射玻璃	10 m²	2 082.23	0.227	472.67
16-217	墙面木龙骨防火漆二度	10 m²	60.41	2.84	171.56
16-216	墙面基层板防火漆二度	10 m²	84.55	2.84	240.12
16-179(×0.35)	木装饰线条硝基清漆	10 m	46.61	2.16	100.68
16-184	红影饰面板硝基清漆	10 m²	405.11	2.304	933.37
17-21	30 mm 红影装饰线条	100 m	424.23	0.216	91.63
17-25 换	10 mm 金属装饰条	100 m	192.94	0.193 6	37.35
合计					4 365.73

3. 计算分项清单综合单价

011105005001 红影饰面板踢脚线:182.14÷1.16＝157.02 元/m²

011207001001 红影饰面板墙面:4 365.73÷27.24＝160.27 元/m²

【例题 8.6】

某大厦一外墙选用点式全玻幕墙,做法及尺寸如图 8.6(a)、(b)所示。所有钢型材热浸镀锌处理,φ108×8 无缝钢管表面氟碳喷涂处理,不考虑材差及费率调整,计算该分项工程的清单造价及综合单价。(注:氟碳涂料 95 元/m²,单爪挂件(幕墙专用)100 元/套,耳板组件 80 元/套,封头组件 70 元/套,10 mm 防火板 35.10 元/m²,φ108×8 无缝钢管 19.73 kg/m,φ89×8 无缝钢管 5.98 kg/m,10 mm 钢板 78.5 kg/m²,5♯槽钢 5.44 kg/m)

【解析】

(1) 本全玻幕墙要套 2 个定额子目。即:①幕墙;②幕墙与自然楼层的连接。

(2) 全玻幕墙所用镀锌铁件爪件、支座等与定额设计不同时均应调整。

解:

1. 按 2013《计价规范》计算工程量清单

(1) 确定项目编码和计量单位

全玻幕墙查 2013《计价规范》项目编码为 011209002001,取计量单位为 m²。

(2) 按 2013《计价规范》计算工程量

全玻幕墙:5.00×9.30＝46.50 m²

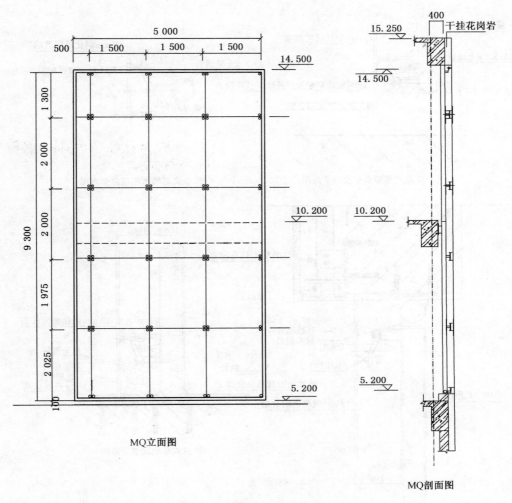

MQ立面图

MQ剖面图

图 8.6(a)

(3) 项目特征描述

12 mm 钢化透明玻璃,立柱为 $\phi108\times8$ 无缝钢管(表面氟碳喷涂)、不锈钢驳接爪连接。

2. 按《计价表》计算清单造价

(1) 按《计价表》工程量计算规则计算工程量

点式全玻幕墙:$5.00\times9.30=46.50$ m²

幕墙自然层连接:5.00 m

(2) 套用《计价表》计算各工程内容价格

13-233 换　点式全玻幕墙:5 343.09 元/10 m²

分析:1) 计算无缝钢管、铁件重量及含量

无缝钢管 $\phi108$　9.30 m×4 根×19.73×1.01=741.30 kg

无缝钢管 $\phi89$　0.5 m×4 根×15.98×1.01=32.28 kg

10 厚钢板　(0.20×0.15×16+0.10×0.20×2×4)×78.50×1.01=50.74 kg

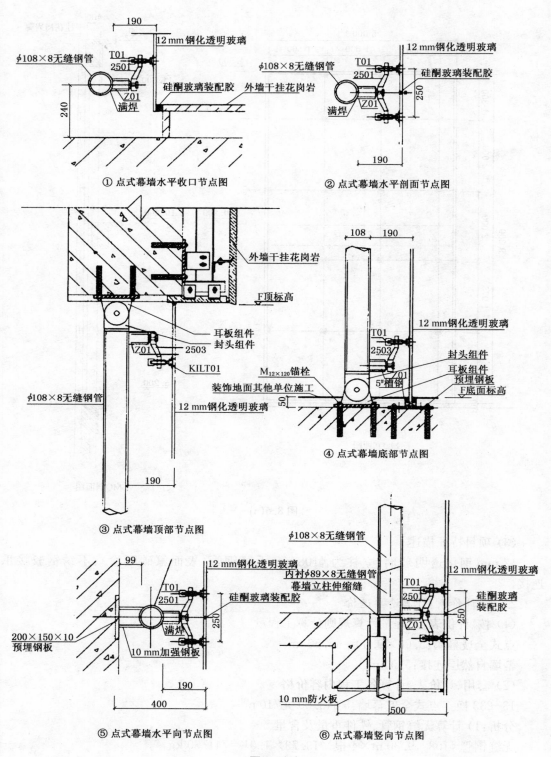

① 点式幕墙水平收口节点图

② 点式幕墙水平剖面节点图

③ 点式幕墙顶部节点图

④ 点式幕墙底部节点图

⑤ 点式幕墙水平向节点图

⑥ 点式幕墙竖向节点图

图 8.6(b)

$5^{\#}$槽钢:5.00 m×5.44×1.01＝27.47 kg

合计:851.79 kg

每平方米镀锌铁件:851.79÷46.50＝18.318 kg/m²

2)计算不锈钢爪件、封头组件、耳板组件含量

耳板组件:8÷46.50×1.01＝0.174 套/m²

封头组件:8÷46.50×1.01＝0.174 套/m²

单爪挂件(幕墙专用):2÷46.50×1.01＝0.043 套/m²

双爪挂件(幕墙专用):10÷46.50×1.01＝0.217 套/m²

四爪挂件(幕墙专用):12÷46.50×1.01＝0.261 套/m²

3)单价换算

镀锌铁件含量换算:(183.18－282.81)×3.8＝－378.59 元

双爪挂件(幕墙专用)含量换算:(2.17－2.336)×120.00＝－19.92 元

四爪挂件(幕墙专用)含量换算:(2.61－3.504)×160.00＝143.04 元

增单爪挂件(幕墙专用):0.43×100.00＝43.00 元

增耳板组件:1.74×80.00＝139.20 元

增封头组件:1.74×70.00＝121.80 元

增无缝钢管氟碳涂层:8 m×π×0.108×95.00＝257.86 元

无钢化玻璃 15 mm 改为 12 mm:10.30×(140－220)＝－824.00 元

13-233 换　单价:

6 146.78－378.59－19.92－143.04＋43.00＋139.20＋121.80＋257.86－824.00

＝5 343.09 元/10 m²

13-235 换　幕墙自然层连接 589.77 元/10 m

分析:

扣镀锌薄钢板:－178.87 元

扣防火岩棉:－93.86 元

增防火板:0.5 m²×10.5×35.10 元/m²＝184.28 元

13-235 换　单价:678.22－178.87－93.86＋184.28＝589.77 元/10 m

(3)计算清单造价

011209002001 点式全玻幕墙

13-233 换　5 343.09×46.50÷10＝24 845.37 元

13-235 换　589.77×5÷10＝294.89 元

3.计算分项清单综合单价

011209002001 点式全玻幕墙:(24 845.37＋294.89)÷46.50＝540.65 元/m²

【例题 8.7】

某单位一小会议室吊顶如图 8.7 所示。采用不上人型轻钢龙骨,龙骨间距 400×600,面层为纸面石膏板。批三遍腻子,刷白色乳胶漆三遍,与墙连接处 100×30 石膏线条交圈,刷白色乳胶漆,窗帘盒用木工板制作,展开宽度为 500 mm,回光灯槽用木工板制作,窗帘盒、回光灯槽处清油封底并做乳胶漆(做法同上),纸面石膏板贴自粘胶带按1.5 m/m²考虑,暂不考虑防火漆。计算该分项工程的清单造价及综合单价。(不考虑材差及费率调整)

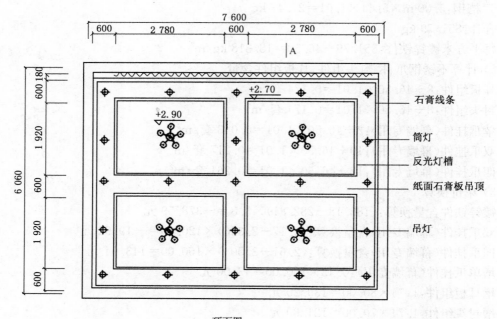

顶面图

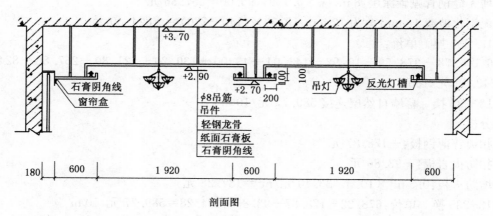

剖面图

图 8.7

【解析】

(1) 2013《计价规范》计算规则规定天棚按水平投影面积计算。天棚面中的灯槽及跌级、锯齿形、吊挂式、藻井式天棚面积不展开计算。不扣除间壁墙、检查口、附墙烟囱、柱垛和管道所占面积,扣除单个 0.3 m² 以外的孔洞、独立柱及与天棚相连的窗帘盒所占的面积。《计价表》规定天棚龙骨的面积按主墙间的水平投影面积计算。天棚龙骨的吊筋按每 10 m² 龙骨面积套用相应子目计算。天棚中假梁、折线、叠线等圆弧形、拱形、特殊艺术形式的天棚饰面,均按展开面积计算。

(2)《计价表》计算时,考虑该天棚高差 200 mm:

$$\frac{S_1}{S_1 + S_2} \times 100\% = \frac{13.33}{13.33 + 29.51} \times 100\% = 31.12\% > 15\%$$

该天棚为复杂型天棚。

（3）《计价表》计算吊筋时要按距楼板的高度不同分别套用。

（4）《计价表》计算石膏线条刷乳胶漆工程量并入天棚中,不另计算。

解：

1. 按 2013《计价规范》计算工程量清单

（1）确定项目编码和计量单位

轻钢龙骨纸面石膏板吊顶查《计价规范》项目编码为 011302001001,取计量单位为 m^2。

（2）按 2013《计价规范》规定计算工程量

轻钢龙骨纸面石膏板吊顶：$7.36 \times (5.82 - 0.18) = 41.51 \ m^2$

（3）项目特征描述

轻钢龙骨纸面石膏板吊顶 $\phi8$ 吊筋,不上人型轻钢龙骨,龙骨间距 400×600,面层为 9.5 mm 纸面石膏板,板缝贴自粘胶带,批三遍腻子,刷白色乳胶漆三遍,与墙连接处用 100×30 石膏线条交圈,窗帘盒用木工板制作,展开宽度为 500 mm,回光灯槽用木工板制作,天棚需开筒灯。

2. 按《计价表》计算清单造价

（1）按《计价表》工程量计算规则计算工程量

凹天棚吊筋：$(2.78 + 0.2 \times 2) \times (1.92 + 0.2 \times 2) \times 4 = 29.51 \ m^2$

凸天棚吊筋：$7.36 \times 5.82 - 29.51 = 13.33 \ m^2$

复杂天棚龙骨：$7.36 \times 5.82 = 42.84 \ m^2$

纸面石膏板：$7.36 \times (5.82 - 0.18) = 41.51 \ m^2$

回光灯槽：$[(2.78 + 0.2 \times 2) + (1.92 + 0.2 \times 2)] \times 2 \times 4 = 44.00 \ m$

石膏阴角线：$7.36 \times 2 + (5.82 - 0.18) \times 2 = 26.00 \ m$

窗帘盒：7.36 m

清油封底：$7.36 \times 0.50 + 44.00 \times 0.50 = 25.68 \ m^2$

天棚批腻子三遍,刷乳胶漆三遍：$41.51 + 25.68 = 67.19 \ m^2$

贴自粘胶带：$41.51 \times 1.50 = 62.27 \ m$

开筒灯孔：21 个

（2）套用《计价表》计算各工程内容价格,计算结果见表 8.5。

表 8.5　计算结果

子目	项目名称	单位	单价	数量	合价（元）
14-42 换	凹天棚吊筋(0.80 m)	$10 \ m^2$	50.15	2.951	147.99
	圆钢含量：$3.93 - 0.102 \times 13 \times 2 \times 0.394 \ 6 = 2.88$ kg 单价：$53.09 - (3.93 - 2.88) \times 2.80 = 50.15$ 元				
14-42	凸天棚吊筋(1.00 m)	$10 \ m^2$	53.09	1.333	70.77
14-10	装配式 U 型(不上人型)轻钢龙骨复杂天棚	$10 \ m^2$	370.97	4.284	1 589.24
14-55	纸面石膏板面层	$10 \ m^2$	225.27	4.151	935.10
17-34	100×30 石膏阴角线	100 m	1 122.56	0.26	291.87
17-57	暗窗帘盒	100 m	3 962.50	0.074	293.23

（续表）

子目	项目名称	单位	单价	数量	合价（元）
	扣五合板：−398.83 元 木工板增：(52.50−21.00)×32.69＝1 029.74 元 单价：3 331.59−398.83＋1 029.74＝3 962.50 元				
17-78	回光灯槽	10 m	256.80	4.40	1 129.92
17-76	开筒灯孔	10 个	13.09	2.10	27.49
16-303	夹板面满批腻子两遍	10 m²	38.27	6.719	257.13
16-304	夹板满批腻子增一遍	10 m²	16.71	6.719	112.27
16-305	清油封底	10 m²	20.14	2.568	51.72
16-306	天棚贴自粘胶带	10 m	17.95	6.227	111.77
16-311 换	天棚乳胶漆三遍	10 m²	52.68	6.719	353.96
	分析： 人工费增：0.165 工日×28 元/工日＝4.62 元 乳胶漆增：1.2 kg×7.85＝9.42 元 管理费增：4.62×25%＝1.16 元 利润增：4.62×12%＝0.55 元 单价：36.93＋4.62＋9.42＋1.16＋0.55＝52.68 元				
合计					5 372.46

3. 计算分项清单综合单价

011302001001　轻钢龙骨纸面石膏板吊顶　5 372.46÷41.51＝129.43 元/m²

【例题 8.8】

某学院门厅采用不上人型轻钢龙骨（间距 400×600），防火板基层，面层为铝塑板，具体做法如图 8.8 所示。吊筋为 φ8，板底标高为＋4.500 m，有孔铝塑板价格为 90 元/m²，计算该分项工程的清单造价及综合单价。（不考虑价差和费率调整）

【解析】

（1）2013《计价规范》工程量计算规则规定天棚吊顶按设计图示尺寸以水平投影面积计算。

（2）《计价表》工程量计算规则规定天棚龙骨的面积按主墙间的水平投影计算。天棚饰面应按展开面积计算。

（3）套用《计价表》时，因穿孔铝塑板的价格与铝塑板的价格不一致，应分开计算。

（4）套用《计价表》时，因吊筋高度不同，应分别计算面积。

（5）套用《计价表》时防火板基层、铝塑板面层两者合二为一个单独子目。

解：

1. 按 2013《计价规范》计算工程量清单

（1）确定项目编码和计量单位

铝塑板吊顶查 2013《计价规范》项目编码为 011302001001，计量单位 m²。

（2）按 2013《计价规范》规定计算工程量

铝塑板吊顶：6.80×8.00＝54.40 m²

（3）项目特征描述

铝塑板吊顶：φ8 钢筋吊筋，不上人型轻钢龙骨，龙骨间距为 400×600，面层为防火板基

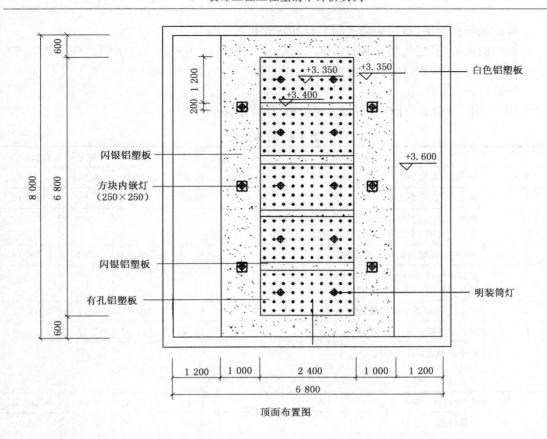

顶面布置图

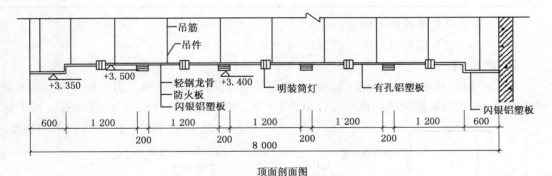

顶面剖面图

图 8.8

层上贴铝塑板,中间为穿孔铝塑板。

2. 按《计价表》计算清单造价

(1) 按《计价表》工程量计算规则计算工程量

$\phi 8$ 吊筋(高度为 1.00 m):$2.40 \times 6.80 = 16.32$ m²

$\phi 8$ 吊筋(高度为 1.15 m):$(2.40 + 1 \times 2) \times 8 - 16.32 = 18.88$ m²

$\phi 8$ 吊筋(高度为 0.90 m):$1.20 \times 8.00 \times 2.00 = 19.20$ m²

不上人型轻钢龙骨基层(间距 400×600):$6.80 \times 8.00 = 54.40$ m²

穿孔铝塑板面层(基层为防火板):$1.20 \times 2.40 \times 5 = 14.40$ m^2

铝塑板面层(基层为防火板):$6.80 \times 8.00 - 1.20 \times 2.40 \times 5 + 8.00 \times (3.60 - 3.35) \times 2 + (2.40 + 6.80) \times 2 \times (3.50 - 3.35) + 0.10 \times 2.40 \times 2 \times 4 = 48.68$ m^2

开筒灯孔:16 个

(2)套用《计价表》计算各工程内容价格,计算结果见表8.6。

表8.6　计算结果

子目	项目名称	单位	单价	数量	合价(元)
14-42	φ8 吊筋(高度为 1.00 m)	10 m^2	53.09	1.632	86.64
14-42 换	φ8 吊筋(高度为 1.15 m)	10 m^2	50.91	1.888	96.12
	圆钢调整:$3.93 - 0.102 \times 13 \times 1.50 \times 0.3946 = 3.15$ kg 单价:$53.09 + (3.15 - 3.93) \times 2.80 = 50.91$ 元				
14-42 换	φ8 吊筋(高度为 0.90 m)	10 m^2	51.63	1.92	99.13
	圆钢调整:$3.93 - 0.102 \times 13 \times 1 \times 0.3946 = 3.41$ kg 单价:$53.09 + (3.41 - 3.93) \times 2.80 = 51.63$ 元				
14-10	装配式 U 型不上人轻钢龙骨(复杂)	10 m^2	370.97	5.44	2 018.08
14-75 换	穿孔铝塑板面层(防火板底)	10 m^2	1 512.83	1.44	2 178.48
	铝塑板换成穿孔铝塑板: $10.50 \times (90.00 - 77.20) = 134.40$ 元 单价:$1 378.43 + 134.40 = 1 512.83$ 元				
14-75	铝塑板面层(防火板底)	10 m^2	1 378.43	4.868	6 710.20
17-76	开筒灯孔	10 个	13.09	1.60	20.94
合计					11 209.58

3. 计算分项清单综合单价

011302001001 铝塑板吊顶　$11\,209.58 \div 54.40 = 206.06$ 元/m^2

【例题 8.9】

门大样如图 8.9 所示,采用木龙骨,三夹板基层外贴花樟和白榉木切片板。白木实木封边线收边,求该门扇的清单造价和综合单价。(为方便计算,按《计价表》单价计算。图中标注的尺寸为门洞尺寸,不计算木门油漆,门边梃断面同定额)

【解析】

(1)门面层采用花樟和白榉木切片拼花,有部分弧形,要按实计算花樟切片板和白榉木切片板的用量。

(2)设计增加双面三夹板基层,按《计价表》第 722 页中附注 2 增加三夹板 9.90×2 m^2,万能胶 4.2 kg,人工 0.49×2 工日。

(3)球形执手锁和不锈钢铰链的安装要另套门五金配件安装。

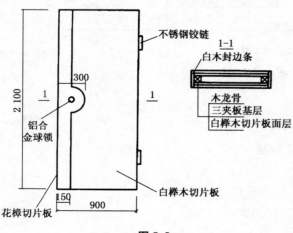

图 8.9

（4）2013《计价规范》中门的计量单位为樘，《计价表》中门的计量单位为门洞面积。

解：

1．按《计价规范》计算工程量清单

（1）确定项目编码和计量单位

夹板装饰门查《计价规范》项目编码为 010801001001，取计量单位为樘。

（2）计算工程量清单

010801001001 夹板装饰门　1 樘

（3）项目特征描述

夹板装饰门，门扇面积 0.80×2.05＝1.64 m²

门边桄断面：22.80 cm²。三夹板基层外贴花樟和白榉木切片板，白木实木封边线收边。

铝合金球形锁一把，不锈钢铰链 2 副，木门不油漆。

2．按《计价表》计算清单造价

（1）按《计价表》计算规则计算工程量

切片板门：0.90×2.10＝1.89 m²

球形执手锁：1 把

不锈钢铰链：2 副

（2）套用《计价表》计算各子目单价

15-330 切片板门

分析：按设计增加三夹板基层每 10 m²

增　三夹板　9.90 m²×2×10.00＝198.00 元

　　　万能胶　2.10 kg×2×14.92＝62.66 元

　　　人工　0.49 工日×2×28.00＝27.44 元

小计：288.10 元/10 m²

按设计计算花樟、白榉木切片板的含量：

花樟切片板　0.30×2.10×2×1.1＝1.39 m²

白榉木切片板 （0.90－0.15）×2.10×2×1.1＝3.47 m²

每 10 m² 切片板含量：

花樟切片板　1.39÷1.89×10＝7.35 m²

白榉木切片板　3.47÷1.89×10＝18.36 m²

小计：(7.35＋18.36)×10.55＝271.24 元/m²

扣原子目中切片板含量－232.10 元/10 m²

参考《计价表》子目 15-326，增加白木封边条

29.15 m×3.71＝108.15 元/10 m²

小计：108.15 元/10 m²

15-330 换　单价：1 003.46＋288.10＋271.24＋108.15－232.10＝1 438.85 元/10 m²

15-346　球形执手锁　39.77 元/把

15-348　不锈钢铰链　18.76 元/副

（3）计算清单造价

010801001001 夹板装饰门

15-330换　切片板门　1.89÷10×1 438.85＝271.94元

15-346　球形执手锁　1×39.77＝39.77元

15-348　不锈钢铰链　2.00×18.76＝37.52元

合计:349.23元

3. 计算综合单价

010801001001　夹板装饰门　349.23元/樘

【例题8.10】

一玻璃推拉门如图8.10所示,门框木方采用普通成材,断面45×140。外贴红胡桃木切片板,中间嵌5 mm喷砂玻璃,10×10红胡桃木实木线条方格双面造型。门油聚酯亚光漆三遍,假设普通成材1 500元/m³,红胡桃实木封边条6.00元/m,5 mm喷砂玻璃35元/m²,红胡桃木切片板20.16元/m²,10×10红胡桃实木线条3元/m,工日单价为38元,不计别的材差,求该分部分项工程的清单造价和综合单价。(注:所注尺寸为门洞尺寸)

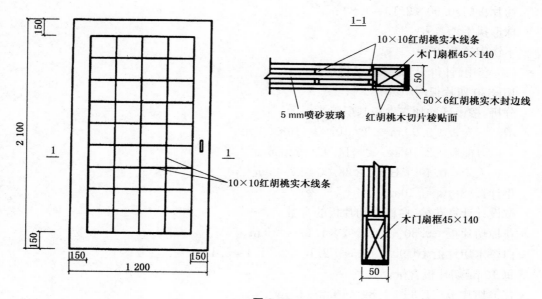

图8.10

【解析】

(1)门框木材断面按设计换算。

(2)门扇贴红胡桃木切片板,以实贴面积计算,套《计价表》15-329子目。

(3)木门上10×10红胡桃木实木线条方格按《计价表》第十七章相应子目套用。

(4)移门轨长度超过1.5 m,要换算。

(5)全玻门油漆要乘系数0.83,10×10线条油漆套木扶手相应子目,乘系数0.35。

解:

1. 按2013《计价规范》计算工程量清单

(1)确定项目编码和计量单位

全玻推拉门查2013《计价规范》项目编码为010805005001,取计量单位为樘。

（2）计算工程量清单

010805005001 全玻推拉门　1樘

（3）项目特征描述

全玻推拉门,门扇面积 $1.10 \times 2.05 = 2.26 \ m^2$,门边梃断面 $63.00 \ cm^2$,普通成材框外贴红胡桃木切片板,中间嵌 5 mm 喷砂玻璃,10×10 红榉实木条线条方格压边,移门导轨一组,拉锁一只。门油聚酯亚光漆三遍。

2. 按《计价表》计算清单造价

（1）按《计价表》计算清单造价

全玻推门 $1.20 \times 2.10 = 2.52 \ m^2$

贴红胡桃木切片板 $(1.20 \times 2.10 - 0.90 \times 1.80) \times 2 + 0.05 \times (0.90 + 1.80) \times 2$ (内侧) $= 2.07 \ m^2$

10×10 红胡桃实木线条 $(0.90 \times 10 + 1.80 \times 5) \times 2 = 36.00 \ m$

控锁　1把

门导轨　1组

门油漆 $2.52 \times 0.83 = 2.09 \ m^2$

木线条油漆 $36.00 \times 0.35 = 12.60 \ m$

（2）套用《计价表》计算各子目单价

15-335 换　全玻推拉门 1 565.39 元/10 m^2

分析:按设计计算木材用量

$$\frac{5 \times 14.5 \ cm^2}{50 \ cm^2} \times 0.20 = 0.29 \ m^3$$

$0.29 \times 1 500.00 = 435.00$ 元

浮法玻璃换 5 mm 厚喷砂玻璃

增　 $9.00 \times (35.00 - 27.18) = 70.38$ 元

减硬木成材　 -489.80 元

将普通成材计入单价　 $0.02 \times (1 500.00 - 1 599.00) = -1.98$ 元

红胡桃实木封边　 $29.15 \times 6.50 = 189.48$ 元

其中:人工费 $244.72 + 8.74 \times (38.00 - 28.00) = 332.12$ 元

材料费 $822.92 + 435.00 + 70.38 - 489.80 - 1.98 + 189.48 = 1 026.00$ 元

机械费 11.44 元

管理费 $(332.12 + 11.44) \times 42\% = 144.30$ 元

利　润 $(332.12 + 11.44) \times 15\% = 51.53$ 元

小计: 1 565.39 元/10 m^2

15-329 换　红胡桃木切片板贴面 436.57 元/10 m^2

分析:红胡桃木切片板计入单价

增　 $11.00 \times (20.16 - 10.55) = 105.71$ 元

其中:人工费 $53.20 + 1.90 \times (38.00 - 28.00) = 72.20$ 元

材料费 $217.51 + 105.71 = 323.22$ 元

管理费 $72.20 \times 42\% = 30.32$ 元

利　润 72.20×15%＝10.83 元

小计:436.57 元/10 m²

17-20 换　10×10 成品线条安装 489.22 元/100 m

分析:10×10 红胡桃实木线条计入单价

增 108.00×(3.00－1.88)＝120.96 元

其中:人工费 63.56＋2.27×(38.00－28.00)＝86.26 元

　　　材料费 209.28＋120.96＝330.24 元

　　　机械费 15.00 元

　　　管理费(86.26＋15.00)×42%＝42.53 元

　　　利　润(86.26＋15.00)×15%＝15.19 元

小计:489.22 元/100 m

15-346 换　拉锁 43.81 元/把

其中:人工费 5.32＋0.19×(38.00－28.00)＝7.22 元

　　　材料费 32.48 元

　　　管理费 7.22×42%＝3.03 元

　　　利润 7.22×15%＝1.08 元

　　　小计:43.81 元/把

15-345 换　门导轨 239.02 元/组

分析:按设计调整导轨长度 1.20×2＝2.40 m

增　36.05 元

其中:人工费 13.44＋0.48×(38.00－28.00)＝18.24 元

　　　材料费 173.86＋36.05＝209.91 元

　　　机械费 0.30 元

　　　管理费(18.24＋0.30)×42%＝7.79 元

　　　利　润(18.24＋0.30)×15%＝2.78 元

小计:239.02 元

16-165 换　单层木门聚酯亚光漆三遍 447.98 元/10 m²

其中:人工费 78.96＋2.82×(38.00－28.00)＝107.16 元

　　　材料费 279.74 元

　　　管理费 107.16×42%＝45.01 元

　　　利润 107.16×15%＝16.07 元

　　　小计:447.98 元

16-167 换　木线条油漆 69.51 元/10 m²

其中:人工费 20.72＋0.74×(38.00－28.00)＝28.12 元

　　　材料费 25.36 元

　　　管理费 28.12×42%＝11.81 元

　　　利　润 28.12×15%＝4.22 元

小计:69.51 元/10 m²

(3) 计算清单造价

15-335 换　全玻推拉门 2.52÷10×1 565.39＝394.48 元

15-329 换　红胡桃切片板贴面 2.07÷10×436.57＝90.37 元

17-20 换　10×10 红胡桃实木线条安装 36.00÷100×489.22＝176.12 元

15-346 换　拉锁 1×43.81＝43.81 元

15-345 换　门导轨 1×239.02＝239.02 元

16-165 换　单层木门油漆 2.09÷10×447.98＝93.63 元

16-167 换　木线条油漆 12.60÷10×69.51＝87.58 元

合计：1 125.01 元

3. 计算综合单价

010805005001 全玻推拉门 1 125.01 元/樘

8.2　装饰工程工程量清单计价综合实例

××学院教学楼装饰工程

1. 设计说明

(1) 本工程尺寸除标高以 m 为单位外,其余均以 mm 为单位,建筑层高为 4.00 m。

(2) 本工程交付装饰的楼面为现浇钢筋混凝土板上做 15 厚 1∶3 水泥砂浆找平,10 厚 1∶2 水泥砂浆抹面。天棚为上一层楼板,未粉刷。墙面砖墙,15 厚 1∶1∶6 水泥石灰砂浆打底,5 厚 1∶0.3∶3 水泥石灰砂浆粉面。门、窗侧水泥砂浆粉刷。

(3) 图中所注门、窗尺寸均为洞口尺寸。门尺寸 1 600×2 100,窗尺寸 1 200×2 200。

(4) 设计要求

① 楼面铺设毛腈地毯,下垫地毯胶衬。

② 天棚吊顶采用 φ8 吊筋,轻钢龙骨 400×600,纸面石膏板吊顶,石膏阴角线中间部分拱形造型。上安筒灯,设暗藏灯光带。天棚面层批腻子三遍,刷白色亚光乳胶漆两遍。(注:天棚不上人,天棚板缝贴自粘胶带长度 221.31 m)

③ A 墙面:设窗帘藏帘箱,做法如大样图,墙面批腻子刷白色亚光乳胶漆两遍,柱面饰银灰色铝塑板出;B 墙面:白影木切片板拼花,上饰圆形砂皮不锈钢钉饰件;C 墙面:黑色胡桃木切片板整包,嵌磨砂玻璃固定隔断;D 墙面:白影木切片板面层,上嵌铜装饰条,部分饰米黄色软包。中间设计两根假柱,面饰银灰色铝塑板。

④ 所有木龙骨规格 24×30@300×300 刷防火漆两遍。木龙骨与墙、柱采用木砖固定。

⑤ 所有木结构表面均润油粉、刮腻子、硝基清漆、磨退出亮。

2. 相关材料价格

相关材料价格见表 8.7 所示。

表8.7 相关材料价格表

序号	材料名称	单位	市场价格(元)	备注
1	丙纶簇绒地毯	m²	70.00	
2	普通成材	m²	1 500.00	
3	柳桉芯机拼木工板	m²	28.55	
4	十二厘板	m²	23.52	
5	柳桉芯九厘板	m²	20.16	
6	五夹板	m²	16.80	
7	三夹板	m²	11.76	
8	黑胡桃木切片板	m²	25.19	
9	白影木切片板	m²	80.62	
10	黑胡桃木子弹头线条 25×8	m	3.00	
11	黑胡桃木线条 12×8	m	2.00	
12	黑胡桃木裁口线条 5×15	m	2.00	
13	黑胡桃木压边线条 20×20	m	5.00	
14	黑胡桃木门窗套线条 60×15	m	12.00	
15	黑胡桃木压顶线条 16×8	m	2.50	
16	铝塑板(双面)	m²	94.06	
17	纸面石膏板	m²	11.00	
18	磨砂玻璃 δ=10 mm	m²	120.00	
19	石膏阴角线 100×30	m²	6.00	
20	啡网纹大理石	m²	700.00	
21	啡网纹石材线条	m	50.00	
22	铜嵌条 2×15	m	3.50	
23	米黄色摩力克软包布	m²	78.00	
24	塑钢窗	m²	220.00	施工好后成品价
25	拉丝不锈钢灯罩	个	800.00	施工好后成品价
26	5 mm 缝勾黑	m	5.00	施工好后成品价
27	砂皮不锈钢装饰件	个	12.00	施工好后成品价

其他材料不调整。

3. 招标文件中规定,人工单价38元/工日,措施项目中现场文明施工费暂按1%计算,待中标单位结算时按建设工程定额站核定的费率调整。临时设施费0.3%,已完工程及设备保护费0.1%,以上费用取费基础为分部分项工程费。垂直运输费按《计价表》第二十二章计算,规费中工程排污费 1‰,安全生产监督费 0.6‰,社会保障费 2.2%,公积金 0.38%。暂列金额 500 元,计日工暂 1 000 元计。税金 3.445%。

要求计算工程量清单。假设××建筑装饰工程有限公司,为装饰工程二级企业,未参加建筑业的劳保统筹。依据上述条件,求该单位对二楼会议室装饰工程的报价。(注:仅计算会议室内部装饰造价。会议室与走廊相连部分仅计算门、窗重复的工程量,会议室外的其他工程量不计)

为简便计算,取其中二楼会议室为例。

此会议室装饰设计如图 8.11~图 8.21 所示。

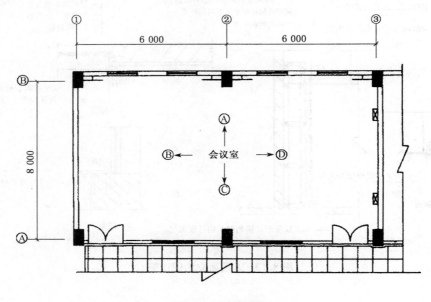

图 8.11　平面图

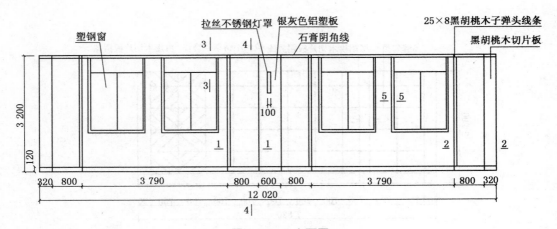

图 8.12　A 立面图

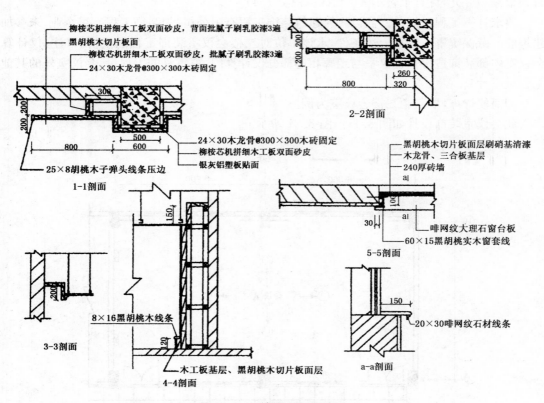

图 8.13　A 墙面立面图详图

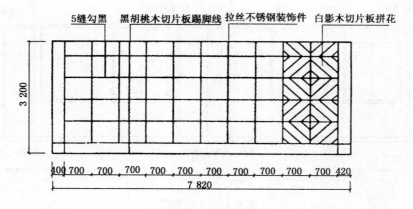

图 8.14　B 墙面立面图

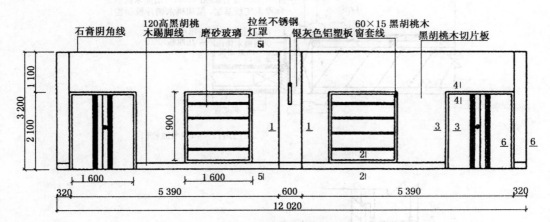

图 8.15 C 墙面立面图

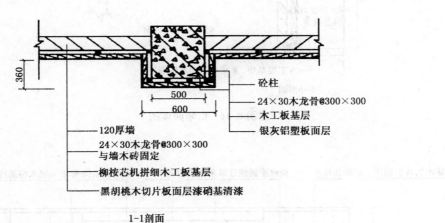

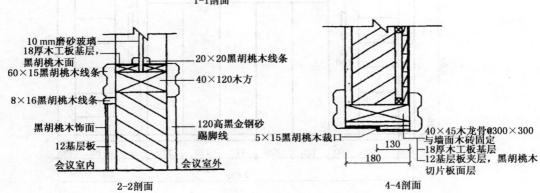

图 8.16 C 墙面详图

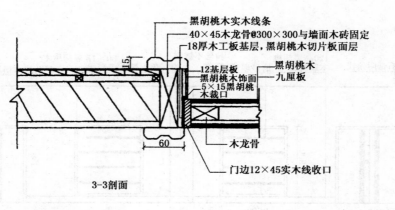

3-3剖面

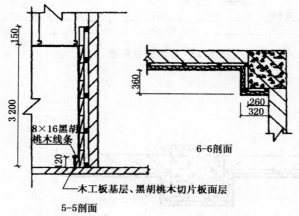

续图 8.16 C 墙面详图

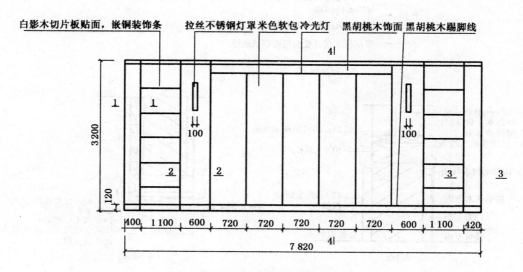

图 8.17 D 墙面立面图

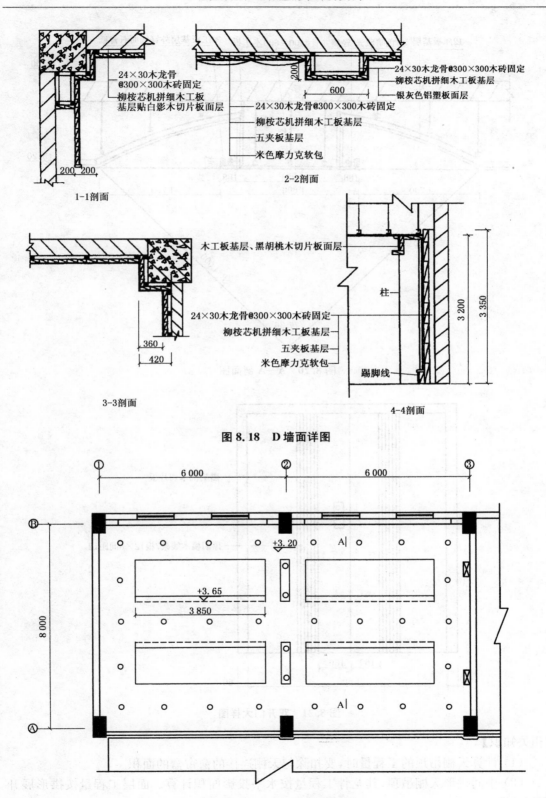

图 8.18　D 墙面详图

图 8.19　会议室吊顶平面图

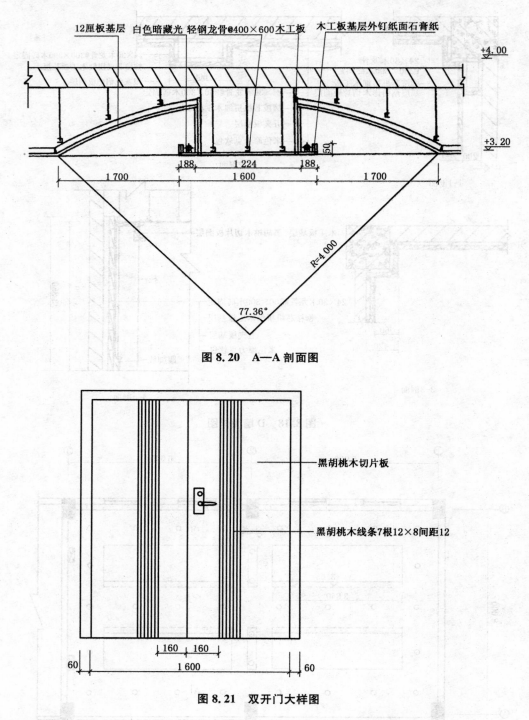

图 8.20　A—A 剖面图

图 8.21　双开门大样图

【相关知识】

（1）计算天棚吊顶的工程量时，要扣除与天棚连接的窗帘盒的面积。

（2）中间拱形天棚吊顶，其龙骨工程量按水平投影面积计算。面层工程量按拱形展开面积计算。

（3）A—A 剖面中暗藏灯光带应按《计价表》第六章回光灯槽子目套用，其木工板造型不另计算。

（4）成品塑钢窗、门制安的面积按门窗洞口的面积计算。

（5）踢脚线与墙面切片板面层油漆材料相同，应合并在墙裙工程量中，不能另外计算。

（6）木结构上的线条装饰油漆也已含在相应木结构油漆中，不能另计。

（7）门套线的油漆含在木门油漆定额中，不能另算。

（8）顶部石膏阴角线刷白色乳胶漆已含在天棚吊顶中，不另计算。

（9）天棚高度在 3.60 m 内，吊筋与楼板的连接高度超过 3.60 m，应按满堂脚手架相应项目基价乘以"0.6"计算。

（10）双扇门油漆按单扇门油漆定额乘"0.9"系数，门上有装饰线条时，乘"1.05"系数。

表 8.8　清单工程量计算表

序号	分项工程名称（清单编号）	单位	数量	工程量计算式
			B.1 楼地面工程	
1	楼地面地毯（011104001001）	m²	94.00	$(8.00-0.12-0.06)\times(12.00+0.25\times2-0.24\times2)=94.00$ m²
2	木质踢脚线钉在砖墙面上（011105005001）	m²	1.18	A 墙面：$0.12\times[12.50-0.50\times3(柱)-0.30\times4(藏帘箱)]=0.12\times9.80=1.176$ m²
3	木质踢脚线钉在木龙骨上（011105005002）	m²	3.64	A 墙面：$0.12\times[0.80\times4+0.20\times4(柱侧)+(0.32\times2+0.60)(柱面)]=0.12\times5.24=0.63$ m² B 墙面：$0.12\times[8.00-0.12-0.06-0.40-0.42]=0.12\times7.00=0.84$ m² C 墙面：$0.12\times[12.50-0.24\times2(墙)+0.36\times4(柱侧)-1.60\times2(门)]=0.12\times10.26=1.23$ m² D 墙面：$12\times[8.00-0.12-0.06-0.40-0.42+0.20\times4(柱侧)]=0.12\times7.80=0.94$ m² 小计：3.64 m²
			B.2 墙、柱面工程	
4	黑胡桃木切片板藏帘箱（011207001001）	m²	9.86	A 墙面： $0.80\times(3.20-0.12)\times4=9.86$ m²
5	墙面白影木切片板拼花（011207001002）	m²	21.56	B 墙面： $(8.00-0.12-0.06-0.40-0.42)\times[3.20-0.12(踢脚线)]=21.56$ m²
6	墙面黑胡桃木切片板面层（011207001003）	m²	20.40	C 墙面： $[12.50-0.24\times2(墙)-0.32\times2(柱)-0.60(柱)]\times(3.20-0.12)-1.60\times1.90\times2(固定玻璃隔断)-1.60\times2.10\times2(门)=20.40$ m²

（续表）

序号	分项工程名称 （清单编号）	单位	数量	工程量计算式
7	墙面白影木切片板面层 (011207001004)	m²	6.78	D墙面： 1.10×(3.20−0.12)×2＝6.78 m²
8	柱面粘贴银灰色铝塑板 (011208001001)	m²	6.28	A墙面： 1—1剖面：(0.20×2+0.60)×(3.20−0.12)＝3.08 m² 2—2剖面：(0.20+0.32)×(3.20−0.12)×2＝3.20 m² 小计：6.28 m²
9	柱面粘贴银灰色铝塑板 (011208001002)	m²	8.25	C墙面： (0.36×2+0.60)×(3.20−0.12)+(0.36+0.32)×(3.20−0.12) ×2＝8.25 m²
10	柱面粘贴银灰色铝塑板 (011208001003)	m²	6.16	D墙面： (0.20×2+0.60)×(3.20−0.12)×2＝6.16 m²
11	固定玻璃隔断 (011210003001)	m²	6.08	C墙面： 1.60×1.90×2＝6.08 m²
	B.3 天棚工程			
12	轻钢龙骨纸面石膏板天棚 (011302001001)	m²	89.61	(8.00−0.12−0.06−0.20)×(12.00−0.24)＝89.61 m²
	B.4 门窗工程			
13	黑胡桃木切片板造型门 (010801001001)	樘	2	C墙面：2樘 面积1.60×2.10×2＝6.72 m²
14	塑钢窗 (010807001001)	樘	2	A墙面：2樘 面积：1.20×2.20×4＝10.56 m²
15	黑胡桃木切片板窗套 (010808001001)	m²	4.48	A墙面： 0.20×(1.20+2.20×2)×4＝4.48 m²
16	十二厘板基层黑胡桃木切片板门套 (010808001002)	m²	2.09	C墙面： 0.18×(2.10×2+1.60)×2＝2.09 m²
17	木工板基层黑胡桃木切片板窗套 (010808001003)	m²	1.68	C墙面： 2—2剖面0.12×(1.60+1.90)×2×2＝1.68 m²

（续表）

序号	分项工程名称（清单编号）	单位	数量	工程量计算式
18	木暗窗帘盒（010810002001）	m	9.80	A 墙面： 12.50−0.50×3（柱）−0.30×4（藏帘箱）＝9.80 m
19	冷光灯盒（010810002002）	m	3.60	D 墙面： 0.72×5＝3.60 m
20	啡网纹大理石窗台板（010809004001）	m	4.80	A 墙面： 1.20×4＝4.80 m
			B.5 油漆、涂料、裱糊工程		
21	夹板面批腻子,刷亚光白色乳胶漆（011404007001）	m²	13.15	A 墙面： (0.80＋0.05−0.30)×3.20×4（藏帘箱背面）＋0.20×(3.20＋0.15)×4（内侧）＋(0.20＋0.15)×9.80（暗窗帘盒）＝13.15 m²
22	木质踢脚线油漆（011404002001）	m²	2.41	A 墙面:0.12×[9.8(墙上)＋0.20×4(柱侧铝塑板面)＋(0.32×2＋0.60)(柱侧铝塑板面)]＝0.12×11.84＝1.42 m² C 墙面:0.12×[0.36×2＋0.6)(中柱铝塑板面)＋(0.32＋0.36)×2(边柱铝塑板面)]＝0.12×2.68＝0.32 m² D 墙面:0.12×[7.80−1.1×2(白影木切片板面)]＝0.12×5.60＝0.67 m² 小计:2.41 m²
23	墙面批腻子,刷亚光白色乳胶漆（011406001001）	m²	19.62	A 墙面： 9.80×(3.20−0.12)(踢脚线高)−1.20×2.20×4(窗洞)＝19.62 m²
24	墙面米黄色摩力克软包布（011408002001）	m²	11.09	D 墙面： 0.72×5×(3.20−0.12)＝11.09 m²
			B.6 其他工程		
25	拉丝不锈钢成品灯罩（011505011001）	个	3	A 墙面、C 墙面、D 墙面各1个
26	拉丝不锈钢成品装饰件（011505011002）	个	20	B 墙面20个
27	5 mm 缝勾黑（011502011001）	m	55.72	(3.20−0.12)×9＋(7.82−0.40−0.42)×4＝55.72 m

附1:

二楼会议室装饰工程

工 程 量 清 单

招 标 人：＿＿＿×××装饰工程有限公司＿＿＿　　工程造价咨询人：＿＿＿×××造价咨询公司＿＿＿
　　　　　　　　（单位盖章）　　　　　　　　　　　　　　　　　　（签字或盖章）

法定代表人
或其授权人：＿＿＿×××签字或盖章＿＿＿　　　法定代表人
　　　　　　　　（单位盖章）　　　　　　　　或其授权人：＿＿＿×××签字或盖章＿＿＿
　　　　　　　　　　　　　　　　　　　　　　　　　　　　（签字或盖章）

编 制 人：＿＿＿×××签字或盖专用章＿＿＿　　复 核 人：＿＿＿×××签字或盖专用章＿＿＿
　　　　（造价人员签字盖专用章）　　　　　　　　（造价工程师签字盖专用章）

编制时间：　2013 年　10 月 20 日　　复核时间：　2013 年 11 月 8 日

总 说 明

1. 工程概况:××学院教学楼为框架结构八层,二楼会议室装饰工程为教学楼装饰工程的一部分,建筑层高4.00 m。土建、安装工程已结束。详细情况见设计说明。

2. 招标范围:全部装饰装修工程。

3. 清单编制依据:《建设工程工程量清单计价规范》、施工设计图文件、施工组织设计等。

4. 工程质量应达到合格标准。

5. 考虑施工中可能发生的设计变更或清单有误,暂列金额 500.00 元。

6. 投标人在投标时应按《建设工程工程量清单计价规范》规定的统一格式,提供"分部分项工程量清单综合单价分析表"、"措施项目费分析表"。

7. 随清单附有"主要材料价格表",投标人应该按其规定填写。

分部分项工程量清单与计价表

工程名称:二楼会议室装饰工程

序号	项目编码	项目名称	项目特征描述	计量单位	工程量	金额(元)		
						综合单价	合价	其中:暂估价
			B.1 楼地面工程					
1	011104001001	楼地面地毯	1.5 mm厚橡胶海绵地毯衬垫 2.10 mm厚毛腈地毯铺贴面层	m²	94.00			
2	011105005001	木质踢脚线钉在砖墙面上	1. 踢脚线高度:120 mm; 2. 基层材料种类、规格:砖墙面上钉木龙骨,细木工板厚12 mm钉在木龙骨上; 3. 面层材料品种、规格、品牌、颜色:黑胡桃木切片板贴面	m²	1.18			
3	011105005002	木质踢脚线钉在木龙骨上	1. 踢脚线高度:120 mm; 2. 基层材料种类、规格:细木工板厚12 mm钉在木龙骨上; 3. 面层材料品种、规格、品牌、颜色:黑胡桃木切片板贴面	m²	3.64			
			分部小计					
			B.2 墙、柱面工程					
4	011207001001	黑胡桃木切片板藏帘箱	1. 龙骨材料种类、规格、中距:木龙骨基层24×30@300×300钉在木砖上; 2. 基层材料种类、规格:细木工板钉在木龙骨上、木龙骨刷防火漆; 3. 面:黑胡桃木切片板贴面	m²	9.86			
5	011207001002	墙面白影木切片板拼花	1. 龙骨材料种类、规格、中距:木龙骨基层24×30@300×300钉在木砖上; 2. 基层材料种类、规格:细木工板钉在木龙骨上、木龙骨刷防火漆; 3. 面:白影木切片板贴面	m²	21.56			
			本页小计					
			合计					

分部分项工程量清单与计价表

工程名称:二楼会议室装饰工程

序号	项目编码	项目名称	项目特征描述	计量单位	工程量	金额(元)		
						综合单价	合价	其中:暂估价
6	011207001003	墙面黑胡桃木切片板面层	1. 龙骨材料种类、规格、中距:木龙骨基层 24×30@300×300 钉在木砖上; 2. 基层材料种类、规格:细木工板钉在木龙骨上、木龙骨刷防火漆; 3. 面:黑胡桃木切片板贴面	m²	20.40			
7	011207001004	墙面白影木切片板面层	1. 龙骨材料种类、规格、中距:木龙骨基层 24×30@300×300 钉在木砖上; 2. 基层材料种类、规格:细木工板钉在木龙骨上、木龙骨刷防火漆; 3. 面:黑胡桃木切片板贴面	m²	6.78			
8	011208001001	柱面粘贴银灰色铝塑板	1. 龙骨材料种类、规格、中距:木龙骨基层 24×30@300×300 钉在木砖上、刷防火漆两遍; 2. 基层材料种类:单面砂皮细木工板钉在木龙骨上; 3. 面:银灰色铝塑板贴面	m²	6.28			
9	011208001002	柱面粘贴银灰色铝塑板	1. 龙骨材料种类、规格、中距:木龙骨基层 24×30@300×300 钉在木砖上、刷防火漆两遍; 2. 基层材料种类:单面砂皮细木工板钉在木龙骨上; 3. 面:银灰色铝塑板贴面	m²	8.25			
10	011208001003	柱面粘贴银灰色铝塑板	1. 龙骨材料种类、规格、中距:木龙骨基层 24×30@300×300 钉在木砖上、刷防火漆两遍; 2. 基层材料种类:单面砂皮细木工板钉在木龙骨上; 3. 面:银灰色铝塑板贴面	m²	6.16			
11	011210003001	固定玻璃隔断	1. 骨架、边框材料种类、规格:木骨架边框、黑胡桃木切片板贴面、刷硝基清漆; 2. 隔板材料品种、规格、品牌、颜色:磨砂玻璃 10 mm 厚; 3. 压条材料种类:黑胡桃木压边线条 20×20、刷硝基清漆	m²	6.08			
			分部小计					
			本页小计					
			合 计					

分部分项工程量清单与计价表

工程名称：二楼会议室装饰工程　　　　　　　　　　　　　　　　　　第3页　共5页

序号	项目编码	项目名称	项目特征描述	计量单位	工程量	金额（元）		
						综合单价	合价	其中：暂估价
			B.3 天棚工程					
12	011302001001	轻钢龙骨纸面石膏板天棚	1. 吊顶形式：复杂型； 2. 龙骨类型、材料种类、规格、中距：轻钢龙骨 400×600； 3. 基层材料种类、规格：部分细木工板、十二厘板造型； 4. 面层材料品种、规格：纸面石膏板面层	m²	89.61			
			分部小计					
			B.4 门窗工程					
13	010801001001	黑胡桃木切片板造型门	1. 门类型：双开门； 2. 框截面尺寸、单扇面积：1600×2100、800×2100； 3. 骨架材料种类：木骨架、九厘板基层； 4. 面层材料品种：黑胡桃木切片板面层、上饰7根12×8黑胡桃木线条、刷硝基清漆	樘	2			
14	010807001001	塑钢窗	1. 窗类型：推拉窗； 2. 框材质、外围尺寸：塑钢、1200×2200； 3.5 mm 厚白玻璃	樘	2			
15	010808001001	黑胡桃木切片板窗套	1. 立筋材料种类规格：木龙骨基层； 2. 基层材料种类：三夹板钉在木龙骨上； 3. 面层材料品种、规格、品牌、颜色：黑胡桃木切片板贴面； 4. 润油粉、刮腻子、刷硝基清漆、磨退出亮	m²	4.48			
16	010808001002	十二厘板基层黑胡桃木切片板门套	1. 立筋材料种类、规格：木骨架； 2. 基层材料种类：三夹板钉在木龙骨上； 3. 面层材料品种、规格、品牌、颜色：黑胡桃木切片板贴面； 4. 油漆：润油粉、刮腻子、刷硝基清漆、磨退出亮	m²	2.09			
			本页小计					
			合　计					

分部分项工程量清单与计价表

工程名称：二楼会议室装饰工程   第4页 共5页

序号	项目编码	项目名称	项目特征描述	计量单位	工程量	综合单价	合价	其中：暂估价
						金额（元）		
17	010808001003	木工板基层黑胡桃木切片板窗套	1. 立筋材料种类、规格：木骨架； 2. 基层材料种类：木工板钉在木骨架上； 3. 面层材料品种、规格、品牌、颜色：黑胡桃木切片板贴面； 4. 油漆：润油粉、刮腻子、刷硝基清漆、磨退出亮	m²	1.68			
18	010810002001	木暗窗帘盒	1. 窗帘盒材质、规格、颜色：木窗帘盒、单面砂皮细木工板基层、五夹板面层； 2. 窗帘轨材质、规格：铝合金窗帘轨单轨； 3. 油漆种类、刷漆遍数：润油粉、刮腻子、刷硝基清漆、磨退出亮	m	9.80			
19	010810002002	冷光灯盒	1. 窗帘盒材质、规格、颜色：木骨架、细木工板三夹板基层、黑胡桃木切片板面层； 2. 窗帘轨材质、规格：无窗帘轨； 3. 油漆种类、刷漆遍数：润油粉、刮腻子、刷硝基清漆、磨退出亮	m	3.60			
20	010809004001	啡网纹大理石窗台板	1. 找平层厚度、砂浆配合比：15厚1：3水泥砂浆底，5厚1：2.5水泥砂浆面； 2. 窗台板材质、规格、颜色：啡网纹大理石磨一阶半圆边	m	4.80			
			分部小计					
			B.5 油漆、涂料、裱糊工程					
21	011404007001	夹板面批腻子，刷亚光白色乳胶漆	1. 腻子种类：混合腻子； 2. 刮腻子要求：满批腻子三遍； 3. 油漆品种、刷漆遍数：刷清油、乳胶漆两遍	m²	13.15			
			本页小计					
			合 计					

分部分项工程量清单与计价表

工程名称：二楼会议室装饰工程　　　　　　　　　　　　　　　　　　第 5 页　共 5 页

序号	项目编码	项目名称	项目特征描述	计量单位	工程量	金额（元）		
						综合单价	合价	其中：暂估价
22	011404002001	木质踢脚线油漆	油漆品种、刷漆遍数：润油粉、刮腻子、刷硝基清漆、磨退出亮	m²	2.41			
23	011406001001	墙面批腻子，刷亚光白色乳胶漆	1. 腻子种类：混合腻子； 2. 刮腻子要求：满批腻子两遍； 3. 油漆品种、刷漆遍数：刷乳胶漆两遍	m²	19.62			
24	011408002001	墙面米黄色摩力克软包布	1. 基层类型：木龙骨、细木工板基层； 2. 面层材料品种、规格：五夹板底米黄色摩力克软包布	m²	11.09			
			分部小计					
			B. 6 其他工程					
25	011505011001	拉丝不锈钢成品灯罩	拉丝不锈钢成品灯罩	个	4			
26	011505011001	拉丝不锈钢成品装饰件	拉丝不锈钢成品装饰件	个	20			
27	011502011001	5 mm 缝勾黑	5 mm 缝勾黑	m	55.72			
			分部小计					
			本页小计					
			合　计					

措施项目清单与计价表

工程名称:二楼会议室装饰工程　　　　　　　　标段:　　　　　　　　第1页　共1页

序号	项目编码	项目名称	计算基础	费率(%)	金额(元)	调整费率(%)	调整后金额(元)	备注
1	011707001001	现场安全文明施工措施费	分部分项工程费	1				
2	011707007001	已完工程及设备保护费	分部分项工程费	0.1				
3	011707006001	临时设施费	分部分项工程费	0.3				
4	补	检验试验费	分部分项工程费	0.2				
5	011701003001	脚手架						
6	011703001001	垂直运输机械费	分部分项工程费	1.5				
7	补	室内空气污染测试费	分部分项工程费	0.2				
8	补	住宅工程分户验收	分部分项工程费	0.08				
		合计						

其他项目清单与计价表

工程名称:二楼会议室装饰工程　　　　　　　　标段:　　　　　　　　第1页　共1页

序号	项目名称	金额(元)	结算金额(元)	备注
1	暂列金额			
2	暂估价			
2.1	材料(工程设备)暂估价/结算价			
2.2	专业工程暂估价/结算价			
3	计日工			
4	总承包服务费			
5	索赔与现场签证	—		
	合计			—

附 2：

___二楼会议室装饰___ 工程

投 标 总 价

投 标 人： ×××建筑装饰有限公司

（单位盖章）

2013 年 11 月 8 日

投 标 总 价

招　标　人：_____×××学院_____

工　程　名　称：_____二楼会议室装饰工程_____

投标总价(小写)：_____66 437.63 元_____

（大写）：_____陆万陆仟肆佰叁拾柒元陆角叁分_____

投　标　人：×××建筑装饰有限公司
　　　　　　　　　（单位盖章）

法 定 代 表 人
或 其 授 权 人：×××签字或盖章
　　　　　　　　　（签字或盖章）

编　制　人：×××签字或盖资质章
　　　　　　　（造价人员签字盖专用章）

编 制 时 间：2013 年 11 月 8 日

工程项目总价表

工程名称:二楼会议室装饰工程　　　　　　　　　　　　　　　　第 1 页　共 1 页

序号	单项工程名称	金额(元)
1	二楼会议室装饰工程	66 437.63
	合计	66 437.63

单项工程投标报价汇总表

工程名称:二楼会议室装饰工程　　　　　　　标段:　　　　　　　第 1 页　共 1 页

序号	汇总内容	金额(元)	其中:暂估价(元)
1	分部分项工程费	58 554.28	
1.1	楼地面工程	10 382.50	
1.2	墙柱面工程	18 470.41	
1.3	天棚工程	13 344.72	
1.4	门窗工程	9 681.60	
1.5	油漆涂料裱糊工程	2 957.05	
1.6	其他装饰工程	3 718.60	
2	措施项目	2 479.12	
2.1	其中:安全文明施工费	585.54	
3	其他项目	1 500.00	
3.1	其中:暂列金额	500.00	
3.2	其中:专业工程暂估价		
3.3	其中:计日工	1 000.00	
3.4	其中:总承包服务费		
4	规费	1 713.41	
5	税金	2 190.82	
招标控制价合计＝1＋2＋3＋4＋5		66 437.63	

分部分项工程量清单与计价表

工程名称:二楼会议室装饰工程   第1页 共5页

序号	项目编码	项目名称	项目特征描述	计量单位	工程量	综合单价	合价	其中:暂估价
			B.1 楼地面工程					
1	011104001001	楼地面地毯	1.5 mm厚橡胶海绵地毯衬垫 2.10 mm厚毛腈地毯铺贴面层	m²	94.00	104.48	9 821.12	
2	011105005001	木质踢脚线钉在砖墙面上	1. 踢脚线高度:120 mm; 2. 基层材料种类、规格:砖墙面上钉木龙骨、细木工板厚12 mm钉在木龙骨上; 3. 面层材料品种、规格、品牌、颜色:黑胡桃木切片板贴面	m²	1.18	117.11	138.19	
3	011105005002	木质踢脚线钉在木龙骨上	1. 踢脚线高度:120 mm; 2. 基层材料种类、规格:细木工板厚12 mm钉在木龙骨上; 3. 面层材料品种、规格、品牌、颜色:黑胡桃木切片板贴面	m²	3.64	116.26	423.19	
		分部小计					10 382.50	
			B.2 墙、柱面工程					
4	011207001001	黑胡桃木切片板藏帘箱	1. 龙骨材料种类、规格、中距:木龙骨基层24×30@300×300钉在木砖上; 2. 基层材料种类、规格:细木工板钉在木龙骨上、木龙骨刷防火漆; 3. 面:黑胡桃木切片板贴面	m²	9.86	177.53	1 750.45	
5	011207001002	墙面白影木切片板拼花	1. 龙骨材料种类、规格、中距:木龙骨基层24×30@300×300钉在木砖上; 2. 基层材料种类、规格:细木工板钉在木龙骨上、木龙骨刷防火漆; 3. 面:白影木切片板贴面	m²	21.56	256.84	5 537.47	
		本页小计					17 670.42	
		合计					17 670.42	

分部分项工程量清单与计价表

工程名称：二楼会议室装饰工程

序号	项目编码	项目名称	项目特征描述	计量单位	工程量	金额（元）		
						综合单价	合价	其中：暂估价
6	011207001003	墙面黑胡桃木切片板面层	1. 龙骨材料种类、规格、中距：木龙骨基层 24×30@300×300 钉在木砖上； 2. 基层材料种类、规格：细木工板钉在木龙骨上、木龙骨刷防火漆； 3. 面：黑胡桃木切片板贴面	m²	20.40	188.76	3 850.70	
7	011207001004	墙面白影木切片板面层	1. 龙骨材料种类、规格、中距：木龙骨基层 24×30@300×300 钉在木砖上； 2. 基层材料种类、规格：细木工板钉在木龙骨上、木龙骨刷防火漆； 3. 面：黑胡桃木切片板贴面	m²	6.78	277.02	1 878.20	
8	011208001001	柱面粘贴银灰色铝塑板	1. 龙骨材料种类、规格、中距：木龙骨基层 24×30@300×300 钉在木砖上、刷防火漆两遍； 2. 基层材料种类：单面砂皮细木工板钉在木龙骨上； 3. 面：银灰色铝塑板贴面	m²	6.28	237.41	1 490.93	
9	011208001002	柱面粘贴银灰色铝塑板	1. 龙骨材料种类、规格、中距：木龙骨基层 24×30@300×300 钉在木砖上、刷防火漆两遍； 2. 基层材料种类：单面砂皮细木工板钉在木龙骨上； 3. 面：银灰色铝塑板贴面	m²	8.25	198.75	1 639.69	
10	011208001003	柱面粘贴银灰色铝塑板	1. 龙骨材料种类、规格、中距：木龙骨基层 24×30@300×300 钉在木砖上、刷防火漆两遍； 2. 基层材料种类：单面砂皮细木工板钉在木龙骨上； 3. 面：银灰色铝塑板贴面	m²	6.16	183.75	1 131.90	
11	011210003001	固定玻璃隔断	1. 骨架、边框材料种类、规格：木骨架边框、黑胡桃木切片板贴面、刷硝基清漆； 2. 隔板材料品种、规格、品牌、颜色：磨砂玻璃 10 mm 厚； 3. 压条材料种类：黑胡桃木压边线条 20×20、刷硝基清漆	m²	6.08	195.90	1 191.07	
		分部小计					18 470.41	
		本页小计					11 182.49	
		合　计					28 852.91	

分部分项工程量清单与计价表

工程名称:二楼会议室装饰工程　　　　　　　　　　　　　　　　第3页　共5页

序号	项目编码	项目名称	项目特征描述	计量单位	工程量	金额(元)		
						综合单价	合价	其中:暂估价
				B.3 天棚工程				
12	011302001001	轻钢龙骨纸面石膏板天棚	1. 吊顶形式:复杂型; 2. 龙骨类型、材料种类、规格、中距:轻钢龙骨 400×600; 3. 基层材料种类、规格:部分细木工板、十二厘板造型; 4. 面层材料品种、规格:纸面石膏板面层	m²	89.61	148.92	13 344.72	
			分部小计				13 344.72	
				B.4 门窗工程				
13	010801001001	黑胡桃木切片板造型门	1. 门类型:双开门; 2. 框截面尺寸、单扇面积:1 600×2 100、800×2 100; 3. 骨架材料种类:木骨架、九厘板基层; 4. 面层材料品种:黑胡桃木切片板面层、上饰 7 根 12×8 黑胡桃木线条、刷硝基清漆	樘	2	1 314.48	2 628.96	
14	010807001001	塑钢窗	1. 窗类型:推拉窗; 2. 框材质、外围尺寸:塑钢、1 200×2 200; 3. 5 mm 厚白玻璃	樘	2	1 161.60	2 323.20	
15	010808001001	黑胡桃木切片板窗套	1. 立筋材料种类规格:木龙骨基层; 2. 基层材料种类:三夹板钉在木龙骨上; 3. 面层材料品种、规格、品牌、颜色:黑胡桃木切片板贴面; 4. 润油粉、刮腻子、刷硝基清漆、磨退出亮	m²	4.48	258.11	1 156.33	
16	010808001002	十二厘板基层黑胡桃木切片板门套	1. 立筋材料种类、规格:木骨架; 2. 基层材料种类:三夹板钉在木龙骨上; 3. 面层材料品种、规格、品牌、颜色:黑胡桃木切片板贴面; 4. 油漆:润油粉、刮腻子、刷硝基清漆、磨退出亮	m²	2.09	417.00	871.53	
			本页小计				20 324.74	
			合　计				49 177.65	

分部分项工程量清单与计价表

工程名称:二楼会议室装饰工程

序号	项目编码	项目名称	项目特征描述	计量单位	工程量	金额(元)		
						综合单价	合价	其中:暂估价
17	010808001003	木工板基层黑胡桃木切片板窗套	1. 立筋材料种类、规格:木骨架; 2. 基层材料种类:木工板钉在木骨架上; 3. 面层材料品种、规格、品牌、颜色:黑胡桃木切片板贴面; 4. 油漆:润油粉、刮腻子、刷硝基清漆、磨退出亮	m²	1.68	414.02	695.55	
18	010810002001	木暗窗帘盒	1. 窗帘盒材质、规格、颜色:木窗帘盒、单面砂皮细木工板基层、五夹板面层; 2. 窗帘轨材质、规格:铝合金窗帘轨单轨; 3. 油漆种类、刷漆遍数:润油粉、刮腻子、刷硝基清漆、磨退出亮	m	9.80	76.88	753.42	
19	010810002002	冷光灯盒	1. 窗帘盒材质、规格、颜色:木骨架、细木工板三夹板基层、黑胡桃木切片板面层; 2. 窗帘轨材质、规格:无窗帘轨; 3. 油漆种类、刷漆遍数:润油粉、刮腻子、刷硝基清漆、磨退出亮	m	3.60	86.92	312.91	
20	010808004001	啡网纹大理石窗台板	1. 找平层厚度、砂浆配合比:15厚1:3水泥砂浆底,5厚1:2.5水泥砂浆面; 2. 窗台板材质、规格、颜色:啡网纹大理石磨一阶半圆边	m	4.80	195.77	939.70	
		分部小计					9 681.60	
		B.5油漆、涂料、裱糊工程						
21	011404007001	夹板面批腻子,刷亚光白色乳胶漆	1. 腻子种类:混合腻子; 2. 刮腻子要求:满批腻子三遍; 3. 油漆品种、刷漆遍数:刷清油、乳胶漆两遍	m²	13.15	13.99	183.97	
		本页小计					2 885.55	
		合　计					52 063.00	

分部分项工程量清单与计价表

工程名称:二楼会议室装饰工程　　　　　　　　　　　　　　　　　　　第5页　共5页

序号	项目编码	项目名称	项目特征描述	计量单位	工程量	金额(元)		
						综合单价	合价	其中:暂估价
22	011404002001	木质踢脚线油漆	油漆品种、刷漆遍数;润油粉、刮腻子、刷硝基清漆、磨退出亮	m²	2.41	114.68	276.38	
23	011406001001	墙面批腻子,刷亚光白色乳胶漆	1. 腻子种类:混合腻子; 2. 刮腻子要求:满批腻子两遍; 3. 油漆品种、刷漆遍数:刷乳胶漆两遍	m²	19.62	10.61	208.17	
24	011408002001	墙面米黄色摩力克软包布	1. 基层类型:木龙骨、细木工板基层; 2. 面层材料品种、规格:五夹板底米黄色摩力克软包布	m²	11.09	206.36	2 288.53	
		分部小计					2 957.05	
		B.6其他工程						
25	011505011001	拉丝不锈钢成品灯罩	拉丝不锈钢成品灯罩	个	4	800.00	3 200.00	
26	011505011002	拉丝不锈钢成品装饰件	拉丝不锈钢成品装饰件	个	20	12.00	240.00	
27	011502011001	5 mm缝勾黑	5 mm缝勾黑	m	55.72	5.00	278.60	
		分部小计					3 718.60	
		本页小计					6 491.08	
		合　计					58 554.28	

措施项目清单与计价表

工程名称:二楼会议室装饰工程　　　　　　　　标段:　　　　　　　　第1页　共1页

序号	项目编码	项目名称	计算基础	费率(%)	金额(元)	调整费率(%)	调整后金额(元)	备注
1	011707001001	现场安全文明施工措施费	分部分项工程费	1	585.54			
2	011707007001	已完工程及设备保护费	分部分项工程费	0.1	58.55			
3	011707006001	临时设施费	分部分项工程费	0.3	175.66			
4	补	检验试验费	分部分项工程费	0.2	117.11			
5	011701003001	脚手架			500.00			
6	011703001001	垂直运输机械费	分部分项工程费	1.5	878.31			
7	补	室内空气污染测试费	分部分项工程费	0.2	117.11			
8	补	住宅工程分户验收	分部分项工程费	0.08	46.84			
		合　计			2 479.12			

其他项目清单与计价表

工程名称:二楼会议室装饰工程　　　　　标段:　　　　　　　　　第 1 页　共 1 页

序号	项目名称	金额(元)	结算金额(元)	备注
1	暂列金额	500.00		
2	暂估价			
2.1	材料(工程设备)暂估价/结算价			
2.2	专业工程暂估价/结算价			
3	计日工	1000.00		
4	总承包服务费			
5	索赔与现场签证	—		
	合计	1 500.00		—

措施项目费分析表

工程名称:二楼会议室装饰工程　　　　　　　　　　　　　　　第 1 页　共 1 页

序号	项目名称	定额编号	定额名称	单位	工程量	综合单价	综合单价分析					
							人工费	机械费	材料费	管理费	利润	工程造价
1	现场安全文明施工措施费[工程量清单计价×1%]			项	1	590.8						
2	临时设施费[工程量清单计价×0.3%]			项	1	177.2						
3	脚手架			项	1	403.6						
	脚手架	19—7×0.6	满堂脚手架基本层高 5 m 内	10 m²	9.4							
4	垂直运输机械			项	1	880.6						
	垂直运输机械	22—29	卷扬机垂直运输高度 20 m 以内 6 层	10 工日	30.047							
5	室内空气污染测试[工程量清单计价×0.2%]			项	1	118.1						

分部分项工程量清单综合单价分析表

工程名称：二楼会议室装饰工程　　　　标段：

序号	项目编码	项目名称	定额编号	定额名称	综合单价	综合单价分析					
						人工费	材料费	机械费	管理费	利润	工程造价
1	011104001001	楼地面地毯	12-143	双层固定楼面地毯	104.48	7.67	92.12	0.20	3.31	1.18	104.48
2	011105005001	木质踢脚线钉在名砖墙面上	12-138	衬板上贴切片板踢脚线制作安装	117.11	16.58	89.62	0.93	7.35	2.63	117.11
3	011105005002	木质踢脚线钉在木龙骨上	12-138 备注1	衬板上贴切片板踢脚线制作安装	116.36	16.62	88.69	0.94	7.38	2.63	116.36
4	011207001001	黑胡桃木切片板藏帘箱	13-155	墙面墙裙木龙骨基层	177.53	2.72	6.86	0.28	1.26	0.45	11.57
			13-172	墙面墙裙多层夹板基层钉在木龙骨上		4.84	39.52	0.03	2.05	0.73	47.17
			13-182	墙面墙裙普通切片板3 mm粘贴在黑胡桃木夹板		3.72	34.42		1.56	0.56	40.26
			17-20	黑胡桃木子弹头线条25×8		0.82	4.29	0.19	0.42	0.15	5.88
			16-176	墙裙润油粉、刮腻子、刷硝基清漆、磨退出亮		28.70	26.22		12.05	4.30	71.28
			16-218	单向隔墙隔断（同壁）护壁木龙骨防火漆两遍		0.49	0.60		0.21	0.07	1.37
5	011207001002	墙面白影木切片板拼花	13-155	墙面墙裙木龙骨基层	256.84	7.25	18.31	0.75	3.36	1.20	30.87
			13-172	墙面墙裙木工板基层钉在木龙骨上		4.02	32.80	0.03	1.70	0.61	39.16
			13-182 备注2	白影木斜纹拼花墙面		4.84	104.26		2.03	0.73	111.86
			16-176	墙裙润油粉、刮腻子、刷硝基清漆、磨退出亮		28.71	26.23		12.06	4.31	71.30
			16-218	木龙骨防火漆两遍		1.31	1.59		0.55	0.20	3.65
6	011207001003	墙面黑胡桃木切片板面层	13-155	墙面墙裙木龙骨基层	188.76	7.86	19.85	0.82	3.65	1.30	33.48
			13-172	墙面墙裙木工板基层钉在木龙骨上		4.36	35.55	0.03	1.84	0.66	42.44
			13-182	墙面墙裙普通切片板3 mm粘贴在黑胡桃木夹板		3.72	34.42		1.56	0.56	40.26

（续表）

序号	项目编码	项目名称	定额编号	定额名称	综合单价	综合单价分析					
						人工费	机械费	材料费	管理费	利润	工程造价
6	011207001003	墙面黑胡桃木切片板面层	16-176	墙裙润油粉、刮腻子、刷硝基清漆、磨退出亮	188.76	27.64		25.24	11.61	4.14	68.63
			16-218	木龙骨防火漆两遍		1.42		1.72	0.60	0.21	3.95
			13-155	墙面墙裙木龙骨基层		11.19	1.16	28.28	5.19	1.85	47.67
			13-172	墙面墙裙木工板基层钉在木龙骨上		4.02	0.03	32.78	1.70	0.61	39.14
			13-182	白影木切片板墙面		3.72		95.40	1.56	0.56	101.24
7	011207001004	墙面白影木切片板面层	16-176	墙裙润油粉、刮腻子、刷硝基清漆、磨退出亮	277.02	28.69		26.21	12.05	4.30	71.25
			16-218	木龙骨防火漆两遍		2.02		2.45	0.85	0.30	5.62
			17-26	金属装饰条墙面嵌铜条		3.15	0.32	6.65	1.46	0.52	12.10
			13-156	方形柱梁面木龙骨基层		12.59	1.08	25.02	5.74	2.05	46.48
			13-167	假柱断面 24 mm×30 mm 木龙骨纵横间距 300 mm		3.59	0.39	11.50	1.67	0.60	17.75
8	011208001001	柱面粘贴银灰色铝塑板	13-174	柱面多层夹板基层钉在木龙骨上	237.41	4.19	0.04	31.41	1.78	0.63	38.05
			13-200	铝塑板贴在夹板基层上		4.54		110.77	1.91	0.68	117.90
			16-222	木方柱防火漆两遍		3.77		4.67	1.58	0.57	10.59
			16-217	假柱木龙骨防火漆两遍		2.40		2.87	1.01	0.36	6.64
			13-156	方形柱梁面木龙骨基层		9.05	0.78	17.98	4.13	1.47	33.41
9	011208001002	柱面粘贴银灰色铝塑板	13-174	柱梁面木工板基层钉在木龙骨上	198.75	4.39	0.04	32.88	1.86	0.66	39.84
			13-200	铝塑板贴在夹板基层上		4.54		110.77	1.91	0.68	117.90
			16-222	假柱防火漆两遍		2.71		3.35	1.14	0.41	7.60
10	011208001003	柱面粘贴银灰色铝塑板	13-167	假柱断面 24 mm×30 mm 木龙骨纵横间距 300 mm	183.75	3.84	0.42	12.28	1.79	0.64	18.97
			13-174	柱梁面木工板基层钉在木龙骨上		4.38	0.04	32.86	1.86	0.66	39.80

（续表）

序号	项目编码	项目名称	定额编号	定额名称	综合单价	综合单价分析					工程造价
						人工费	机械费	材料费	管理费	利润	
10	011208001003	柱面粘贴银灰色铝塑板	13-200	铝塑板贴在夹板基层上	183.75	4.54		110.77	1.91	0.68	117.90
			16-217	木龙骨防火漆两遍		2.56		3.06	1.08	0.38	7.08
11	011210003001	固定玻璃隔断	17-103	固定玻璃磨断磨砂玻璃 δ=10 mm	195.90	13.83	0.14	143.14	5.87	2.10	165.07
			17-20	黑胡桃实木线条 20×20		2.93	0.69	25.15	1.52	0.54	30.83
			14-42	吊筋规格 φ8 H=750 mm			1.05	3.79	0.44	0.16	5.44
			14-10	复杂装配式 U 型（不上人型）轻钢龙骨,拱形面层规格 400×600		3.81	0.20	8.96	1.68	0.60	15.26
			14-10	复杂装配式 U 型（不上人型）轻钢龙骨面层规格 400×600		4.41	0.23	18.66	1.95	0.70	25.94
			14-51	天棚木工板造型		0.40		3.25	0.17	0.06	3.88
			14-50	天棚十二厘板拱形造型		1.25		8.92	0.53	0.19	10.88
			14-55	纸面石膏板天棚面层拱形安装在 U 型轻钢龙骨上凹凸		2.25		5.10	0.95	0.34	8.63
12	011302001001	轻钢龙骨层纸面石膏板天棚	14-55	纸面石膏板天棚面层弧形安装在 U 型轻钢龙骨上凹凸	148.92	0.52		1.56	0.22	0.08	2.38
			14-55	纸面石膏板天棚面层安装在 U 型轻钢龙骨上凹凸		3.03		10.33	1.27	0.45	15.09
			17-78	回光灯槽		0.51	0.09	2.55	0.25	0.09	3.49
			17-76	筒灯孔		0.19		0.21	0.08	0.03	0.51
			17-34	石膏装饰线		4.65	0.68	30.27	2.24	0.80	38.64
			16-303	夹板面满批腻子两遍		2.01		1.82	0.84	0.30	4.98
			16-304	夹板面满批腻子每增减一遍		1.00		0.62	0.42	0.15	2.19
			16-306	天棚墙面板缝贴自粘胶带		1.38		2.54	0.58	0.21	4.71

（续表）

序号	项目编码	项目名称	定额编号	定额名称	综合单价	人工费	机械费	材料费	管理费	利润	工程造价
								综合单价分析			
12	011302001001	轻钢龙骨纸面石膏板天棚	16-311	夹板面乳胶漆两遍	148.92	1.17		5.15	0.49	0.18	6.99
13	010801001001	黑胡桃木切片板造型门	15-330	切片板门门边桩断面22.80 cm²	1314.48	101.89	18.85	442.42	50.71	18.11	631.98
			17-20	黑胡桃木线条12×8		37.37	8.82	130.68	19.40	6.93	203.20
			15-346	执手锁安装		5.32		32.48	2.23	0.80	40.83
			15-347	插销安装		2.24		23.02	0.94	0.34	26.54
			15-348	铰链安装		12.32		58.16	5.17	1.84	77.50
			16-169×1.05	单层木门润油粉、刮腻子、刷硝基清漆、磨退出亮		116.24		151.93	48.82	17.44	334.43
14	010807001001	塑钢窗	D00001	塑钢推拉窗	1161.60			1161.60			1161.60
15	010808001001	黑胡桃木切片板窗套	17-59	木窗套	258.11	19.18	0.27	52.85	8.17	2.92	83.39
			17-22	黑胡桃木窗套线60×15		3.32	0.78	68.17	1.72	0.61	74.61
			16-173	窗套润油粉、刮腻子、刷硝基清漆、磨退出亮		25.17		22.99	10.57	3.77	62.51
			16-171×0.35	窗套线润油粉、刮腻子、刷硝基清漆、磨退出亮		18.43		8.66	7.74	2.76	37.60
			13-156	门侧木龙骨基层		8.32	0.71	41.12	3.79	1.35	55.30
			13-174	门侧木工板钉在木龙骨上		4.03	0.04	30.21	1.71	0.61	36.60
			13-183	门侧黑胡桃木普通切片板3 mm粘贴		1.26		9.55	0.53	0.19	11.53
16	010808001002	十二厘板基层黑胡桃木切片板门套	17-59	门套	417.00	13.86	0.19	44.40	5.90	2.11	66.46
			17-22	黑胡桃木门套线60×15		7.36	1.74	151.13	3.82	1.36	165.42
			17-20	黑胡桃木裁口线5×15		3.53	0.83	12.33	1.83	0.65	19.18
			16-173	门套线润油粉、刮腻子、刷硝基清漆、磨退出亮		25.17		22.99	10.57	3.78	62.51
17	010808001003	木工板基层黑胡桃木切片板窗套	17-59	窗套	414.02	19.18	0.27	66.73	8.17	2.92	97.27
			17-22	黑胡桃木门窗套线60×15		11.31	2.67	232.29	5.87	2.10	254.24
			16-173	窗套润油粉、刮腻子、刷硝基清漆、磨退出亮		25.17		22.99	10.57	3.78	62.51

（续表）

序号	项目编码	项目名称	定额编号	定额名称	综合单价	人工费	机械费	材料费	管理费	利润	工程造价
								综合单价分析			
18	010810002001	木暗窗帘盒	17-57	暗窗帘盒细木工板,五夹板	76.88	7.47	0.56	22.33	3.37	1.21	34.94
			16-171×2.04	暗窗帘盒板润油粉,刮腻子,刷硝基清漆,磨退出亮		20.56		9.66	8.64	3.08	41.94
19	010810002002	冷光灯盒	17-58	明窗帘盒细木工板,黑胡桃木三夹板	86.92	9.14	0.57	29.74	4.08	1.46	44.98
			16-171×2.04	冷光灯盒板润油粉,刮腻子,刷硝基清漆,磨退出亮		20.56		9.66	8.64	3.08	41.94
20	010809004001	啡网纹大理石窗台板	13-82	窗台板水泥砂浆粘贴啡网纹大理石	195.77	3.17	0.06	109.07	1.36	0.48	114.14
			17-36	啡网纹石材线条安装		1.07	0.19	60.29	0.53	0.19	62.27
			17-40	石材磨边加工一阶一半圆		9.04	1.56	2.72	4.45	1.59	19.36
21	011404007001	夹板面批腻子,刷亚光白色乳胶漆	16-303	夹板面满批腻子两遍	13.99	1.68	0.25	1.52	0.71	0.25	4.16
			16-304	夹板面满批腻子每增减一遍		0.84	0.13	0.52	0.35	0.13	1.84
			16-305	清油封底		0.62	0.09	1.17	0.26	0.09	2.14
			16-311	夹板面乳胶漆两遍		0.98	0.15	4.31	0.41	0.15	5.85
22	011404002001	木质踢脚线油漆	16-174	踢脚线润油粉,刮腻子,刷硝基清漆,磨退出亮	114.68	46.05		42.38	19.34	6.90	114.68
23	011406001001	墙面批腻子,刷亚光白色乳胶漆	16-307	内墙面乳胶漆在抹面上批刷两遍混合腻子	10.61	2.74		6.31	1.15	0.41	10.61
24	011408002001	墙面米黄色摩力克软包布	13-155	墙面墙裙木龙骨基层	206.36	7.25	0.75	18.31	3.36	1.20	30.87
			13-172	墙面墙裙木工板基层钉在木龙骨上		4.02	0.03	32.80	1.70	0.61	39.16
			13-180	墙面墙裙5mm胶合板面软包底层		2.76		18.57	1.16	0.41	22.90
			16-375	墙面米黄色摩力克软包布		7.50		98.00	3.15	1.13	109.78
			16-218	木龙骨防火漆两遍		1.31		1.59	0.55	0.20	3.65
25	011505011001	拉丝不锈钢成品灯罩	D00002	成品拉丝不锈钢灯罩	800.00			800.00			800.00
26	011505011002	拉丝不锈钢成品装饰件		拉丝不锈钢成品装饰件	12.00			12.00			12.00
27	011502011001	5mm缝勾黑	D00003	5mm勾黑缝成品	5.00			5.00			5.00

主要材料价格表

工程名称:二楼会议室装饰工程   第1页 共1页

序号	材料编号	材料名称	规格、型号特殊要求	单位	单价(元)
1	104001	啡网纹大理石		m²	700.00
2	106024	啡网纹石材线条		m	50.00
3	206020	磨砂玻璃 $\delta=10$ mm		m²	120.00
4	401029	普通成材		m³	1 500
5	403011	三夹板		m²	11.76
6	403013	五夹板		m²	16.80
7	403017	十二厘板		m²	23.52
8	403018	柳桉芯机拼木工板		m²	28.55
9	403020	柳桉芯九厘板		m²	20.16
10	403022	白影木切片板		m²	80.62
11	403022	黑胡桃木切片板		m²	25.19
12	405032	黑胡桃木裁口线条 5×15		m	2.00
13	405032	黑胡桃木线条 12×8		m	2.00
14	405032	黑胡桃木线条 20×20		m	5.00
15	405032	黑胡桃木子弹头线条 25×8		m	3.00
16	405037	黑胡桃木门窗套线条 60×15		m	12.00
17	405047	黑胡桃木线条 16×8		m	2.50
18	503209	铝塑板(双面)		m²	94.60
19	513237	铜嵌条 2×15		m	3.50
20	607023	石膏阴角线 100×30		m	6.00
21	607072	纸面石膏板		m²	11.00
22	608012	丙纶簇绒地毯		m²	70.00
23	608190	米黄色摩力克软包布		m²	78.00

9 与装饰装修工程造价相关的其他工作

9.1 装饰装修工程招标与投标

一、工程招标投标的概念

招标投标是市场经济条件下进行大宗货物的买卖、工程建设项目的发包与承包以及服务项目的采购与提供时被广泛采用的一种交易方式。它的特点是,单一的买方设定包括功能、质量、期限、价格为主的标的,约请若干卖方通过投标进行竞争,买方从中选择优胜者并与其达成交易协议,随后按合同实现标的。

为了规范招标投标活动,保护国家利益、社会公共利益和招标投标活动当事人的合法权益,提高经济效益,保证项目质量,全国人大于 1999 年 8 月 30 日颁布了《中华人民共和国招标投标法》(简称《招标投标法》)。该法共有六章六十八条,将招标与投标活动纳入法制管理的轨道。主要内容包括招标投标程序;招标人和投标人应遵循的基本规则;任何违反法律规定应承担的后果责任等。《招标投标法》的基本宗旨是,招标和投标活动属于当事人在法律规定范围内自主进行的市场行为,但必须接受政府行政主管部门的监督。

二、招标方式

《招标投标法》规定招标方式分为公开招标和邀请招标两类。只有不属于法规规定必须招标的项目才可以用直接委托方式,如涉及国家安全、国家秘密、抢险救灾、利用扶贫资金以工代赈、需要使用农民工的特殊情况,以及低于国家规定必须招标标准的小型工程或标的较小的改扩建工程。

(1)公开招标

公开招标是指招标单位通过海报、报刊、广播、电视等手段,在一定的范围内,公开发布招标信息、公告,以招引具备相应条件而又愿意参加的一切投标单位前来投标。

应当采用公开招标的工程包括国务院发展计划部门确定的国家重点建设项目和各省、自治区、直辖市人民政府确定的地方重点建设项目,以及全部使用国有资金投资或者国有资金投资占控股或者主导地位的工程建设项目。

(2)邀请招标

邀请招标是非公开招标方式的一种。由招标单位向其所信任的、有承包能力的施工单位(不少于三家),发送招标通知书或招标邀请函件,在一般情况下,被邀请单位均应前往投标或及时复函说明不能参加投标的原因。它比公开招标一般要节省人力、物力、财力,而且缩短招标工作周期。

三、招标程序

招标是招标人选择中标人并与其签订合同的过程,而投标则是投标人力争获得实施合同的竞争过程,招标人和投标人均需遵循招标投标法律和法规的规定进行招标投标活动。

1. 招标准备阶段主要工作

(1) 申请招标

招标人向建设行政主管部门办理申请招标手续。申请招标文件应说明:招标工作范围;招标方式;计划工期;对投标人的资质要求;招标项目的前期准备工作的完成情况;自行招标还是委托代理招标等内容。

(2) 编制招标有关文件

招标过程中可能涉及的有关文件大致包括:招标广告、资格预审文件、招标文件、合同协议书,以及资格预审和评标的办法。

2. 招标投标阶段的主要工作内容

发布招标公告或发出投标邀请函,到投标截止日期为止的期间称为招标投标阶段。应当合理确定投标人编制投标文件所需的时间,自招标文件发出之日起到投标截止日止,最短不得少于 20 天。

(1) 发布招标公告

招标公告或投标邀请函的具体格式可由招标人自定,内容一般包括:招标单位名称;建设项目资金来源;工程项目概况和本次招标工作范围;购买资格预审文件的地点、时间和价格等有关事项。

(2) 资格预审

资格预审的目的是对潜在投标人进行资格审查,一是保证参与投标的法人或其他组织在资质和能力等方面能够满足完成招标工程的要求;二是通过评审优选出综合实力较强的一批申请投标人,以减小评标的工作量。

(3) 编制招标文件

招标文件是投标人编制投标文件和报价的依据,应当包括招标项目的技术要求、对投标人资格审查的标准(邀请招标)投标报价要求、评标标准以及拟签订合同的主要条款等所有实质性要求和条件。招标文件通常分为投标须知、合同条件、技术规范、图纸和技术资料、工程量清单等几大部分内容。

(4) 现场考察

招标人在投标须知规定的时间组织投标人自费进行现场考察,让投标人了解工程项目的现场情况、自然条件、施工条件以及周围环境条件,以便于编制投标书;要求投标人通过自己的实地考察确定投标的原则和策略,避免合同履行过程中以不了解现场情况为理由推卸合同责任。

(5) 标前会议

投标人研究招标文件和现场考察后会以书面形式提出某些质疑问题,招标人可以及时给予书面解答,也可以留待标前会议上解答。所回答的问题必须发送给每一位投标人,但不必说明问题的来源。回答函件作为招标文件的组成部分,如果与招标文件不一致,以函件的解答为准。

3. 决标成交阶段的主要工作内容

从开标日到签订合同这一期间称为决标成交阶段。

(1) 开标

开标应当在招标文件确定的提交投标文件截止时间的同一时间公开进行。

开标时,由投标人或其推选的代表检验投标文件的密封情况。确认无误后,如果有标底应首先公布,然后由工作人员当众拆封,宣读投标人名称、投标价格和投标文件的其他主要内容。所有在投标致函中提出的附加条件、补充声明、优惠条件、替代方案等均应宣读。开标过程应当记录,并存档备查。开标后,任何投标人都不允许更改投标书的内容和报价,也不允许再增加优惠条件。如果招标文件中没有说明评标、定标的原则和方法,则在开标会议上应予说明,投标书经启封后不得再更改评标、定标办法。

(2) 评标

评标是对各投标书优劣的比较,以便最终确定中标人,由评标委员会负责评标工作。

1) 评标委员会

评标委员会由招标人的代表和有关技术、经济等方面的专家组成,成员人数约 5 人以上单数,其中招标人以外的专家不得少于成员总数的三分之二。专家人选应来自于国务院有关部门或省、自治区、直辖市政府有关部门提供的专家名册,或从招标代理机构的专家库中以随机抽取方式确定。与投标人有利害关系的人不得进入评标委员会,已经进入的应当更换,保证评标的公平和公正。

2) 评标程序

小型工程采用即开、即评、即定的方式由评标委员会及时确定中标人。大型工程项目分成初评和详评两个阶段进行。

3) 评标报告

评标报告是评标委员会经过对各投标书评审后向招标人提出的结论性报告,作为定标的主要依据。评标报告应包括评标情况说明;对各个合格标书的评价;推荐中标候选人等内容。如果所有投标都不符合招标文件的要求,可以否决所有投标,招标人应认真分析招标文件的有关要求以及招标过程,对招标范围或招标文件有关内容作出实质性修改后重新招标。

(3) 定标

1) 定标程序

招标人应根据评标委员会提出的评标报告和推荐的中标候选人确定为中标人,也可以授权评标委员会直接确定中标人。确定中标人前,招标人不得与投标人就投标价格、投标方案等实质性内容进行谈判。中标人确定后,招标人向中标人发出中标通知书,同时将中标结果通知所有未中标的投标人并退还投标保证金或保函。中标通知书对招标人和中标人具有法律效力,招标人改变中标结果或中标人拒绝签订合同均要承担相应的法律责任。

中标通知书发出后 30 天内,双方应按照招标文件和投标文件订立书面合同,不得作实质性修改。招标人不得向中标人提出任何不合理要求作为订立合同的条件,双方也不得私下订立背离合同实质性内容的协议。

确定中标人后 15 天内,招标人应向有关行政监督部门提交招标投标情况的书面报告。

2）定标原则

《招标投标法》规定，中标人的投标应当符合下列条件之一：

① 能够最大限度地满足招标文件中规定的各项综合评价标准。这种情况是指用综合评分法或评标价法进行比较后，最佳标书的投标人应为中标人。

② 能够满足招标文件的实质性要求，并且经评审的投标价格最低；但是投标价格低于成本的除外。

4. 评标方法

（1）综合评分法

综合评分法是指将评审内容分类后分别赋予不同权重，评标委员依据评分标准对各类内容细分的小项进行相应的打分，最后计算的累计分值反映投标人的综合水平，以得分最高的投标书为最优。

（2）评标价法

评标价法是指以投标书报价为基础，将报价之外需要评定的指标要素按预先规定的办法折算为评审价格，加到该标书的报价上形成评标价。以评标价最低的标书为最优（不是投标报价最低）。评标价仅作为衡量投标人能力高低的量化比较方法，与中标人签订合同时仍以投标价格为准。

四、标底

1. 标底编制原则

标底是由建设单位或委托招标代理单位编制的，标底用以作为审核投标报价的依据和评标、定标的尺度。

编制标底的原则是：标底价必须控制在有关上级部门批准的总概算或投资包干的限额以内。如有突破，除严格复核外，应先报经原批准单位同意，方可实施。另外，一个项目只准确定一个标底。除实行"明标底"招标外，标底一旦确定即应严格保密，直至公布。

2. 标底的主要内容

招标标底是建筑安装工程造价的表现形式之一，是招标工程的预期价格，其组成内容主要有：

（1）标底的综合编制说明。

（2）标底价格审定书，标底价格计算书，带有价格的工程量清单，现场因素，各种施工措施费的测算明细以及采用固定价格工程的风险系数测算明细等。

（3）主要材料用量。

（4）标底附件：如各项交底纪要，各种材料及设备的价格来源，现场的地质、水文，地上情况的有关资料，编制标底价格所依据的施工方案或施工组织设计等。

3. 标底编制的依据

（1）招标文件的商务条款。

（2）装饰工程施工图纸、施工说明及设计交底或答疑纪要。

（3）施工组织设计（或施工方案）及现场情况的有关资料。

（4）现行装饰装修工程消耗量定额和补充定额，工程量清单计价方法和计量规则，现行取费标准，国家或地方有关价格调整文件规定，装饰工程造价信息等。

4. 标底的计价方法

按照住建部的有关示范文本,标底的编制以工程量清单为依据,我国目前建筑装饰装修工程施工招标标底主要采用工料单价法和综合单价法来编制。

(1) 工料单价法

工程量清单的单价,按照现行预算定额的工、料、机消耗标准及预算价格确定。其他直接费、间接费、利润、有关文件规定的调价、风险金、税金等费用计入其他相应标底计算表中。这实质上是以施工图预算为基础的标底编制方法。

(2) 综合单价法

工程量清单的单价,应包括人工费、材料费、机械费、其他直接费、间接费、有关文件规定的调价、利润、税金以及采用固定价格的风险金等全部费用。综合单价确定后,再与各分部分项工程量相乘汇总,即可得到标底价格。这实质上是在预算单价(工料单价)基础上"并费"形成"完全单价"的标底编制方法。

5. 无标底招标

随着我国加入 WTO,建筑市场正逐步和国际惯例接轨,在招标投标过程中将逐步取消标底的强制性,提倡"无标底招标"。当然针对我国目前建筑市场发育状况,市场主体尚不成熟,彻底取消标底是不合适的。因此,"无标底招标"不是不要标底,而应该是给标底赋予新的定义。也就是打破原来设置中标范围的框框,不用它来作为评标的硬性依据,而是作为评标委员会的参考依据。

五、招标文件与投标文件

1. 装饰装修工程招标文件的主要内容

建筑装饰装修方案、施工招标文件包括以下主要内容:

(1) 招标工程综合说明:包括工程项目的批准文件、工程名称、地点、性质(新建、扩建、改建)、规模、总投资、有关工程建设的设计图纸资料、土建安装施工单位及形象进度要求。

(2) 建筑装饰装修方案招标的范围和内容、标准以及装饰装修方案设计时限、投标单位设计资质的要求等。

(3) 设计方案要求:包括总的设计思想要求,功能分区及使用效果要求,对装饰装修格调、标准、光照、色彩的要求,主要材料、设施使用、投资控制的要求,以及满足温度、噪声、消防安全等方面的标准和要求等。

(4) 对方案设计效果图、平面图和中标后施工图的深度和份数的要求。

(5) 投标文件编写要求及评标、定标方法。

(6) 投标预备会、现场踏勘以及投标、开标、评标的时间和地点。

(7) 对方案中标人在施工投标中的优惠及方案设计费,对未中标人的方案设计补偿费标准。

(8) 装饰装修施工招标文件应符合建设工程施工招标办法的有关规定和要求。招标文件应当包括招标项目的技术要求,对投标单位资格审查的标准、投标报价要求和评标标准等所有与招标项目相关的实质性要求和条件,包括施工技术、装饰装修标准和工期等。

（9）投标人须知。

（10）工程量清单。

（11）拟定承包合同的主要条款和附加条款。

2. 装饰装修工程投标文件的主要内容

（1）方案投标文件主要内容

装饰方案投标文件一般包括以下主要内容：

1）投标书：应标明投标单位名称、地址，负责人姓名、联系电话以及投标文件的主要内容。

2）方案设计综合说明：包括设计构思、功能分区、方案特点、装饰装修风格、平面布局、整体效果、设计配备等。

3）方案设计主要图纸（平、立、剖）及效果图。

4）选用的主要装饰装修材料的产地、规格、品牌、价格和小样。

5）施工图的设计周期。

6）投资估算。

7）授权委托书、装饰装修设计资质等级证书、设计收费资格证书、营业执照等资格证明材料。

8）近两年的主要装修业绩和获得的各种荣誉（附复印件）。

（2）施工投标文件主要内容

施工投标文件一般包括以下主要内容：

1）投标书：标明投标价格、工期、自报质量和其他优惠条件。

2）授权委托书、营业执照、施工企业取费标准证书、资信证书、建设行政主管部门核发的施工企业资质等级证书、施工许可证、项目经理资质证书等；境外、省外企业进省招标投标许可证。

3）预算书，总价汇总表。

4）投标书辅助资料表。

5）需要甲方供应的材料用量。

6）投标人主要加工设备、安装设备和测试设备明细表。

7）工程使用的主要材料及配件的产地、规格表，并提供小样。

8）施工组织设计：包括主要工程的施工方法，技术措施，主要机具设备及人员专业构成，质量保证体系及措施、工期进度安排及保证措施、安全生产及文明施工保证措施、施工平面图等。

9）近两年来投标单位和项目经理的工作业绩和获得的各种荣誉（提供证书复印件）。

六、装饰装修施工合同

根据建设部、国家工商行政管理局建监〔1996〕585号文件的规定，为维护承发包双方权益，建筑装饰装修工程施工合同签订必须使用全国统一建筑装饰工程施工合同甲种本（GF—96—0205）和乙种本（GF—96—0206）两种文本。甲种文本适用于工程造价在500万元以上的大、中型建筑装饰工程，乙种文本适用于500万元以下的建筑装饰工程。

9.2 装饰装修工程施工预算

一、施工预算的含义

施工预算是在建筑安装工程施工前,施工单位内部根据施工图纸和施工定额(亦称企业内部定额),在施工图概预算控制范围内所编制的预算。它以单位工程为对象,分析计算所需工程材料的规格、品种、数量;所需不同工种的人工数量;所需各种机械数量及各种机械台班数量;单位工程直接费;并提出各类构配件和外加工项目的具体内容等,以便有计划、有步骤地合理组织施工,从而达到节约人力、物力和财力的目的。

因此编制施工预算是加强企业内部经济核算,提高企业经营管理水平的重要措施。

二、施工预算的内容

施工预算的内容,是以单位工程为对象进行编制的,它由说明书及预算表格两大部分组成。

1. 说明书部分

说明书部分应简明扼要地叙述以下几方面内容:

(1) 编制的依据(如采用的定额、图纸、施工组织设计等)。

(2) 工程性质、范围及地点。

(3) 对设计图纸和说明书的审查意见及现场勘察的主要资料(如水文、地质情况)。

(4) 施工部署及施工期限。

(5) 在施工中采取的主要技术措施,如机械化施工部署;土方调配方法、新技术、新材料;冬、雨季施工措施;安全措施及施工中可能发生的困难及处理方法。

(6) 施工中采取的降低成本措施及建议。

(7) 工程中尚存在及进一步落实解决的其他问题。

2. 表格部分

(1) 工程量计算汇总表

工程量计算汇总表是按照施工定额的工程量计算规则计算出的重要基础数据,为了便于生产、调度、计划、统计及分期材料供应,可将工程量按照分层分段、分部位进行汇总,然后进行单位工程汇总。

(2) 施工预算工料分析表

施工预算工料分析表与施工图预算的工料分析编制方法相同,但要注意按照工程量计算汇总表的划分作出分层、分段、分部位的工料分析结果,为施工分期生产计划提供方便条件。

(3) 人工汇总表

人工汇总表即将工料分析表中的人工按分层、分段、分部位、分工种进行汇总,此表是编制劳动力计划、进行劳动力调配的依据。

(4) 材料汇总表

材料汇总表即将工料分析表中不同品种、规格的材料按层、段部位进行汇总,此表是编制材料成品、半成品计划的依据。

（5）施工机械汇总表

施工机械汇总表将各种施工机械及消耗台班或机械分名称进行汇总。

（6）施工预算表

施工预算表将已汇总的人工、材料、机械消耗量，分别乘以所在地区的工资标准、材料单价、机械台班费，计算出直接费（有定额单价时可直接使用定额单价）。

（7）"两算"对比表（施工图概预算与施工预算）

"两算"对比表为组织生产开展经济活动分析和实行经济核算提供了科学数据。

三、施工预算编制程序

施工预算的编制步骤与施工图概预算的编制步骤大体相同，因各地区施工定额有差别，没有统一的编制程序，一般可参照图9.1的框图进行。

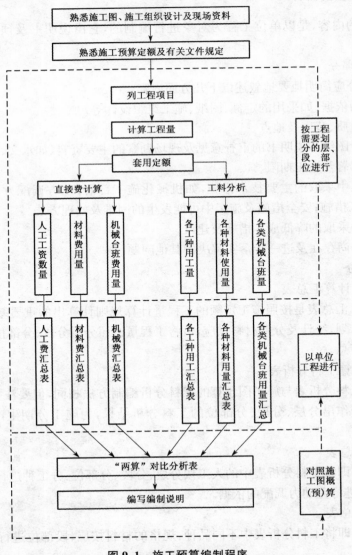

图9.1 施工预算编制程序

四、施工预算编制方法

施工预算的编制方法有实物法和实物金额法两种。

1. 实物法

实物法是根据图纸和施工组织设计及有关资料,结合施工定额的规定计算工程量,并套用施工定额计算并分析人工、材料、机械的台班数量,用这些数据可向工人队组签发任务书和限额领料单,进行班组核算。通过与施工图概预算的人工、材料和机械数量的对比,分析超支或节约的原因,改进和加强企业管理。

2. 实物金额法

实物金额法分为两种计算方法:

(1)根据实物法计算工、料、机的数量,再分别乘以人工、材料和机械台班单价,求出人工费、材料费和机械使用费,上述三项费用之和即为单位工程直接费。

(2)在编有施工定额单位估价表的地区,可根据施工定额计算工程量,然后套用施工定额中的单价,逐项累加后即为单位工程直接费。

3. 实物法、实物金额法的编制程序

(1)熟悉施工图、施工组织设计及现场资料

熟悉图纸资料的要求,编制施工预算比编制施工图概预算要求更深透、更细致,这是施工预算定额的项目划分较为具体、细致的原因。如砂浆强度等级、玻璃厚度等许多技术细节,在编制施工图概预算时不受影响,而在施工预算中是必须弄清楚的问题。

(2)熟悉施工预算定额及有关文件规定

与概预算定额相比,施工预算定额的项目划分既多又细,各分项的工作内容、使用条件、计算规则、计算单位也有许多不同,对于初编或使用新施工预算定额时,都不可忽视这一环节。

(3)排列工程项目

为了较好地发挥施工预算指导工程施工的作用,配合签发施工任务单、限额领料单等管理措施的实施,往往按施工程序的分层、段、部位的顺序列工程项目,且兼顾施工预算定额的章节、项目顺序及施工图概预算的项目及顺序。这样一方面可减少漏项,为后面的"两算"对比创造了有利条件,同时也能对施工图概预算起到一定的复核作用。

(4)计算工程量

按照上述分层、段、部位所列工程项目的划分及工程量计算规则进行计算。

(5)套用定额,按层、段、部位计算直接费及工料分析

计算直接费及工料分析是施工预算中最重要的且工作量最大的工作内容,为便于计算,各地区根据当地的习惯制定了相应的表格,按项目所列内容逐项计算,分类汇总。

(6)单位工程直接费及人工、材料、机械台班消耗量汇总

将各层、段、分部中的人工费、材料费、机械费相加汇总就是单位工程直接费。

将各层、段、分部中的各工种人工、各种材料和机械台班分别进行汇总,最后就得出该单位工程的各工种人数(如木工、瓦工、钢筋工、抹灰工、架子工等)、各种材料(如钢筋、水泥、木材、机砖、白灰、石子、砂子、沥青、油漆等)和各类机械台班(如塔吊、卷扬机、搅拌机、打夯机等)的总需要量。

（7）进行"两算"对比分析

将施工图概预算与施工预算中的分部工程人工、材料、机械台班消耗量或价值，列成一一对应的对比表，进行对比计算，找出节约或超支的差额，考核施工预算是否能达到降低工程成本之目的。否则，应考虑重新研究施工方法和技术组织措施，修改施工方案，防止亏损。

（8）编写编制说明

编制说明的内容如前所述，装订时放在前面。

9.3　装饰装修工程竣工结算和竣工决算

一、工程竣工结算

1. 工程竣工结算的含义

竣工结算是施工企业在所承包的工程全部完工交工之后，与建设单位进行的最终工程价款结算。竣工结算反映该工程项目上施工企业的实际造价以及还有多少工程款要结清。通过竣工结算，施工企业可以考核实际的工程费用是降低还是超支。

竣工结算是建设单位竣工决算的一个组成部分。建筑安装工程竣工结算造价加上设备购置费、勘察设计费、征地拆迁费和一切建设单位为这个建设项目中开支的其他全部费用，才能成为该项目完整的竣工决算。

2. 工程竣工结算的编制

由于工程项目建设周期较长，在建设过程中必然会出现各式各样的施工变化，原设计方案不能得到完全执行，这样，以设计图纸为依据的原预算也会出现不真实的部分。同时，建筑材料的市场价格标准也在随时变动着，这些变动直接影响工程造价，所以，必须根据施工合同规定对合同价款或施工图预算进行调整与修正。

（1）竣工结算的编制内容

1）工程竣工资料（竣工图、各类签证、核定单、工程量增单、设计变更通知等）。

2）竣工结算说明，包括各类设备清单及价格、工程调整情况及其原因、执行的定额文件、费用标准、材差调整、国家及地方调整文件。

3）竣工结算汇总表，包括各单位工程结算造价、技术经济指标。

4）各单位工程结算表，包括结算计算分析表。

5）各种费用汇总表，包括各种已经发生的费用。

（2）竣工结算编制的依据

竣工结算编制的质量取决于编制依据及原始材料的积累。一般依据如下：

1）工程量清单计价规范；

2）施工合同；

3）工程竣工图纸及资料；

4）双方确认的工程量；

5）双方确认追加（减）的工程价款；

6）双方确认的索赔、现场签证事项及价款；

7）投标文件；

8）招标文件；

9）其他依据。

3. **工程竣工结算书的编制方法**

工程竣工书的编制内容和方法随承包方式的不同而有所差异。

（1）采用施工图概预算承包方式的工程结算

采用施工图概预算承包方式的工程，由于在施工过程中不可避免地要发生一些设计变更、材料代用、施工条件的变化、某些经济政策的变化以及人力不可抗拒的因素等，这些情况绝大多数都要增加或减少一些费用，从而影响到施工图概预算价格的变化。因此，这类工程的竣工结算书是在原工程概预算的基础上，加上设计变更增减项和其他经济签证费用编制而成，所以又称预算结算制。

（2）采用施工图概预算加包干系数或平方米造价包干形式承包的工程的结算

采用这类承包方式一般在承包合同中已分清了承、发包之间的义务和经济责任，不再办理施工过程中所承包内容内的经济洽商，在工程竣工结算时不再办理增减调整。工程竣工后，仍以原概预算加包干系数或平方米造价的价值进行竣工结算。

（3）采用招标投标方式承包工程的结算

采用招标投标方式的工程，其结算原则上应按中标价格（即成交价格）进行。但是一些工期较长，内容比较复杂的工程，在施工过程中，难免发生一些较大的设计变更和材料价格的调整，如果在合同中规定有允许调价的条文，施工单位在工程竣工结算时，在中标价格的基础上进行调整。合同条文规定允许调价范围以外的费用，建筑企业可以向招标单位提出洽商或补充合同，作为结算调整价格的依据。

（4）采用 1 m² 造价包干方式结算

民用住宅装饰装修工程一般采用这种结算方式，它与其他工程结算方式相比，手续简便。它是双方根据一定的工程资料，事先协商好 1 m² 的造价指标，然后按建筑面积汇总造价，确定应付工程价款。

二、工程竣工决算

竣工决算又称竣工成本决算。分为施工企业内部单位工程竣工决算和基本建设项目竣工决算，现分述如下：

1. **单位工程竣工成本决算**

单位工程竣工成本决算是指施工企业内部，以单位工程为对象，以工程竣工后的工程结算为依据，通过实际工程成本分析，为核算一个单位工程的预算成本、实际成本和成本降低额而编制的单位工程竣工成本决算。企业通过内部成本决算，进行实际成本分析，评价经营效果，以利总结经验，不断提高企业经营管理水平。

2. **基本建设项目竣工决算**

基本建设项目竣工决算是由建设单位在整个建设项目竣工后，以建设单位自身开支和自营工程决算及承包工程单位在每项单位工程完工后向建设单位办理工程结算的资料为依据进行编制的。反映整个建设项目从筹建到竣工验收投产的全部实际支出费用。即建筑工程费用，安装工程费用，设备、工器具购置费用和其他费用等。

基本建设竣工决算，是基本建设经济效果的全面反映，是核定新增固定资产和流动资产价值,办理交付使用的依据。通过编制竣工决算,可以全面清理基本建设财务,做到工完账清,便于及时总结基本建设经验,积累各项技术经济资料,提高基建管理水平和投资效果。

竣工决算按大、中型建设项目和小型建设项目编制。大、中型建设项目的竣工决算内容包括:竣工工程概况表,竣工财务决算表,交付使用财产总表,以及交付使用财产明细表。小型建设项目竣工决算内容包括:小型建设项目竣工决算总表和交付使用财产明细表。

表格的详细内容及具体做法按地方基建主管部门的规定填报。

竣工决算必须内容完整、核对准确、真实可靠。

9.4 装饰装修工程造价的审核

一、装饰装修工程造价审核简述

由于建筑装饰材料品种繁多,装饰技术日益更新,装饰类型各具特色,装饰工程造价影响因素较多,因此,为了合理确定装饰工程造价,保证建设单位、施工单位的合法经济利益,必须加强装饰工程预算的审核。

合理而又准确地对装饰工程造价进行审核,不仅有利于正确确定装饰工程造价,同时也为加强装饰企业经济核算和财务管理提供依据,合理审核装饰工程预算还将有利于新材料、新工艺、新技术的推广和应用。

对于工程量清单计价来说,通过市场竞争形成价格,以及招标投标制、合同制的建立与完善,似乎审核作用已不明显。但实际上,审核在清单报价中仍很重要。业主对工程量的自行审核以及对承包商的综合单价和工程总价的审核,承包商对综合单价和工程总价的自行审核,对工程造价的确定起着非常重要的作用。从双方合作的全过程来看,从投标报价、签订合同价、工程结算到竣工结算,业主和承包商实际上都要经历一个工程造价完整的计量计价审核过程,这也是双方对工程造价确定的责任。

对于传统预算法,工程造价的审核作用已被人们公认,得到了广泛应用,并形成了成熟且较完善的审核方法。

无论是传统预算的审核,还是工程量清单计价的审核,很多审核的理论和方法是通用的,但也存在一些不同的审核内容和技巧等。下面我们主要从传统方法介绍有关工程造价的审核,并对工程量清单计价的审核作一简单介绍。

二、工程造价审核的依据和形式

1. 工程造价审核的依据

(1)国家或省(市)颁发的现行定额或补充定额以及费用定额。

(2)现行的地区材料预算价格、本地区工资标准及机械台班费用标准。

(3)现行的地区单位估价表或汇总表。

(4)装饰装修施工图纸。

(5)有关该工程的调查资料。

(6)甲乙双方签订的合同或协议书以及招标文件。

(7)工程资料,如施工组织设计等文件资料。

2. 工程造价审核的形式

（1）会审

会审是由建设单位、设计单位、施工单位各派代表一起会审，这种审核发现问题比较全面，又能及时交换意见，因此审核的进度快、质量高，多用于重要项目的审核。

（2）单审

单审是由审计部门或主管工程造价工作的部门单独审核。这些部门单独审核后，各自提出的修改意见，通知有关单位协商解决。

（3）建设单位审核

建设单位具备审核工程造价条件时，可以自行审核，对审核后提出的问题，同工程造价的编制单位协商解决。

（4）委托审核

随着造价师工作的开展，工程造价咨询机构应运而生，建设单位可以委托这些专门机构进行审核。

三、工程造价审核的步骤

1. 审核前准备工作

（1）熟悉施工图纸。施工图是编制与审核预算分项数量的重要依据，必须全面熟悉了解。

（2）根据预算编制说明，了解预算包括的工程范围，以及会审图纸后的设计变更等。

（3）弄清所用单位工程估价表的适用范围，搜集并熟悉相应的单价、定额资料。

2. 选择审核方法

工程规模、繁简程度不同，编制工程预算的繁简和质量就不同，应选择适当的审核方法进行审核。

3. 整理审核资料并调整定案

综合整理审核资料，同编制单位交换意见，定案后编制调整预算。经审核如发现差错，应与编制单位协商，统一意见后进行相应增加或核减的修正。

四、工程造价审核的主要方法

1. 全面审查法

全面审查，又称逐项审查，是按照编制预算的要求，根据设计图纸内容和《计价规范》、定额有关规定，对工程预算全部内容包括各个分项工程细目从头到尾逐项详细进行审查。

这种审查方法的优点是全面、细致，能纠正预算中所发现的所有问题，所审查的工程预算质量比较高，差错比较少。不足的是工作量较大，不能做到快速。该法适用于一些工程量较小、结构和工艺较简单的工程。

2. 重点审查法

重点审查是相对全面审查而言，是抓住工程预算中的重点项目进行审查，其他不审。

（1）选择工程量大、单价高、对预算造价有较大影响的项目进行重点审查。重点项目的确定，因不同工程而异。在一般土建工程中基础、墙、柱、门窗、钢筋混凝土板等，不同的结构工程，其重点也不同，例如砖木结构，则砖墙及木制作的工程量大；砖混结构，重点就是砖墙、钢筋混凝土工程和基础工程等。

（2）对补充单价进行重点审查。在编制工程预算时,由于定额缺项,预算人员可根据有关规定编制补充单价或换算单价。审查时,应将补充单价或换算单价的审查作为重点,审核补充单价编制依据是否符合规定,材料用量和材料预算价格是否正确,工资单价、机械台班是否合理等,也重点审核换算单价中材料或其他内容是否合乎规定。

（3）对计取的各项费用(计取基础、取费标准等)进行重点审查。重点审查法的优点是重点突出,审查时间短,效果好。这种方法比较简单,非专职预算审价人员采用较多。

3. 标准预算审查法

标准预算审查法是对利用标准图或通用图纸施工的工程,先集中力量编制一份标准预算,以此为标准审查预算的一种方法。

按标准设计图纸或通用图纸施工的工程,一般上部结构和做法相同,只是由于现场施工条件或地质情况不同,而在基础部分作局部改变。对这样的工程,预算就不需要逐一详细审查,可以事前集中力量编制或全面细审这种标准图纸的预算,作为标准预算。以后凡是用这种标准图纸施工的工程,其工程量都以标准预算为准,对照审查,局部修改的部分单独审查。

标准预算审查法的优点是时间短,效果好,容易定案;其缺点是适用范围小,只适用于按标准图施工的工程。

4. 分解对比审查法

分解对比审查法是将一个单位工程按直接费、间接费进行分解,然后将直接费按分部分项工程进行分解或将材料消耗量进行分解,分别与审查的标准预算或综合指标进行对比分解的方法,是用已建成的工程预算或虽未建成但已审查修正的工程预算对比审查拟建的同类工程预算的一种方法。

分解对比审查法的适用:

（1）新建工程和拟建工程采用同一个施工图,但是基础部分和现场施工条件不同,则相同的部分可采用对比审查法。

（2）两个工程的设计相同,但是建筑面积不同,两个工程的建筑面积之比与两个工程各分部分项工程量之比基本是一致的。可按分项工程量的比例,审查新建工程各分部分项的工程量,或者用两个工程的每平方米建筑面积造价以及每平方米建筑面积的各分部分项工程量进行对比审查。

（3）两个工程面积相同,但设计图纸不完全相同,则对相同的部分,如厂房中的柱子、屋架、屋面、砖墙等,可进行工程量的对照审查;对不能对比的分部分项工程可按图纸计算。

采用对比审查法,要求对比的两个工程条件相同。

5. 分组计算审查法

分组计算审查法是将预算中有关项目划分若干组,利用同组中一个数据审查分项工程量的一种方法。

采用分组计算审查法时,首先将若干分部分项工程,按相邻且有一定内在联系的项目进行编组。利用同组中分项工程间具有相同或相近计算基数的关系,审查一个分项工程数量,就能判断同组中其他几个分项工程量的准确程度。

分组计算审查法的特点是审查速度快、工作量小。

6. 筛选法

建筑工程虽然有面积大小和高度的不同,但是它们的各分部分项工程的单位建筑面积的数字变化却不大。因此,把这样一些分部分项工程加以汇集、优选,找出这些分部分项工程在每单位建筑面积上的工程量、价格、用工的基本数值,归纳为工程量、价格、用工三个基本值表,并注明基本值适用的建筑标准。这些基本值犹如"筛子孔",用来筛各分部分项工程,筛下去的就不审了;没有筛下去的就意味着此分部分项工程的单位建筑面积数值不在基本值范围之内,应对该分部分项工程详细审查。如果所审查的预算的建筑标准与"基本值"所适用的标准不同,就要对其进行调整。

筛选法的优点是简单易懂,便于掌握,审查速度快,发现问题快。但解决差错问题,尚需继续审查。因此,此法适用于住宅工程或不具备全面审查条件的工程。

7. 利用手册审查法

利用手册审查法是将工程中常用的构件、配件等,事前整理成预算手册,按手册对照审查的方法。

例如,将几乎每个工程都有的洗池、大便台、检查井等构配件,按标准图计算出工程量,套上单价,编制成预算手册使用,这样就避免了每个工程都进行计算的情况,大大简化了预算编审工作。

五、装饰装修工程造价审核的质量控制

1. 审核中常见的问题及原因

(1) 分项子目列错

分项子目列错有重项或漏项两种情况。

重项是将同一工作内容的子目分成两个子目列出。例如:面砖水泥砂浆粘贴,列成水泥砂浆抹灰和贴面砖两个子目,消耗量定额中已规定面砖水泥砂浆粘贴已包括水泥砂浆抹灰。造成重项的原因是:没有看清该分项子目的工作内容;对该分项子目的构造做法不清楚;对消耗量定额中分项子目的划分不了解等。

漏项是该列上的分项子目却没有列上,造成漏项的主要原因是:施工图纸没有看清楚;列分项子目时心急忙乱;对消耗量定额中分项子目的划分不了解等。

(2) 工程量算错

工程量算错有计算公式用错和计算操作错误两种情况。

计算公式用错是指运用面积、体积等计算公式错误,导致计算结果错误。造成计算公式用错的主要原因是:计算公式不熟悉;没有遵循工程量计算规则。

计算操作错误是计算器操作不慎,造成计算结果差错。造成计算操作错误的主要原因是:计算器操作时慌张,思想不集中。

(3) 定额套错

定额套错是指该分项子目没有按消耗量定额中的规定套用。造成定额套错的主要原因是:没有看清消耗量定额上分项子目的划分规定;对该分项子目的构造做法尚不清楚;没有进行必要的定额换算。

(4) 费率取错

费率取错是指计算技术措施费、其他措施费、利润、税金时各项费率取错,以致这些费用算错。造成费率取错的主要原因是：没有看清各项费率的取用规定；各项费用的计算基础用错；计算操作上失误。

2. 控制和提高审核质量的措施

（1）审查单位应注意装饰预算信息资料的收集

由于装饰材料日新月异，新技术、新工艺不断涌现，因此，应不断收集、整理新的材料价格信息、新的施工工艺的用工和用料量，以适应装饰市场的发展要求，不断提高装饰预算审查的质量。

（2）建立健全审查管理制度

1）健全各项审查制度。包括：建立单审和会审的登记制度；建立审查过程中的工程量计算、定额单价及各项取费标准等依据留存制度；建立审查过程中核增、核减等台账填写与留存制度；建立装饰工程审查人、复查人审查责任制度；确定各项考核指标，考核审查工作的准确性。

2）应用计算机建立审查档案。建立装饰预算审查信息系统，可以加快审查速度，提高审查质量。系统可包括：工程项目、审查依据、审查程序、补充单价、造价等子系统。

3）实事求是，以理服人

审查时遇到列项或计算中的争议问题，可主动沟通，了解实际情况，及时解决；遇到疑难问题不能取得一致意见，可请示造价管理部门或其他有权部门调解、仲裁等。

附录一

二〇一一年江苏省建设工程造价员资格考试

工程造价基础理论试卷

（注意：请在答题卡上答题）

一、单项选择题（共40题，每题1分，共40分。每题的备选答案中，只有一个最符合题意。不选或选错不得分）

1. 建设单位对原有建设项目重新进行总体设计，扩大建设规模后，当新增固定资产价值超过原有固定资产价值（　　）以上时，才算新建项目。
   A. 1倍　　　　　　　B. 2倍　　　　　　　C. 3倍　　　　　　　D. 4倍

2. 土建工程的分部工程是按建筑工程的主要部位划分的，例如（　　）。
   A. 砌筑工程　　　　B. 钢筋工程　　　　C. 地面工程　　　　D. 混凝土工程

3. 工程建设程序中，不属于建设准备阶段的工作是（　　）。
   A. 办理用地　　　　　　　　　　　B. 初步设计
   C. 组织施工招标　　　　　　　　　D. 委托建设监理

4. 任何一项工程都有特定的用途、功能、规模，地理位置也各不相同，因此，对每一项工程的结构、造型、空间分割和内外装饰都有具体的要求，这体现了工程造价（　　）特点。
   A. 个别性　　　　　B. 大额性　　　　　C. 层次性　　　　　D. 动态性

5. 我国工程造价管理组织包含三大系统，该三大系统是指（　　）。
   A. 国家行政管理系统、部门行政管理系统和地方行政管理系统
   B. 国家行政管理系统、行业协会管理系统和地方行政管理系统
   C. 行业协会管理系统、部门行政管理系统和企事业机构管理系统
   D. 政府行政管理系统、企事业机构管理系统和行业协会管理系统

6. 在关于我国工程造价咨询企业管理规定中，下面正确的说法是（　　）。
   A. 工程造价咨询企业可不受业务范围限制承接工程造价咨询业务
   B. 工程造价咨询企业的资质等级具有永久性质
   C. 新开办的工程造价咨询企业可直接申请甲级工程造价咨询资质
   D. 工程造价咨询企业是接受委托对建设项目投资、工程造价确定与控制提供专业咨询服务的企业

7. 建设单位领取施工许可证后因故不能按期开工的,应当向发证机关申请延期。申请延期的次数和每次延期的时限分别为(   )。
    A. 2 次,每次不超过 3 个月
    B. 3 次,每次不超过 2 个月
    C. 2 次,每次不超过 2 个月
    D. 3 次,每次不超过 3 个月

8. 施工企业按规定为建筑材料、构配件质量检验试验所进行的试样制作、封样所发生的费用应列入(   )。
    A. 现场经费
    B. 研究试验费
    C. 企业检验试验费
    D. 按质论价费

9. 已完产品保护发生的费用,应列入(   )。
    A. 措施项目费
    B. 其他项目费
    C. 分部分项工程费
    D. 企业管理费

10. 根据《工程建设项目招标范围和规模标准规定》,下列不属于国有资金投资的工程建设项目是(   )。
    A. 各级财政预算资金的项目
    B. 使用对外借款或者企业担保所筹资金的项目
    C. 使用国家政策性贷款的项目
    D. 国家授权投资主体融资的项目

11. 建设部制定的《建设工程质量保证金管理暂行办法》规定,由于发包人原因导致工程无法按规定期限进行竣(交)工验收的,在承包人提交竣(交)工报告(   )天后,工程自动进入缺陷责任期。
    A. 14 天
    B. 30 天
    C. 60 天
    D. 90 天

12. 主要为维护无行为能力或限制行为能力人的利益而设立的代理方式是(   )。
    A. 委托代理
    B. 直接代理
    C. 法定代理
    D. 指定代理

13. 建设工程设备购置费=(   )。
    A. 设备原价+设备运杂费
    B. 设备原价+设备采购费
    C. 设备原价+设备保管费
    D. 设备原价+设备保管费+设备运杂费

14. 下列(   )属于工程建设其他费。
    A. 土地使用费
    B. 预备费
    C. 投资方向调节税
    D. 建设期贷款利息

15. 我省规定,对于空间可利用的坡屋顶或顶楼的跃层,当净高超过 2.1 m 部分的水平面积与标准层建筑面积相比达到(   )以上时可以计算层数。
    A. 50%
    B. 20%
    C. 70%
    D. 30%

16. (   )是工程建设定额中的基础性定额。
    A. 预算定额
    B. 概算定额
    C. 施工定额
    D. 概算指标

17. 工程造价从业人员可以有下列行为(   )。
    A. 同时在两个或者两个以上单位从业
    B. 在非实际从业单位注册
    C. 以个人名义承接建设工程造价业务
    D. 依法独立执行工程造价业务

18. 某瓦工班组 15 人,砌 1 砖厚砖基础,基础埋深 1.3 m,8 天完成 108 m³ 的砌筑工程量,则砌筑砖基础的劳动定额是( )。
    A. 0.9 工日/m³　　　　　　　　　　B. 0.9 m³/工日
    C. 1.17 m³/工日　　　　　　　　　　D. 1.17 工日/m³

19. 注册造价工程师和建设工程造价员在非实际工作单位注册,县级以上地方人民政府建设行政主管部门应当责令其改正,并可以给予警告和对个人处以( )的罚款。
    A. 5 000 元以上 30 000 元以下
    B. 500 元以上 3 000 元以下
    C. 1 000 元以上 3 000 元以下
    D. 300 元以上 1 000 元以下

20. 预算定额的水平较施工定额的水平( )。
    A. 高　　　　　　B. 低　　　　　　C. 相同　　　　　　D. 不确定

21. 在计算预算定额人工工日消耗量时,已知完成单位合格产品的基本用工为 22 工日,超运距用工为 4 工日,辅助用工为 2 工日,人工幅度差系数为 12%,则预算定额中的人工工日消耗量为( )。
    A. 24.64 工日　　B. 25.36 工日　　C. 28 工日　　D. 31.36 工日

22. 概算定额与预算定额的主要差别在于( )。
    A. 表达的主要内容　　　　　　　　　B. 表达的主要形式
    C. 基本使用方法　　　　　　　　　　D. 综合扩大程度

23. 工程量清单项目编码的第四级为( )。
    A. 具体清单项目编码　　　　　　　　B. 章顺序码
    C. 节顺序码　　　　　　　　　　　　D. 名称顺序码

24. 根据《最高人民法院关于适用〈中华人民共和国合同法〉若干问题的解释》,转让价格达不到交易时交易地的指导价或者市场交易价百分之( )的,一般可以视为明显不合理的低价。
    A. 50　　　　　　B. 60　　　　　　C. 70　　　　　　D. 80

25. ( )是为完成工程项目施工,发生于该工程施工准备和施工过程中技术、生活、安全等方面的非工程实体项目。
    A. 措施项目　　　　　　　　　　　　B. 零星工作项目
    C. 分部分项工程项目　　　　　　　　D. 其他项目

26. 我省现行包工包料建筑工程一类工预算工资单价标准为( )元/工日。
    A. 47　　　　　　B. 50　　　　　　C. 53　　　　　　D. 56

27. 合同成立与合同生效是有效合同的有机结合的两个方面,合同成立是合同生效的( );合同生效是合同成立的( )。
    A. 必然结果;前提条件　　　　　　　B. 前提条件;前提条件
    C. 必然结果;必然结果　　　　　　　D. 前提条件;必然结果

28. 某项目中建筑安装工程费用 560 万元,设备工器具购置费用为 330 万元,工程建设其他费用为 133 万元,基本预备费为 102 万元,建设期贷款利息 59 万元,涨价预备费为 55 万元,则静态投资为( )。

    A. 1 023 万元   B. 1 125 万元

    C. 1 180 万元   D. 1 239 万元

29. 工程造价管理包括工程造价合理确定和有效控制两个方面,(　　)为控制建设项目投资的最高限额。

    A. 投资估算   B. 设计概算

    C. 施工图预算   D. 承发包合同价

30. 《江苏省建设工程造价管理办法》已于 2010 年 8 月 16 日经省人民政府第 51 次常务会议讨论通过,自(　　)起施行。

    A. 2011 年 1 月 1 日   B. 2010 年 11 月 1 日

    C. 2010 年 12 月 1 日   D. 2010 年 10 月 1 日

31. 在"其他项目清单"中,招标人为可能发生的工程量变更而预留的金额为(　　)。

    A. 暂估价   B. 预备费   C. 基本预备费   D. 暂列金额

32. 对建筑结构和工艺较简单,工程量较小,分部分项较少的施工图预算宜采用(　　)。

    A. 全面审查法   B. 对比审查法

    C. 筛选审查法   D. 标准预算审查法

33. 合同中只有类似变更工程的价格,则非承包人原因的变更部分的价款调整应该(　　)。

    A. 按审价部门提出的价格调整

    B. 按发包人指定的价格调整

    C. 可参照类似变更工程的价格调整

    D. 由承包人或发包人提出适当的变更价格,经对方确认后调整

34. 我省规定当工程量清单项目工程量的变化幅度超过(　　),且其影响分部分项工程费超过(　　)时,应由受益方在合同约定时间内向合同的另一方提出工程价款调整要求,由承包人提出增加部分的工程量或减少后剩余部分的工程量的综合单价调整意见,经发包人确认后作为结算的依据。

    A. 10%;1%   B. 10%;0.1%

    C. 15%;1%   D. 15%;0.1%

35. 《建设工程施工合同(示范文本)》由协议书、通用条款、专用条款三部分组成,并附有三个附件:附件一是《承包人承揽工程项目一览表》、附件二是《发包人供应材料设备一览表》、附件三是(　　)。

    A. 《工程合同价款支付约定书》

    B. 《工程质量保修书》

    C. 《工程进度控制条款》

    D. 《工程合同价款约定书》

36. 在应用定额编制施工图预算时,如遇某分项工程的有关内容与定额子目不完全相同,但定额说明允许在规定的范围内调整使用的,应当采取的处理办法是(　　)。

    A. 直接套用预算定额子目及其单价

    B. 套用近似预算定额子目及其单价

    C. 换算套用预算定额子目及其单价

    D. 套用补充预算定额子目及其单价

37. 关于承包商提出的工期延误的索赔,下列正确的说法是( )。
    A. 属于业主的原因,只能延长工期,但不能给予费用补偿
    B. 属于工程师的原因,只能给予费用补偿,但不能延长工期
    C. 由于因战争、罢工,只能给予费用补偿,但不能延长工期
    D. 由于特殊恶劣的天气原因,只能延长工期,但不能给予费用补偿

38. 法律地位由高到低的顺序是( )。
    A. 宪法→法律→行政法规→行政规章→地方性法规
    B. 宪法→法律→行政法规→地方性法规→行政规章
    C. 宪法→法律→地方性法规→行政法规→行政规章
    D. 法律→宪法→行政法规→地方性法规→行政规章

39. 招标人向预先选择的若干家具备承担招标项目能力、资信良好的特定法人或其他组织发出投标邀请函,请他们参加投标竞争。邀请对象的数目以 5~7 家为宜,但不应少于( )。
    A. 2 家   B. 3 家   C. 4 家   D. 5 家

40. 江苏省规定,危险作业意外伤害保险作为商业保险列入( )中。
    A. 规费   B. 其他项目费用
    C. 措施项目费用   D. 管理费

二、多项选择题(共 20 题,每题 2 分,共 40 分。每题的备选答案中,有 2 个或 2 个以上符合题意,至少有 1 个错项。不选答案或选了错误答案,本题不得分;若正确答案少选,每个选项得 0.5 分)

1. 下列关于工程建设项目表述正确的是( )。
    A. 单项工程是指具有独立的设计文件、在竣工后可以独立发挥效益或生产能力的独立工程
    B. 单位工程是指不能独立发挥生产能力,但具有独立设计的施工图纸和组织施工的工程
    C. 建设项目是指按一个总体设计进行建设施工的一个或几个单项工程的总体
    D. 钢筋工程属于土建工程的分部工程
    E. 管道工程属于安装工程的分部工程

2. 周转性材料是指在施工过程中不是一次消耗完,而是多次使用、逐渐消耗、不断补充的材料。例如( )均属周转性材料。
    A. 钢模板   B. 砂石
    C. 预制构件模具   D. 脚手架
    E. 钢筋

3. 清单计价法的分部分项工程费包括( )。
    A. 人工费   B. 材料费   C. 机械费   D. 措施项目费
    E. 利润

4. 下列费用中不属于人工单价组成内容的有( )。
    A. 职工福利费   B. 工会经费和职工教育经费

    C. 现场管理人员工资   D. 生产工人辅助工资

    E. 生产工人的退休金

5. 建筑材料预算价构成包括（　　）。

    A. 材料原价   B. 采购保管费

    C. 二次搬运费   D. 包装费

    E. 风险费

6. 《江苏省建设工程造价管理办法》规定：建设工程施工合同应当对下列与工程造价有关的事项作出具体约定（　　）。

    A. 合同价格类型及合同总价

    B. 工程进度款支付的方式、数额及时间

    C. 发包人供应的材料、设备价款的确定和抵扣方式

    D. 合同价款的调整因素、调整方法、调整程序

    E. 税金和规费的支付标准和方式

7. 我省 2009 版费用定额规定，属于企业管理费的内容有（　　）。

    A. 管理人员基本工资   B. 固定资产使用费

    C. 已完工程及设备保护费   D. 企业检验试验费

    E. 社会保障费

8. 我省 2009 版费用定额规定，不属于建筑安装工程措施费的内容有（　　）。

    A. 脚手架

    B. 非甲方所为四小时以内的临时停水停电费用

    C. 材料二次搬运费

    D. 施工排水、降水费

    E. 施工现场办公费

9. 我省规定，造价员发生（　　）的行为且情节严重的，由省级管理机构注销造价员资格证。

    A. 允许他人以自己名义从业或转借专用章

    B. 与当事人串通牟取不正当利益

    C. 本人从业行为过错给单位或当事人造成重大经济损失

    D. 从业单位变动后未按规定在 30 日内办理变更手续

    E. 超越资格等级从事工程造价业务

10. 从事工程造价活动应当遵循（　　）的原则，不得损害社会公共利益和他人的合法权益。

    A. 公开透明   B. 合法

    C. 公正   D. 客观

    E. 诚实信用

11. 工程量清单是指建设工程的（　　）的名称和相应数量等的明细清单。

    A. 分部分项项目、措施项目、其他项目

    B. 规费项目

    C. 税金项目

    D. 预留金

    E. 总承包服务费

12. 设计概算的主要作用表现在(　　)。
    A. 是编制建设项目投资计划、确定和控制建设项目投资的依据
    B. 是主管部门审批建设项目的主要依据
    C. 是衡量设计方案技术经济合理性和选择最佳设计方案的依据
    D. 是签订建设工程合同和贷款合同的依据
    E. 是落实和调整年度建设计划的依据

13. 当分部分项工程量清单项目发生工程量变更时,其措施项目费中相应的(　　)工程量应调整。
    A. 临时设施费　　　　　　　　　　B. 脚手架
    C. 砼模板及支架　　　　　　　　　D. 生产工具用具使用费
    E. 施工排水、降水

14. 我省规定实行工程量清单计价工程项目,不可竞争费包括(　　)。
    A. 现场安全文明施工措施费　　　　B. 临时设施
    C. 税金　　　　　　　　　　　　　D. 企业管理费
    E. 利润

15. 《江苏省建设工程造价管理办法》规定,发现有超过国家和省规定的额度及标准,(　　)等行为的,应当及时将有关情况通报原项目审批或者核准部门。
    A. 擅自变更设计图纸　　　　　　　B. 擅自增加建设内容
    C. 扩大规模　　　　　　　　　　　D. 提高建设标准
    E. 调整设备型号和规格

16. 根据建设工程价款结算暂行办法,关于工程预付款,下列说法错误的有(　　)。
    A. 原则上预付比例不低于合同金额的 10%,不高于合同金额的 30%
    B. 重大工程项目按年度工程计划逐年预付
    C. 发包人与承包人签订合同后即可预付
    D. 在具备施工条件的前提下,发包人不按合同预付,如影响承包人施工,承包人可以停止施工
    E. 凡是没有签订合同或不具备施工条件的工程,发包人不得预付工程款,不得以预付款为名转移资金

17. 2008 版《计价规范》有关工程价款调整正确的表述是(　　)。
    A. 若施工中出现施工图纸(含设计变更)与工程量清单项目特征描述不符的,发、承包双方应按新的项目特征确定相应工程量清单的综合单价
    B. 因分部分项工程量清单漏项或非承包人原因的工程变更,造成增加新的工程量清单项目,合同中有类似的综合单价,参照类似的确定综合单价
    C. 因非承包人原因引起的工程量增减,且工程量变化在合同约定幅度以外的,其综合单价应予以调整,但措施费不予调整
    D. 因分部分项工程量清单漏项或非承包人原因的工程变更,引起措施项目发生变化,造成施工方案变更,原措施费中已有的措施项目,该变化项目措施费不予调整
    E. 若施工期内市场价格波动超出一定幅度时,应按合同约定调整工程价款。

18. 法律关系的构成要素包括（　　　）。
    A. 法律关系主体
    B. 法律关系客体
    C. 法律关系内容
    D. 立法机构
    E. 司法监督

19. 根据我国《合同法》的规定，在使用格式条款合同时，由提供格式条款合同的一方当事人在合同中设定，但不具备法律效力的条款有（　　　）。
    A. 限制自己责任且未提请对方注意
    B. 限制自己责任且已提请对方注意
    C. 加重对方责任
    D. 免除自己的责任
    E. 排除对方主要权利

20. 具有下列情形之一的，人民法院应予支持（　　　）。
    A. 承包人未取得建筑施工企业资质或者超越资质等级的，当事人要求确认建设工程施工合同无效的
    B. 建设工程施工合同中，未明确约定发包人收到竣工结算文件一定期限内不予以答复视为认可竣工结算文件，当事人要求按照竣工结算文件进行工程价款结算的
    C. 中标合同约定的工程价款低于成本价的，当事人要求确认建设工程施工合同无效的
    D. 建设工程竣工并验收合格后，承包人要求发包人支付工程价款，发包人对工程质量提出异议并要求对工程进行鉴定的
    E. 建设工程必须进行招标而未招标或者中标无效的，当事人要求确认建设工程施工合同无效的

三、判断题（共 20 题，每题 1 分，共 20 分，判断为"正确"答 Y；判断为"错误"答 N。回答不正确或不回答不得分）

1. 2008 版《计价规范》规定，暂列金额包括在合同价之内，是由发包人和承包人共同掌握使用的一笔款项。　　　　　　　　　　　　　　　　　　　　（　　　）

2. 工程造价咨询企业依法从事工程造价咨询活动不受行政区域限制，跨省承接工程造价咨询业务不需到建设工程所在地省建设行政主管部门备案。　　　　（　　　）

3. 非乙方原因造成停水、停电、停气的应调整合同价款。　　　　　　　（　　　）

4. 合同工期是总的有效施工作业工期之和，遇法定节假日应予以顺延。　（　　　）

5. 综合单价的定义是指完成一个规定计量单位的分部分项工程量清单项目或措施清单项目所需的人工费、材料费、施工机械使用费、企业管理费和利润，不包含一定范围内的风险费用。　　　　　　　　　　　　　　　　　　　　　　　　（　　　）

6. 我省规定，对于确定不采用工程量清单计价方式计价的非国有资金投资的工程建设项目，除不执行工程量清单计价的专门性规定外，工程价款调整、计量和价款支付、索赔与现场签证、竣工结算以及工程造价争议处理，仍应执行工程量清单计价要求。（　　　）

7. 暂估价是指投标人在报价中用于支付必然发生但暂时不能确定价格的材料单价以及专业工程的金额。　　　　　　　　　　　　　　　　　　　　　　　　（　　　）

8. 采用工程量清单方式招标，工程量清单必须作为招标文件的组成部分，其准确性和完整

性由招标人负责。 （　　）

9. 未经建设行政主管部门同意,任何单位和个人无权查阅工程造价咨询企业和造价从业人员的信用档案。 （　　）

10. 违反《江苏省建设工程造价管理办法》规定,给予相关单位行政处罚的,可以同时对直接责任人员和单位直接负责的主管人员给予处罚。 （　　）

11. 2008 版《计价规范》规定,项目特征专指构成工程实体的分部分项工程量清单项目和非实体的措施清单项目,反映其自身价值的特征进行的描述。 （　　）

12. 对 2008 版《计价规范》中未列的措施项目,招标人可根据工程实际情况进行补充。对招标人所列的措施项目,投标人可根据工程实际与施工组织设计进行增补,但不应更改招标人已列措施项目的序号。 （　　）

13. 我省规定,建设工程造价员资格证书原则上每三年检验一次,持证人每三年参加继续教育的时间不得少于 30 学时。 （　　）

14. 招标控制价是指招标人根据国家或省级、行业建设主管部门颁发的有关计价依据和办法,按设计施工图纸计算的,对招标工程限定的最高工程造价。 （　　）

15. 编制投标价时,综合单价中应考虑招标文件中要求投标人承担的风险费用,招标文件中提供了暂估单价的材料,列入其他项目清单,不计入综合单价。 （　　）

16. 未取得工程造价咨询企业资质从事工程造价咨询活动,由县级以上地方人民政府建设行政主管部门给予处罚。但发包人委托不具有相应资质的工程造价咨询企业审核工程结算的,不属于处罚范围。 （　　）

17. 招标时现浇砼构件项目特征描述砼强度为 C20,但施工中发包人变更砼强度等级为 C30,这时应该重新确定综合单价。 （　　）

18. 建筑工程中的专业项目在执行费用标准时,桩基工程、大型土石方工程不论是否单独发包,均应按照对应的专业项目执行费率标准。 （　　）

19. 招标人和中标人应当自中标通知书发出之日起 28 日内,按照招标文件和中标人的投标文件订立书面合同。招标人和中标人不得再行订立背离合同实质性内容的其他协议。 （　　）

20. 实行工程量清单招标的工程建设项目应当采用固定单价合同,量的风险应由发包人承担,价的风险由承包人承担。 （　　）

二〇一一年江苏省建设工程造价员资格考试
装饰造价案例分析试卷

<table>
<tr><td>专业级别
(考生填写)</td><td></td></tr>
</table>

题号	一	二	三	四	五	总分	计分人	核分人
得分								

本卷为案例分析题,共五题。初级做一～四题,总分 100 分;中高级做二～五题,总分 120 分(具体要求见各题说明)。多做和漏做均不得分。要求分析合理,结论准确,并简要写出计算过程。(数据保留小数点后两位,图示尺寸未具体标明者,计量单位均为 mm)

一、(本题 20 分)(仅初级做)

<table>
<tr><td>得分</td><td>评卷人</td></tr>
<tr><td></td><td></td></tr>
</table>

根据下表提供的子目名称及做法,请按 2004《计价表》填写所列子目的《计价表》定额编号、综合单价及合价,具体做法与《计价表》不同的,综合单价需要换算。(人工工资单价、管理费费率、利润费率及其他不作说明的按《计价表》子目不做调整,项目未注明者均位于檐高 20 m 以内,一至六层楼之间。)

序号	《计价表》 定额编号	子目名称及做法	单位	数量	综合单价 (列简要计算过程)(元)	合价 (元)
1		铸铁花栏杆成品木扶手安装	10 m	3.6		
2		柱面干挂 120 mm 厚金山石(600 元/m²)	10 m²	1.8		
3		单独粘贴 3 m 高墙面花岗岩脚手	10 m²	20		
4		木龙骨纸面石膏板天棚上(不在墙、顶交界处)钉成品木装饰条 60 mm 宽	100 m	1.5		
5		某家庭室内装饰厨房间墙面水泥砂浆底素水泥浆贴 200 mm×300 mm 墙面瓷砖	10 m²	1.5		
6		在地面花岗岩板上开 200 mm×200 mm 方洞	10 个	0.4		

二、(本题初级 20 分,中、高级 25 分)(初级做第 1 个问题,中、高级做第 1、2 两个问题)

<table>
<tr><td>得分</td><td>评卷人</td></tr>
<tr><td></td><td></td></tr>
</table>

某大厅内地面垫层上水泥砂浆镶贴花岗岩板,20 厚 1∶3 水泥砂浆找平层,8 厚 1∶1 水泥砂浆结合层。具体做法如图所示:中间为紫红色,紫红色外围为乳白色,花岗岩板现场切割,四周做两道各宽 200 mm 黑色镶边,每道镶边内侧嵌铜条 4×10 mm,其余均为 600 mm×900 mm 芝麻黑规格板;门槛处不贴花岗;贴好后应酸洗打

蜡,并进行成品保护。材料市场价格:铜条 12 元/m,紫红色花岗岩 600 元/m²,乳白色花岗岩350 元/m²,黑色花岗岩 300 元/m²,芝麻黑花岗岩 280 元/m²。(其余未作说明的按《计价表》规定不作调整)

1. 根据题目给定的条件,按 2004《计价表》规定对该大厅花岗岩地面列项并计算各项工程量;

2. 根据题目给定的条件,按 2004《计价表》规定计算该大厅花岗岩地面的各项《计价表》综合单价。

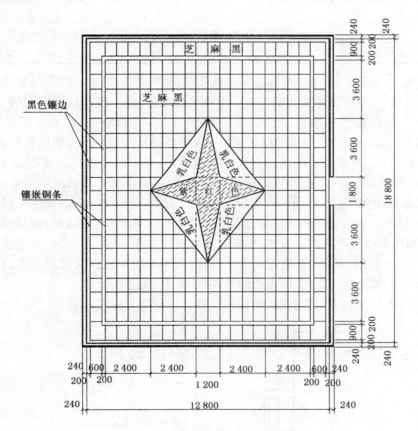

(一)花岗岩地面各项工程量计算表

项目名称	工程量计算式	单位	数量

(二) 套用《计价表》子目综合单价计算表

计价表编号	子目名称	单位	数量	综合单价(列简要计算过程)(元)	合价(元)

得分	评卷人

三、(初级、中级、高级均做此题,初级分值 30 分;中、高级分值 25 分)

某获得市级文明工地的单独装饰工程,在一楼多功能房间的一侧墙面做凹凸造型木墙裙,墙裙(包括踢脚线)木龙骨断面 30 mm×40 mm、间距 400 mm×400 mm,木龙骨与主墙用木针固定,该段墙裙长度为 16 m,墙裙基层采用双层多层夹板(杨木芯十二厘板),其中底层多层夹板满铺,二层多层夹板造型面积为 16 m²;墙裙面层采用在凹凸基层夹板上贴普通切片板,其中斜拼面积为 16 m²;墙裙压顶采用 50 mm× 80 mm 的成品压顶线,单价 15 元/m;踢脚线为断面 150 mm×20 mm 的硬木毛料,踢脚线上钉 15 mm×15 mm 的红松阴角线。墙裙及踢脚线处的油漆做法:润油粉、刮腻子、聚氨酯清漆两遍(墙裙压顶线处不考虑油漆)。根据以上给定的条件,请按照 2004《计价表》、2008《计价规范》和 2009 费用定额的规定完成以下内容(人工工资单价以及管理费率、利润率仍按 2004《计价表》不做调整,其余未作说明的均按《计价表》规定执行)。

1. 按照 2004《计价表》规定对该墙裙列项并计算各项工程量;

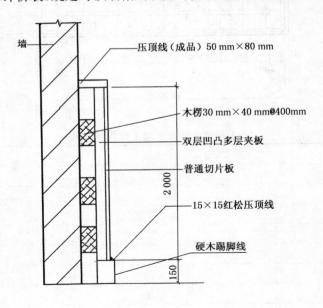

墙裙剖面图

2. 按照 2004《计价表》规定计算该墙裙的各项《计价表》综合单价；

3. 按 2008《计价规范》要求，编制该墙裙的清单工程量及清单综合单价。（踢脚线的清单工程量计量单位按米）

4. 按 2008《计价规范》要求，计算该项目的招标控制价。

（一）根据《计价表》规定工程量计算表

项目名称	工程量计算式	单位	数量

（二）套用《计价表》子目综合单价计算表

《计价表》编号	子目名称	单位	数量	综合单价(列简要计算过程)(元)	合价(元)
小计					

（三）分部分项工程量清单综合单价计算表

序号	项目编码	项目名称	项目特征	单位	数量	综合单价(元)

（四）项目招标控制价计算表

序号	汇总内容	费率	计算式	金额(元)
1	分部分项工程量清单计价合计			
2	措施项目清单计价合计			
2.1	安全文明施工措施费(现场考评费率 0.5%,市级文明工地)			
3	其他项目清单计价合计			300
3.1	暂列金额			300
4	规费			
4.1	社会保障费			

（续表）

序号	汇总内容	费率	计算式	金额（元）
4.2	公积金			
4.3	建筑安全监督管理费	1.18‰		
5	税金	3.48%		
6	小计			
	建设工程招标价调整系数	4%		
7	招标控制价			

四、（本题 30 分）（初、中级做第 1、2 问题，高级 3 个问题全做）

得分	评卷人

某综合楼的二楼会议室装饰天棚吊顶，室内净高 4.0 m，钢筋砼柱断面为 300 mm×500 mm，200 mm 厚空心砖墙，天棚布置如下图所示，采用 ϕ10 mm 吊筋（理论重量 0.617 kg/m），双层装配式 U 型（不上人）轻钢龙骨，规格 500 mm×500 mm，纸面石膏板面层（9.5 mm 厚）；天棚面批三遍腻子、刷乳胶漆三遍，回光灯槽按《计价表》执行（内侧不考虑批腻子刷乳胶漆）。天棚与主墙相连处做断面为 120 mm×60 mm 的石膏装饰线，石膏装饰线的单价为 10 元/m，回光灯槽阳角处贴自粘胶带。人工工资单价按 70 元/工日，管理费率按 42%，利润率按 15%。其余未说明的按 2004《计价表》规定，措施费仅计算脚手架费。根据上述条件请计算：

1. 按照 2004《计价表》规定对该天棚列项并计算各项工程量。

2. 按照 2004《计价表》规定计算该天棚项目的计价表综合单价。

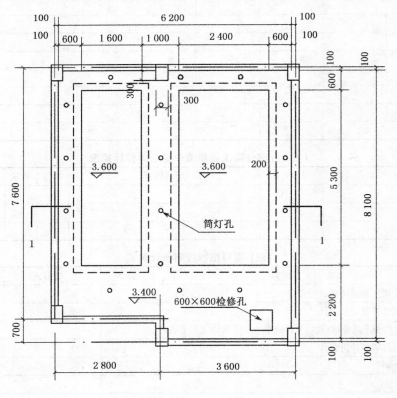

天棚平面图

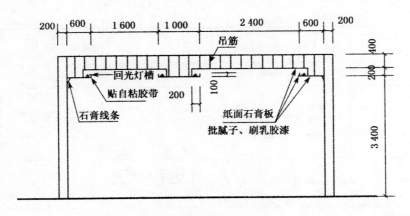

1—1剖面图

3. 若该项目在18层施工请单独计算该天棚项目的人工降效费和垂直运输费。（仅高级做）

（一）根据《计价表》规定工程量计算表

序号	项目名称	计算公式	计量单位	工程量

（二）分部分项工程及措施项目综合单价计算表

序号	计价表定额编号	子目名称	单位	数量	综合单价计算	合计

（续表）

序号	计价表 定额编号	子目名称	单位	数量	综合单价计算	合计

（三）人工降效费和垂直运输费计算表（仅高级做）

序号	《计价表》 定额编号	子目名称	单位	人工费或单价计算式	费率或 单价	合价（元）
1						
2						

得分	评卷人

五、（本题 40 分）（中级，高级做。中级做此题时人工工资单价、管理费及利润系数按 2004《计价表》规定不作调整，钢骨架、铁件也不考虑因含量变化而引起的人工机械的调整。高级做此题时人工工资单价 70 元/工日、管理费率 42%、利润率 15%）

某酒店大堂一侧墙面在钢骨架上干挂西班牙米黄花岗岩（密缝），做好后需酸洗打蜡，板材规格为 600×1 200，供应商已完成钻孔成槽；3.2～3.6 m 高处作吊顶，具体做法如图所示。西班牙米黄花岗岩单价为 650 元/m²；钢骨架、铁件安装损耗系数分别为 2% 和 1%，其他材料损耗系数不考虑。M14 膨胀螺栓设计用量为 18 套，与之配套的铁件用量为 7.27 kg（已考虑损耗系数）；不锈钢连接件按每整块板材 6 个考虑（总用量取整），配同等数量的不锈钢插棍；M10×40 不锈钢六角螺栓数量为 0；钢骨架、穿墙螺栓及与之配套的铁件用量按图示；其余材料用量按《计价表》不作调整，措施费仅考虑脚手架费用。（10# 槽钢理论重量为 10.01 kg/m；角钢∟56×5 重量为 4.25 kg/m；200×150×12 钢板（铁件）94.2 kg/m²；60×60×6 钢板（铁件）47.10 kg/m²）

1. 根据 2004《计价表》规定，对该干挂花岗岩项目列项并计算相应工程量；

2. 计算该干挂花岗岩项目的各材料用量（只列需要换算的材料用量）及每 10 m² 的含量；

3. 根据 2004《计价表》规定，计算该干挂花岗岩项目的《计价表》综合单价。

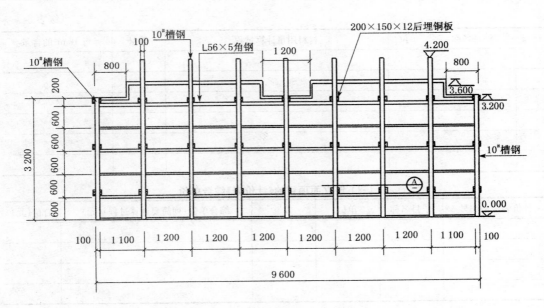

立面图

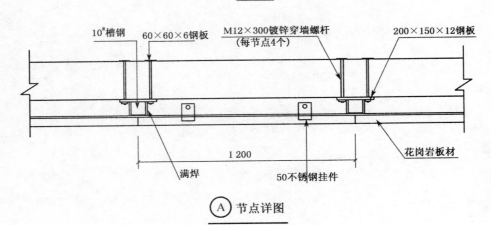

Ⓐ 节点详图

(一)根据《计价表》规定工程量计算表

项目名称	工程量计算式	单位	数量

(二)计算该立面的各材料用量(只列需要换算的材料用量)及每 10 m² 的含量

序号	材料名称	单位	材料用量计算过程	数量	每 10 m² 的含量

（续表）

序号	材料名称	单位	材料用量计算过程	数量	每 10 m² 的含量

（三）该立面项目的《计价表》综合单价

计价表定额编号	子目名称	单位	数量	综合单价(列简要计算过程)(元)	合价(元)

二○一一年江苏省建设工程造价员资格考试

参 考 答 案

工程造价基础理论部分：

单选题序号	正确答案	单选题序号	正确答案	多选题序号	正确答案	判断题序号	正确答案
1	C	21	D	1	ABCE	1	N
2	C	22	D	2	ACD	2	N
3	B	23	D	3	ABCE	3	N
4	A	24	C	4	BCE	4	N
5	D	25	A	5	ABDE	5	N
6	D	26	D	6	ABCD	6	Y
7	A	27	D	7	AB	7	N
8	C	28	B	8	BE	8	Y
9	A	29	B	9	ABCE	9	N
10	B	30	B	10	BCDE	10	Y
11	D	31	D	11	ABC	11	Y
12	D	32	A	12	ACD	12	Y
13	A	33	C	13	ABCE	13	Y
14	A	34	B	14	AC	14	Y
15	A	35	B	15	BCD	15	N
16	C	36	C	16	CD	16	N
17	D	37	D	17	ABE	17	Y
18	B	38	B	18	ABC	18	Y
19	B	39	B	19	ACDE	19	N
20	B	40	D	20	ACE	20	N

装饰造价案例部分：

一、（仅初级做）

序号	《计价表》定额编号	子目名称及做法	单位	数量	综合单价（列简要计算过程）（元）	合价（元）
1	12-165	铸铁花栏杆成品木扶手安装	10 m	3.6	$1467-232.66+687.73-2.85\times28\times(1+0.25+0.12)=1812.74$	6 525.88
2	13-97	柱面干挂120 mm厚金山石（600元/m²）	10 m²	1.8	$(260.4\times1.2+29.74-2.81)\times(1+0.25+0.12)+3037.08-33.65+(600-250)\times10.2=7038.42$ 或 $3434.58+(260.4\times0.2-2.81)\times(1+0.25+0.12)-33.65+(600-250)\times10.2=7038.43$	12 669.16 或：12 669.17
3	19-10	单独粘贴3 m高墙面花岗岩脚手	10 m²	20	$2.05+1.07\times2=4.19$	83.80
4	17-22	木龙骨纸面石膏板天棚上（不在墙、顶交界处）钉成品木装饰条60 mm宽	100 m	1.5	$724.88+63.56\times0.34\times(1+0.25+0.12)=754.49$	1 131.73
5	13-117	某家庭室内装饰厨房间墙面水泥砂浆底素水泥浆贴200 mm×300 mm墙面瓷砖	10 m²	1.5	$620.60+21.74-11.85+136.64\times0.15\times(1+0.25+0.12)=658.57$	987.86
6	17-42	在地面花岗岩板上开200 mm×200 mm方洞	10个	0.4	$28.7\times1.3=37.31$	14.92

二、（初级做第1个问题，中、高级做1、2两个问题）

（一）花岗岩地面各项工程量计算表

项目名称	工程量计算式	单位	数量
中间多色简单图案花岗岩镶贴	6×9[或10.8（紫红）+27（芝麻黑）+16.2（乳白）]	m²	54
地面铺贴黑色花岗岩（镶边）	0.2×[（12.8+18.8-0.2×2）×2+（12.8-0.8×2+18.8-1.1×2-0.2×2）×2]	m²	23.44
地面铺贴芝麻黑花岗岩	12.8×18.8-54-23.44	m²	163.2
石材板缝嵌铜条	（12.8-0.2×2+18.8-0.2×2）×2+（12.8-1×2+18.8-1.3×2）×2	m	115.6
花岗岩酸洗打蜡，成品保护	12.8×18.8	m²	240.64

（二）套用《计价表》子目综合单价计算表

《计价表》编号	子目名称	单位	数量	综合单价（列简要计算过程）（元）	合价（元）
12-65换	中间多色简单图案花岗岩镶贴	10 m²	5.4	紫红色面积=2×1/2×（1.2×3.6+1.8×2.4）+1.2×1.8=10.8 芝麻黑面积=4×（3.6+0.9）×（2.4+0.6）/2=27 乳白色面积=54-27-10.8=16.2 $3093.63+(600\times10.8+350\times16.2+280\times27)/54\times11-2750=4358.63$	23 536.60

（续表）

《计价表》编号	子目名称	单位	数量	综合单价(列简要计算过程)(元)	合价(元)
12-57 换	地面铺贴黑色花岗岩（镶边）	10 m²	2.344	2 789.19＋(300－250)×10.2＋118.16×0.1×(1＋0.25＋0.12)＝3 315.38	7 771.25
12-57 换	地面铺贴芝麻黑花岗岩	10 m²	16.32	2 789.19＋(280－250)×10.2＝3 095.19	50 513.50
12-115 换	石材板缝嵌铜条	10 m	11.56	85.91＋(12－8.08)×10.2＝125.89	1 455.33
12-121	地面花岗岩面层酸洗打蜡	10 m²	24.064	22.73	546.97
17-89	花岗岩地面成品保护	10 m²	24.064	14.42	347.00

三、(初级、中级、高级均做此题)

(一) 根据《计价表》规定工程量计算表

项目名称	工程量计算式	单位	数量
木龙骨	16×2.15	m²	34.4
底层多层夹板	16×2	m²	32
二层多层夹板	16	m²	16
面层贴普通切片板(斜拼)	16	m²	16
面层贴普通切片板	16×2－16	m²	16
硬木踢脚线	16	m	16
墙裙压顶线条	16	m	16
踢脚线红松压顶线条	16	m	16
油漆	16×2.15	m²	34.4

(二) 套用《计价表》子目综合单价计算表

《计价表》编号	子目名称	单位	数量	综合单价(列简要计算过程)(元)	合价(元)
13-155 换	木龙骨基层墙面、墙裙	10 m²	3.44 (3.2＋0.24)	280.12－177.49＋(0.111－0.04)×(30×40)/(24×30)×(300×300)/(400×400)×1 599	719.17 (668.70＋50.17)
13-172	多层夹板基层钉在木龙骨上墙面、墙裙	10 m²	3.20	257.53	824.10
13-172 附注	多层夹板基层加做一层凸面夹板	10 m²	1.60	10.5×19.5＋1.9×28×1.37	444.21
13-182 换	普通切片板(3 mm)粘贴在凹凸夹板基层上墙面、墙裙	10 m²	1.60	(1.33×28×1.3)×1.37＋11×1.05×10.55＋67.14	408.51

（续表）

《计价表》编号	子目名称	单位	数量	综合单价（列简要计算过程）（元）	合价（元）
13-182	普通切片板（3 mm）斜拼粘贴在凹凸夹板基层上墙面、墙裙	10 m²	1.60	$(1.33×28×1.3×1.3)×1.37+11×$ $1.05×1.1×10.55+67.14$	458.84
12-137	硬木踢脚线	100 m	0.16	1 165.41	186.47
17-27	踢脚线压顶线条	100 m	0.16	278.69	44.59
17-30 换	墙裙压顶线条	100 m	0.16	$402.07-255.2+110×15$	287.50
16-100	润油粉,刮腻子,聚氨酯清漆两遍,墙裙	10 m²	3.44 (3.2+0.24)	148.73	511.63 (475.93+35.70)
小计					3 885.01

（三）分部分项工程量清单综合单价计算表

序号	项目编码	项目名称	项目特征	单位	数量	综合单价（元）
1	020207001001	装饰板墙面	1. 龙骨材料种类、规格、中距：木龙骨断面 30 mm×40 mm，间距 400 mm×400 mm 2. 基层材料种类、规格：双层多层夹板（杨木芯十二厘板） 3. 面层材料品种、规格、品牌、颜色：凹凸基层夹板上贴普通切片板 4. 压条材料：50 mm×80 mm 的成品压顶线	m²	32	$3 885.01-50.17-$ $186.47-44.59-$ $35.70=3 567.79/$ $32=111.49$
2	020105006001	木质踢脚线	1. 踢脚线高度：150 mm 2. 基层材料种类、规格：木龙骨断面 30 mm×40 mm，间距 400 mm×400 mm 3. 面层材料品种、规格、品牌、颜色：硬木 4. 压顶材料种类：红松 115 mm×15 mm	m	16	$50.17+186.47+$ $44.59+35.70=$ $316.93/16=19.81$

（四）项目招标控制价计算表

序号	汇总内容	费率	计算式	金额（元）
1	分部分项工程量清单计价合计		3 885.01	3 885.01
2	措施项目清单计价合计			62.16
2.1	安全文明施工措施费（现场考评费率0.5%,市级文明工地）		$3 885.01×(0.9\%+0.5\%+0.2\%)$	62.16
3	其他项目清单计价合计			300
3.1	暂列金额			300
4	规费		$93.44+16.14+5.01$	114.59
4.1	社会保障费		$(3 885.01+62.16+300)×2.2\%$	93.44
4.2	公积金		$(3 885.01+62.16+300)×0.38\%$	16.14
4.3	建筑安全监督管理费	1.18‰	$(3 885.01+62.16+300)×0.118\%$	5.01
5	税金	3.48%	$(3 885.01+62.16+300+114.59)×$ 3.48%	151.79

（续表）

序号	汇总内容	费率	计算式	金额（元）
6	小计		3 885.01＋62.16＋300＋114.59＋151.79	4 513.55
	建设工程招标价调整系数	4%	4 513.55×4%	180.54
7	招标控制价		4 513.55－180.54	4 333.01

四、（初、中级做 1、2 问题，高级 3 个问题全做）

（一）根据《计价表》规定工程量计算表

序号	项目名称	计算公式	计量单位	工程量
1	0.4 m 高天棚吊筋	$[(1.6＋0.2×2)＋(2.4＋0.2×2)]×(5.3＋0.2×2)＝27.36$	m²	27.36
2	0.6 m 高天棚吊筋	$(6.2×8.1－2.8×0.7)－27.36＝20.9$	m²	20.9
3	复杂天棚龙骨	$6.2×8.1－2.8×0.7＝48.26$	m²	48.26
4	纸面石膏板	$48.26＋[(5.3＋2.8)×2＋(5.3＋2)×2]×0.2＋[(5.3＋2.4)×2＋(5.3＋1.6)×2]×0.1＝57.5$	m²	57.5
5	回光灯槽	$[(1.6＋0.2)＋(5.3＋0.2)]×2＋[(2.4＋0.2)＋(5.3＋0.2)]×2＝30.8$	m	30.8
6	阳角处粘自粘胶带	$(2.4＋5.3)×2＋(1.6＋5.3)×2＝29.2$	m	29.2
7	120×60 石膏阴角线	$(6.2＋8.1)×2＋0.3×2＝29.2$	m	29.2
8	天棚批腻子三遍,乳胶漆三遍	57.5	m²	57.5
9	600×600 检修孔	1	个	1
10	筒灯孔	18	个	18
11	脚手架	48.26	m²	48.26

（二）分部分项工程及措施项目综合单价计算表

序号	计价表定额编号	子目名称	单位	数量	综合单价计算	合计
1	14-43 换	0.4 m 高天棚吊筋	10 m²	2.736	$10.48×(1＋42%＋15%)＋(50.24－4×0.102×0.617×13×2.8)＝57.53$	157.40
2	14-43 换	0.6 m 高天棚吊筋	10 m²	2.09	$10.48×(1＋42%＋15%)＋(50.24－6×0.102×0.617×13×2.8)＝52.95$	110.67
3	14-10	复杂天棚龙骨	10 m²	4.826	$(2.33×70＋3.4)×(1＋42%＋15%)＋276.93＝538.34$	2 598
4	14-55	纸面石膏板	10 ㎡	5.75	$1.49×70×(1＋42%＋15%)＋168.11＝331.86$	1 908.2
5	17-78	回光灯槽	10 m	3.08	$(1.05×70＋5.33)×(1＋42%＋15%)＋209.22＝332.98$	1 025.59
6	16-306	阳角处粘自粘胶带	10 m	2.92	$0.2×70×(1＋42%＋15%)＋10.28＝32.26$	94.2
7	17-34	120×60 石膏阴角线	100 m	0.292	$(3.66×70＋15)×(1＋42%＋15%)＋961.61＋110×(10－8.68)＝1 532.59$	447.52

（续表）

序号	计价表定额编号	子目名称	单位	数量	综合单价计算	合计
8	16-303 换	批腻子两遍	10 m²	5.75	$0.6 \times 70 \times 1.1 \times (1 + 42\% + 15\%) + 15.25 = 87.78$	504.76
9	16-304 换	增一遍腻子	10 m²	5.75	$0.3 \times 1.1 \times 70 \times (1 + 42\% + 15\%) + 5.2 = 41.47$	238.44
10	16-311 换	天棚乳胶漆三遍	10 m²	5.75	$(0.35 \times 70 \times 1.1 + 0.165 \times 70 \times 1.1) \times (1 + 42\% + 15\%) + 23.5 + 1.2 \times 7.85 = 95.18$	547.28
11	17-74	600×600 检修孔	10 个	0.1	$4.75 \times 70 \times (1 + 42\% + 15\%) + 241.8$（或 213.01）=763.83（或 735.04）	76.38
12	17-76	筒灯孔	10 个	1.8	$0.19 \times 70 \times (1 + 42\% + 15\%) + 5.8 = 26.68$	48.03
13	19-7 换	满堂脚手架	10 m²	4.826	$[(1.003 \times 70 + 5.99) \times (1 + 42\% + 15\%) + 19.29] \times 0.6 = 83.35$	402.27

（三）人工降效费和垂直运输费计算表（仅高级做）

序号	《计价表》定额编号	子目名称	单位	人工费或单价计算式	费率或单价	合价（元）
1	18-22	人工降效费	%	$2.33 \times 70 \times 4.826 + 1.49 \times 70 \times 5.75 + 1.05 \times 70 \times 3.08 + 0.2 \times 70 \times 2.92 + 3.66 \times 70 \times 0.292 + 0.6 \times 70 \times 1.1 \times 5.75 + 0.3 \times 70 \times 1.1 \times 5.75 + (0.35 \times 70 \times 1.1 + 0.165 \times 70 \times 1.1) \times 5.75 + 4.75 \times 70 \times 0.1 + 0.19 \times 70 \times 1.8 + 1.003 \times 70 \times 0.6 \times 4.826 = 2615.9$	12.5	326.99
2	22-33	垂直运输费	10 工日	$2.33 \times 4.826 + 1.49 \times 5.75 + 1.05 \times 3.08 + 0.2 \times 2.92 + 3.66 \times 0.292 + (0.6 \times 1.1 + 0.3 \times 1.1 + 0.35 \times 1.1 + 0.165 \times 1.1) \times 5.75 + 4.75 \times 0.1 + 0.19 \times 1.8 + 1.003 \times 0.6 \times 4.826 = 37.37 / 10 = 3.74$	47.44（或 41.93）	177.43（或 156.82）

五、（中级，高级做。中级做此题时人工工资单价、管理费及利润系数按 04 计价表规定不作调整，钢骨架、铁件也不考虑因含量变化而引起的人工机械的调整。高级做此题时人工工资单价 70 元/工日、管理费率 42%、利润率 15%。）

（一）根据《计价表》规定工程量计算表

项目名称	工程量计算式	单位	数量
钢骨架上干挂花岗岩	$3.2 \times 9.6 + 0.4 \times (9.6 - 0.8 \times 2 - 1.2) = 33.44$	m²	33.44
干挂花岗岩脚手	$4.2 \times 9.6 = 40.32$	m²	40.32

（二）计算该立面的各材料用量（只列需要换算的材料用量）及每 10 m² 的含量

序号	材料名称	单位	材料用量计算过程	数量	每 10 m² 的含量
1	花岗岩	m²	33.44×1.02	34.11	10.2
2	M14 膨胀螺栓	套	18	18	5.39
3	不锈钢连接件	只	$(33.44 \times 6)/(0.6 \times 1.2) = 278.67$	279 或 280（取整）	83.43
4	不锈钢插棍	只	279	279	83.43

（续表）

序号	材料名称	单位	材料用量计算过程	数量	每 10 m² 的含量
5	10# 槽钢	kg	$(4.2 \times 7 + 3.2 \times 2) \times 1.02 \times 10.01$	365.53	109.31
6	∟56×5 角钢	kg	$[7 \times (9.4 - 0.1 \times 7) + 0.4 \times 4] \times 1.02 \times 4.25$	270.94	81.02
7	200×150×12 钢板	kg	$0.2 \times 0.15 \times 27 \times 1.01 \times 94.2$	77.07	23.05
8	60×60×6 钢板	kg	$0.06 \times 0.06 \times 54$（或 108）$\times 1.01 \times 47.10$	9.25(18.5)	2.77(5.54)
	铁件	kg	7.27	7.27	2.18
9	M12 穿墙螺栓	只	$9 \times 3 \times 4$	108	32.30

（三）该立面项目的《计价表》综合单价（中级）

《计价表》定额编号	子目名称	单位	数量	综合单价（列简要计算过程）（元）	合价（元）
13-98 换	钢骨架上干挂花岗岩	10 m²	3.34	$(382.2 \times 0.9 + 134.21 - 10) \times 1.37 + 3804.86 - 2550 + 10.2 \times 650 - 7.22 + 5.39 \times 180.5 \div 100 - 31.85 + 83.43 \times 47.5 \div 100 - 15.68 + 83.43 \times 23.75 \div 100 - 165 - 807.78 + (109.31 + 81.02) \times 4.31 - 384.07 + (23.05 + 2.77 + 2.18) \times 6.32 - 134.54 + 32.30 \times 19.22 = 8667.40$	28 949.12
19-11 换	干挂花岗岩脚手	10 m²	4.03	$25.16 + 12.52 \times 2 = 50.20$	202.31

（三）该立面项目的《计价表》综合单价（高级）

《计价表》定额编号	子目名称	单位	数量	综合单价（列简要计算过程）（元）	合价（元）
13-98 换	钢骨架上干挂花岗岩	10 m²	3.34	6-45 钢骨架材料单价：$3304.04 \div 1000 = 3.30$ 6-40 铁件单价：$3580.4 \div 1000 = 3.58$ 钢骨架人工机械：$190.33 \times (19 \times 70 + 241.32) \div 1000 = 299.07$ 铁件人工机械：$(23.05 + 2.77$（或 5.44）$+ 2.18) \times (36 \times 70 + 1066.62) \div 1000 = 100.43$（或 110.36） 综合单价： $(382.20 \times 0.9 + 134.21 - 10) \times 1.37 + 3804.86 - 2550 + 10.20 \times 650 - 7.22 + 5.39 \times 180.5 \div 100 - 31.85 + 83.43 \times 47.50 \div 100 - 15.68 + 83.43 \times 23.75 \div 100 - 165 - 807.78 + (109.31 + 81.02) \times 4.31 - 384.07 + (23.05 + 2.77 + 2.18) \times 6.32 - 134.54 + 32.30 \times 19.22 = 8667.40$	32 019.85
19-11 换	干挂花岗岩脚手	10 m²	4.03	$(0.297 \times 70 + 1.5) \times 1.57 + 12.52 \times 3 = 72.56$	292.42

附录二

二〇一三年江苏省建设工程造价员资格考试

工程造价基础理论试卷

一、单项选择题(共40题,每题1分,共40分。每题的被选答案中,只有一个最符合题意。不选或选错不得分)

1. 建设工程项目的分类有多种形式,按建设性质划分的是(   )。
    A. 非生产性建设项目
    B. 国家预算拨款项目
    C. 经营性工程建没项目
    D. 改建项目

2. 施工图设计、审查属于工程建设程序的(   )阶段。
    A. 建设前期   B. 建设准备   C. 施工   D. 竣工验收

3. 推行限额设计时,初步设计阶段的直接控制目标是(   )。
    A. 经批准的投资估算
    B. 经批准的设计概算
    C. 经批准的施工图预算
    D. 经确定的工程合同价

4. 根据建设部《工程造价咨询企业管理办法》规定,工程造价咨询企业从事工程造价咨询活动表述错误的是(   )。
    A. 不得超越资质等级范围承接工程造价咨询业务
    B. 不得跨省、自治区、直辖市承接工程造价咨询业务
    C. 不得同时接受招标人和投标人对同一工程项目的工程造价咨询业务
    D. 不得出借资质证书

5. 根据建设部《造价工程师注册管理办法》规定,下列正确的表述是(   )。
    A. 不得独立执行工程造价业务
    B. 本人注册证书和执业印章必须由执业单位保管
    C. 不得跨工程专业承担工程造价业务活动
    D. 具有发起设立工程造价咨询企业权利

6. 造价工程师制度属于国家统一规划的(   )制度范围。
    A. 技术职称
    B. 岗位职务
    C. 执业资格
    D. 技术职务

7. 按我省现行建设工程造价员管理规定,下列错误的表述是(   )。
    A. 受聘于一个工作单位从事与专业水平相符合的工程造价业务
    B. 在本人承担的相关专业工程造价业务文件上签字,并承担相应的岗位责任
    C. 中级造价员可以从事 5 000 万元以上建设项目相关工程造价编制
    D. 定期接受管理机构的资格验证,并完成规定的继续教育学时

8. 建筑安装工程造价构成中不包括(   )。
    A. 营业税   B. 分部分项工程费
    C. 设备购置费   D. 规费

9. 不计入人工单价的费用是(   )。
    A. 劳动保险费   B. 职工福利费   C. 劳动保护费   D. 工资性津贴

10. 不属于分部分项工程费的是(   )。
    A. 人工费   B. 材料费   C. 利润   D. 规费

11. 我省 2009 版费用定额规定,(   )不属于企业管理费的内容。
    A. 办公费   B. 管理人员基本工资
    C. 环境保护费   D. 固定资产使用费

12. 我省 2009 版费用定额规定,(   )不属于措施项目费的内容。
    A. 现场安全文明施工措施费   B. 生产工具用具使用费
    C. 已完工程及设备保护费   D. 脚手架费

13. 为本建设项目捉供和验证设计数据、资料等进行必要的研究试验费用及按照设计规定在建设过程中必须进行试验、验证所需的费用,应列入(   )。
    A. 材料费   B. 工程建设其他费   C. 企业检验试验费   D. 按质论价费

14. 下列定额分类中按内容分类的是(   )。
    A. 材料消耗定额、机械消耗定额、工器具消耗定额
    B. 劳动消耗定额、机械消耗定额、材料消耗定额
    C. 机械消耗定额、材料消耗定额、建筑工程定额
    D. 资金消耗定额、劳动消耗定额、机械消耗定额

15. 某砌砖班组有 10 名工人,砌筑 2 砖厚砖基础需 5 天完成,砌筑砖基础的时间定额为 1.25 工日/m³,该班组完成的砌筑工程量为(   )。
    A. 62.5 m³   B. 0.8 m³/工日   C. 80 m³   D. 40 m³

16. 某施工机械的台班产量为 500 m³,与之配合的工人小组有 4 人,则人工时间定额为(   )。
    A. 0.2 工日/m³   B. 0.8 工日/m³
    C. 0.2 工日/100 m³   D. 0.8 工日/100 m³

17. 周转性材料在材料消耗定额中,以(   )表示。
    A. 材料一次使用量   B. 材料补损量
    C. 周转使用量减去回收量   D. 材料回收量

18. 预算定额是按照(   )编制的。
    A. 社会平均水平   B. 社会先进水平
    C. 行业平均水平   D. 社会平均先进水平

19. 某砌筑工程,工程量为 100 m³,每 m³ 砌体需要基本用工 1.2 工日,辅助用工为 30 工日,超运距用工是基本用工的 15%,人工幅度差系数为 10%,则该砌筑工程的人工工日消耗量是( )工日。
   A. 202.5　　　　B. 180　　　　　C. 184.8　　　　D. 189.39

20. 采用工程量清单方式招标,工程量清单必须作为招标文件的组成部分,其准确性和完整性由( )负责。
   A. 投标人
   B. 造价咨询人
   C. 招标人和投标人共同
   D. 招标人

21. 分部分项工程量清单内容包括( )。
   A. 工程量清单表和工程量清单说明
   B. 项目编码、项目名称、项目特征、计量单位和工程数量
   C. 工程量清单表、措施项目一览表和其他项目清单
   D. 项目名称、项目特征、工程内容等

22. 建设项目可行性研究阶段的投资估算误差率一般在( )范围内。
   A. ±5%　　　　B. ±10%　　　　C. ±15%　　　　D. ±20%

23. 我省规定,通常情况下暂列金额不宜超过分部分项工程费的( )。
   A. 5%　　　　B. 10%　　　　C. 15%　　　　D. 20%

24. 我省工程量清单计价办法规定,( )不属于规费项目。
   A. 工程排污费
   B. 安全文明施工措施费
   C. 住房公积金
   D. 社会保障费

25. 预算审查方法有多种,其中( )优点是简单易懂,便于掌握,审查速度快,发现问题快。适用于住宅工程或不具备全面审查条件的工程。
   A. 标准预算审查法
   B. 重点审查法
   C. 利用手册审查法
   D. 筛选法

26. 《建设工程价款结算暂行办法》规定,竣工后承包人向发包人递交了竣工结算金额 2 500 万元的报告及完整的结算资料,发包人应当在( )天内进行核对审查并提出审查意见。
   A. 20　　　　B. 30　　　　　C. 45　　　　　D. 60

27. 某土建工程实行按月结算和采用公式法结算预付备料款,施工合同总额为 1 200 万元,主要材料金额的比重为 60%,预付备料款为 10%,当累计结算工程款为( )时,开始扣回备料款。
   A. 600 万元　　B. 800 万元　　C. 900 万元　　D. 1 000 万元

28. 2008 版工程量清单计价规范和我省造价管理有关文件,对工程价款调整规定了原则,下列错误的表述是( )。
   A. 国家的法律、法规、规章和政策发生变化影响工程造价的,应按省级建设行政主管部门或其授权的工程造价管理机构发布的规定调整合同价款
   B. 因分部分项工程量清单漏项或非承包人原因的工程变更,原措施费中没有的措施项目,由承包人根据措施项目变更情况提出适当的措施费变更,经发包人确认后调整
   C. 施工期内市场价格波动超过一定幅度时,应按合同约定调整工程价款
   D. 采用固定价格合同且未约定材料价格风险控制条款的,工程施工期间非主要建筑

材料价格上涨或下降的,其差价超过 10% 的部分由发包人承担或受益

29. 发包人指定的履行合同的工程师在授权范围内发出的指令有错误或有异议,正确处理的方式是( )。
    A. 工程师发出的口头指令未及时书面确认,承包人应于工程师发出口头指令 3 天内提出书面确认要求
    B. 指令错误发生的追加合同价款和给承包人造成的损失由发包人承担,延误的工期相应顺延
    C. 承包人认为工程师指令不合理,可以在 48 小时之内向工程师提出修改指令的书面报告
    D. 紧急情况下,承包人对工程师指令有异议,可以拒绝执行指令

30. 《建设工程施工合同示范文本》对材料设备采购有明确的表述,下列表述错误的是( )。
    A. 发包人供应的材料设备单价与约定不符时,由发包人承担所有差价
    B. 承包人在确保不影响工程质量的前提下,可以自行使用代用材料
    C. 发包人供应的材料多于约定的数量时,发包人负责将多出部分运出施工现场
    D. 承包人采购的材料设备与设计和有关标准不符时,工程师应要求承包人负责修复、拆除或重新采购,并承担发生的费用

31. 施工单位在施工中发生如下事项:完成业主要求的合同外用工花费 3 万元;由于设计图纸延误造成工人窝工损失 1 万元;施工电梯机械故障造成工人窝工损失 2 万元。施工单位可向业主索赔的人工费为( )万元。
    A. 3   B. 5   C. 4   D. 6

32. 罚款、没收违法所得和经济赔偿属于( )。
    A. 行政法律责任   B. 刑事法律责任
    C. 道德法律责任   D. 经济法律责任

33. 中标通知书( )具有法律效力。
    A. 对招标人和中标人   B. 只对招标人
    C. 只对中标人   D. 对招标人和中标人均不

34. ( )是合同法的重要基本原则,合同当事人通过协商,自愿确立和调整相互间的权利义务关系。
    A. 平等原则
    B. 诚实守信原则
    C. 自愿原则
    D. 依法成立的合同对当事人具有约束力的原则

35. 《江苏省建设工程造价管理办法》规定,( )有权查阅工程造价咨询企业和造价从业人员的信用档案。
    A. 只有政府建设行政主管部门
    B. 经政府建设行政主管部门批准的单位和个人
    C. 任何单位和个人
    D. 必须是司法机关

36. 《江苏省建设工程造价管理办法》规定,建设工程施工发包与承包价在政府宏观调控下,

由(   )形成。

A. 建设单位与施工企业协商

B. 企业自主报价和市场竞争形成

C. 审计机关审核后

D. 工程造价咨询企业编制

37. 《江苏省建设工程造价管理办法》规定,工程造价成果文件上使用非本项目咨询人员的执业印章或者专用章的,县级以上地方人民政府建设行政主管部门可根据情节轻重,处以(   )的罚款。

A. 5千元以上3万元以下　　　　B. 3千元以上5百元以下

C. 1万元以上3万元以下　　　　D. 5千元以上1万元以下

38. 采用书面形式订立合同,合同约定的签订地与实际签订地或者盖章地点不符时,人民法院应当(   )。

A. 认定实际签字的地点为合同签订地

B. 认定约定的签订地为合同签订地

C. 认定盖章的地点为合同签订地

D. 人民法院应当认定其合同属于无效合同

39. 法人是相对于自然人而言的社会组织,下列表述错误的是(   )。

A. 法人必须是能以自己的名义享有权利和义务

B. 法人能独立地参与起诉、应诉的社会组织

C. 法人对其行为所产生的法律后果承担法律责任

D. 法人的分支机构不能履行义务时,该法人组织不承担连带责任

40. 当建设工程施工合同成立以后客观情况发生了当事人在订立合同时无法预见的、(   )的重大变化,当事人可以参照情势变更原则请求人民法院变更或解除合同。

A. 不可抗力或属于商业风险

B. 非不可抗力造成的不属于商业风险

C. 不可抗力造成的不属于商业风险

D. 非不可抗力的属于商业风险

二、多项选择题(共20题,每题2分,共40分。每题的备选答案中,有2个或2个以上符合题意,至少有1个错项。不选答案或选了错误答案,本题不得分;若正确答案少选,每个选项得0.5分)

1. 在建设项目构成中,属于分部工程是(   )。

A. 管道工程　　　　B. 通风工程

C. 土方工程　　　　D. 基础工程

E. 钢筋工程

2. 工程造价的特点表现在(   )。

A. 工程造价的大额性　　　　B. 工程造价的个别性

C. 工程造价的动态性　　　　D. 工程造价的层次性

E. 工程造价的可控性

3. 造价员有下列情形之一为验证不合格,应限期改正( )。

    A. 近三年无工作业绩,且不能说明理由的

    B. 已丧失工作能力或年龄超过 70 周岁的

    C. 到期未参加资格证书验证的

    D. 已脱离工程造价业务岗位的

    E. 继续教育不满管理部门规定的学时

4. 下列( )属于工程造价范围内的费用。

    A. 土地使用费   B. 预备费

    C. 建设期贷款利息   D. 铺底流动资金

    E. 招标代理费

5. 我省 2009 版费用定额规定,不属于其他项目费的内容有( )。

    A. 暂列金额   B. 总承包服务费

    C. 工程按质论价费   D. 计日工

    E. 二次搬运费

6. 工程建设其他费用是指从工程筹建起到工程竣工验收交付使用止的整个建设周期除( )以外的,为保证工程建设顺利完成和交付使用后能够正常发挥效用而发生的各项费用。

    A. 勘察设计费   B. 建筑安装工程费

    C. 设备费   D. 建设单位管理费

    E. 工器具购置费

7. 劳动定额的编制方法主要有( )。

    A. 技术测定法   B. 经验估计法

    C. 统计分析法   D. 比较类推法

    E. 理论计算法

8. 我省规定实行工程量清单计价工程项目,不可竞争费不包括( )。

    A. 现场安全文明施工措施费   B. 临时设施

    C. 税金   D. 企业管理费

    E. 利润

9. 下列关于暂列金额说法正确的是( )。

    A. 招标人在工程量清单中暂定并包括在合同价款中的一笔款项

    B. 竣工结算时暂列金额应减去工程价款调整与索赔、现场签证金额计算,如有余额归发包人

    C. 包含在合同价内,由承包人暂定并掌握施工的一笔款项

    D. 招标人在工程量清单中提供的用于支付必然发生但暂时不能确定的材料单价

    E. 暂列金额应按招标人在其他项目清单中列出的金额填写

10. 下列属于通用项目措施费的是( )。

    A. 现场安全文明施工   B. 工程按质论价

    C. 大型机械进出场及安拆   D. 脚手架

    E. 模板

11. 工程竣工结算方式有( )方式。
    A. 建设项目竣工总结算　　　　B. 单位工程竣工结算
    C. 竣工后一次结算　　　　　　D. 分段结算
    E. 单项工程竣工结算

12. 工程承包商可以要求延长工期的因素有( )。
    A. 场地条件的变更,设计文件的缺陷
    B. 由于施工现场管理混乱被建设行政主管部门勒令停工整顿
    C. 处理不合理的施工图纸而造成的耽搁
    D. 由业主供应的设备和材料推迟到货
    E. 由于业主或建筑师的原因造成的临时停工

13. 索赔证据要求具备( )。
    A. 差异性　　　　　　　　　　B. 关联性
    C. 及时性　　　　　　　　　　D. 可靠性
    E. 真实性

14. 法律责任追究的原则( )。
    A. 坦白从宽原则　　　　　　　B. 责任法定原则
    C. 违法必究原则　　　　　　　D. 违法行为与法律责任相适应原则
    E. 责任自负原则

15. 根据合同法规定,建筑施工合同中约定出现因( )时免除自己责任的条款,该免责条款无效。
    A. 合同履行结果只有对方受益
    B. 不可抗力造成对方财产损失
    C. 履行合同造成对方人身伤害
    D. 对方不履行合同义务造成损失
    E. 故意或重大过失造成对方财产损失

16. 对于可撤销的建设工程施工合同,当事人有权请求( )撤销该合同。
    A. 建设行政主管部门　　　　　B. 工商行政管理部门
    C. 仲裁机构　　　　　　　　　D. 人民法院
    E. 工程造价管理机构

17. 《江苏省建设工程造价管理办法》规定,( )必须采用工程量清单方式计价。
    A. 全部使用国有资金投资
    B. 国家政策性贷款项目
    C. 非国有资金投资的建设项目
    D. 国有资金虽不足50%但国有投资者实质上拥有控股权的建设项目
    E. 政府财政性资金投资建设项目

18. 《江苏省建设工程造价管理办法》规定,有下列行为之一的,由县级以上地方人民政府建设行政主管部门给予行政处罚( )。
    A. 因工程造价咨询企业自身过错造成委托人经济损失的
    B. 工程造价咨询企业出具的报告书质量出现差错

C. 发包人或者承包人未将合同副本及变更的实质性内容报送备案的

D. 发包人委托不具有相应资质的工程造价咨询企业审核工程结算的

E. 国有资金投资项目未使用工程量清单计价方式或者违反计价规范强制性条文的

19. 为确保施工企业从业人员社会保障权益落到实处,《江苏省建设工程费用定额》(2009年)将社会保障费列入规费计取,下列(　　)属于社会保障费内容。

A. 工伤保险　　　　　　　　　B. 意外伤害保险

C. 生育保险　　　　　　　　　D. 人寿保险

E. 失业保险

20.《江苏省建设工程造价管理办法》中,表述正确的是(　　)。

A. 本办法所称的建设工程,是指各类房屋建筑、交通、水利和市政基础设施,以及与其配套的线路、管道、设备安装工程

B. 从事工程造价活动应当遵循合法、客观公正、诚实信用的原则

C. 建设工程施工发包与承包价可以采用工程量清单方式计价,也可以采用工程定额方式计价

D. 经投资主管部门审批或者核准的国有资金项目的投资估算是该建设项目投资和造价控制的最高限额

E. 建设工程施工合同应当具体约定工程进度款支付方式、数额及时间

三、判断题(共 20 题,每题 1 分,共 20 分,判断为"正确"答 A;判断为"错误"答 B。回答不正确或不回答不得分)

1. 为使原有的固定资产保持原有的性能和作用而定期进行的大修理,属于建设工程投资。
（　　）

2. 进口设备的原价是指进口设备的离岸价。（　　）

3. 施工定额是企业定额,有利于推广先进技术。（　　）

4. 劳动定额也称人工定额,是指在正常的施工技术组织条件下,为完成一定数量的合格产品或完成一定量的工作所必需的劳动消耗量标准。（　　）

5. "行为"作为法律关系的客体,是指人们在主观意志支配下所实施的具体活动,包括作为和不作为。（　　）

6. 我省规定,招标人应当在招标控制价发给投标人的 3 天内,将招标控制价有关资料报送工程所在地工程造价管理机构或招投标监管机构备查。（　　）

7. 我省规定,招标代理机构可以在资格等级范围内从事工程建设项目的工程量清单与招标控制价的编制与审核工作。（　　）

8. 因分部分项工程量清单漏项或非承包人原因的工程变更,引起措施项目发生变化,造成施工组织设计或施工方案变更,原措施费中已有的措施项目不予调整,原措施费用没有的措施项目,由承包人根据措施项目变更情况,提出适当的措施费变更,经发包人确认后调整。（　　）

9.《江苏省建设工程造价管理办法》属于地方性法规。（　　）

10. 经过招标投标订立的建设工程施工合同,工程虽经验收合格,但因合同约定的工程价款低于成本价而导致合同无效,发包人要求参照合同约定的价款结算的,人民法院不予支

持。   ( )

11. 建设工程施工合同约定工程价款实行固定价结算的,一方当事人要求按定额结算工程价款的,人民法院不予支持,但合同履行过程中原材料价格发生重大变化的除外。

                                                            ( )

12. 电子数据交换是一种由电子计算机及其通讯网络处理业务文件的技术,作为一种新的电子化贸易工具,又称为电子合同。   ( )

13. 当事人工程变更内容与经过备案的施工合同在实质性内容上不一致的,可以另行签订补充协议作为工程结算和审核的依据。   ( )

14. 发包人收到工程结算文件后不予答复,视为认可工程结算文件处理。   ( )

15. 工程造价咨询企业在审核工程结算时,认为部分结算价款不合理,可以更改工程承发包合同约定的条款进行结算审核。   ( )

16. 当事人订立的合同被确认无效或者被撤销后,表明当事人的权利和义务的全部结束。

                                                            ( )

17. 采用分项详细估算法估算流动资金需分别确定现金应收账款、存货和应付账款的最低周转天数。   ( )

18. 施工中出现施工图纸与工程量清单项目特征描述不符的,发、承包双方应按新的项目特征确定相应工程量清单的综合单价。   ( )

19. 因分部分项工程量清单漏项造成增加新的工程量清单项目,且合同中有类似的综合单价,参照类似的综合单价确定,或者由承包人提出新的综合单价,经发包人确认后执行。

                                                            ( )

20. 实行工程量清单计价的工程,宜采用单价合同,但并不排斥总价合同。   ( )

二〇一三年江苏省建设工程造价员资格考试

装饰造价案例分析试卷

专业级别 （考生填写）	

题号	一	二	三	四	五	总分	计分人	核分人
得分								

本卷为案例分析题，共五题。初级做一～四题，总分 100 分；中高级做二～五题，总分 120 分（具体要求见各题说明）。多做和漏做均不得分。要求分析合理，结论准确，并简要写出计算过程。（数据保留小数点后两位，图示尺寸未具体标明者，计量单位均为 mm）

得分	评卷人

一、（本题 20 分）（仅初级做）

根据下表提供的子目名称及做法，请按 2004《计价表》填写所列子目的《计价表》定额编号、综合单价及合价，具体做法与《计价表》不同的，综合单价需要换算。（人工工资单价、管理费费率、利润费率及其他未作说明的按《计价表》子目不作调整，项目未注明者均位于檐高 20 m 以内，一至六层楼之间。）

序号	《计价表》 定额编号	子目名称及做法	单位	数量	综合单价 （列简要计算过程）（元）	合价 （元）
1		水泥砂浆镶贴花岗岩多色复杂图案地面，石材损耗率 25%	10 m²	2.05		
2		室内净高 12 m 单独天棚抹灰脚手	10 m²	10		
3		第十五层木龙骨纸面石膏板天棚上钉成品木装饰条 50 mm 宽（在墙、顶交界处）	100 m	1.2		
4		钢骨架上密缝干挂花岗岩板墙面，花岗岩价格 550 元/m²	10 m²	7.8		
5		干粉型粘结剂粘贴 120 mm 高花岗岩踢脚线	10 m	6.6		
6		天棚石膏吸音装饰板搁放在上形铝合金龙骨上（素白石膏板）	10 m²	4		

得分	评卷人

二、（初级、中级均做此题，分值 25 分）

某居民家庭室内卫生间墙面装饰如下图所示，12 mm 厚 1：2.5 防水砂浆底层、5 mm 厚的素水泥浆结合层贴瓷砖，瓷砖规格 200 mm×300 mm×8 mm，瓷砖价格 8 元/块，其余材料价格按《计价表》不变。窗侧四周需贴瓷砖、阳角 45 度磨边对缝；门洞处不贴瓷砖；门洞口尺寸 800 mm×2 000 mm、窗洞口尺寸 1 200 mm×1 400 mm；图示尺寸除大样图外均为结构净尺寸。根据以上给定的条件，请按照 2004《计价表》、2008 规范和 2009 费用定额的规定完成以下内容（人工工资单价 90 元/工日；管理费率 42%、利润率 15%，其余未作说明的均按《计价表》规定执行）。

1. 按照 2004《计价表》规定计算该墙面贴瓷砖项目工程量；

2. 按照 2004《计价表》规定计算该墙面贴瓷砖项目《计价表》综合单价。（中级做此题时该项目按在 22 层施工，请考虑该项目的人工降效费及垂直运输费）

计量单位：10 m

定额编号				省补 17-8	
项　　目	单　　位		单　价	墙地砖 45°倒角磨边抛光	
				数量	合价
基价		元		33.00	
其中	人工费	元		17.08	
	材料费	元		6.60	
	机械费	元		2.19	
	管理费	元		4.82	
	利润	元		2.31	
材料机械	一类工	工日	28.00	0.61	17.08
	510 384 抛光轮	个	8.00	0.25	2.00
	金刚轮	个	100.00	0.046	4.60
	12 019 磨边机	台班	21.91	0.1	2.19

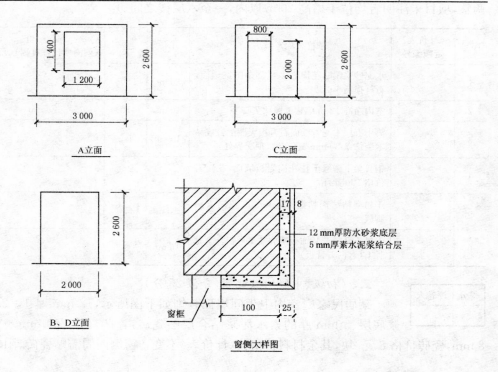

A立面

C立面

B、D立面

窗侧大样图

（一）根据《计价表》规定工程量计算表

项目名称	工程量计算式	单位	数量

（二）套用《计价表》子目综合单价计算表

《计价表》编号	子目名称	单位	数量	综合单价（列简要计算过程）（元）	合价（元）

（三）人工降效费和垂直运输费计算表（中级做）

序号	《计价表》定额编号	子目名称	单位	人工费或单价计算式	费率或单价	合价（元）

得分	评卷人

三、（本题 40 分，初、中级全做）

某工程底层餐厅装饰天棚吊顶，采用 Φ10 mm 吊筋（理论重量 0.617 kg/m），天棚面层至楼板底平均高度按 1.8 m 计算。该天棚为双层装配式 U 形（不上人）轻钢龙骨，规格 500 mm×500 mm，经过计算，大龙骨（轻钢）设计总用量为 410 m，其余龙骨含量按 2004《计价表》，纸面石膏板面层；地面至天棚面高 3.7 m，拱高 1.3 m，接缝处不考虑粘贴自粘胶带。拱形面层的面积按水平投影面积增加 25% 计算，天棚面批三遍腻子、刷乳胶漆两遍，天棚与主墙相连处做断面为 120 mm×60 mm 的石膏装饰线（单价为 10 元/m），拱形处做断面为 100 mm×30 mm 的石膏装饰线；根据以上给定的条件，请按照 2004《计价表》、2008 规范和 2009 费用定额的规定完成以下内容（人工工资单价以及管理费率、利润率按 2004《计价表》不调整，措施费仅考虑脚手架及现场安全文明施工措施费，其余未作说明的均按《计价表》规定执行）。

1. 按照 2004《计价表》规定对该天棚列项并计算各项工程量；

2. 按照 2004《计价表》规定计算该天棚项目的《计价表》综合单价；

3. 按 2008 清单规范要求,编制该天棚的清单工程量及清单综合单价;

4. 按 2008 清单规范要求,计算该项目的招标控制价。

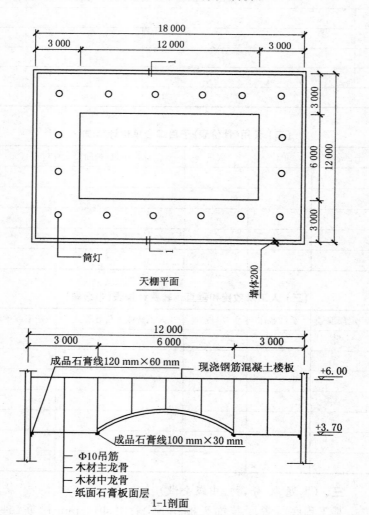

天棚平面

1-1剖面

(一)根据《计价表》规定工程量计算表

项目名称	工程量计算式	单位	数量

（二）套用《计价表》子目综合单价计算表

《计价表》编号	子目名称	单位	数量	综合单价(列简要计算过程)(元)	合价(元)
小计					

（三）分部分项工程量清单综合单价计算表

序号	项目编码	项目名称	项目特征	单位	数量	综合单价(元)

（四）项目招标控制价计算表

序号	汇总内容	费率	计算式	金额(元)
1	分部分项工程量清单计价合计			
2	措施项目清单计价合计			
2.1	安全文明施工措施费(现场考评费率 0.45%)			
2.2	脚手架费			
3	其他项目清单计价合计			
3.1	暂列金额			1 000
3.2	材料暂估价			500
4	规费			
4.1	社会保障费			
4.2	公积金			
5	税金	3.48%		
6	小计			
7	建设工程招标价调整系数	3%		
8	招标控制价			

得分	评卷人

四、（本题初级 15 分，中级 25 分）（初级做第 1 个问题，中级两个问题全做）

某服务大厅内地面垫层上水泥砂浆铺贴大理石板，20 厚 1：3 水泥砂浆找平层，8 厚 1：1 水泥砂浆结合层。具体做法如图所示：1 200 mm×1 200 mm大花白大理石板，四周做两道各宽 200 mm 中国黑大理石板镶边，转弯处采用 45 度对角，大厅内有 4 根直径为 1 200 mm 圆柱，圆柱四周地面铺贴 1 200 mm×1 200 mm 中国黑大理石板，大理石板现场切割；门槛处不贴大理石板；铺贴结束后酸洗打蜡，并进行成品保护。材料市场价格：中国黑大理石 260 元/m²，大花白大理石 320 元/m²（其余未作说明的按《计价表》规定不作调整）。

1. 根据题目给定的条件,按 2004《计价表》规定对该大厅大理石地面列项并计算各项工程量;

2. 根据题目给定的条件,按 2004《计价表》规定计算该大厅大理石地面的各项《计价表》综合单价。

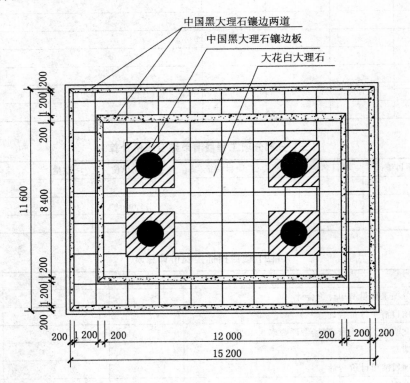

(一) 大理石地面各项工程量计算表

项目名称	工程量计算式	单位	数量

（二）套用《计价表》子目综合单价计算表

《计价表》编号	子目名称	单位	数量	综合单价（列简要计算过程）（元）	合价（元）
	小计				

五、（本题 30 分）（中级做）

得分	评卷人

　　某宾馆底层共享大厅有一混凝土独立圆柱，高 8 m，直径 $D=600$ mm，采用木龙骨普通切片板包柱装饰（如图所示），横向木龙骨断面 40 mm×50 mm@500 mm，10 根竖向木龙骨断面 50 mm×60 mm，采用膨胀螺栓固定，五夹板基层钉在木龙骨上，基层上贴普通切片三夹板和 2 根镜面不锈钢装饰条（$\delta=1$ mm，宽 60 mm）。木龙骨刷防火漆两遍，五夹板基层刷防火漆不计，切片板面的油漆做法：润油粉、刮腻子、聚氨酯清漆四遍。措施费仅考虑脚手架。切片板饰面油漆按展开面积套用其他木材面子目。根据以上给定的条件，请按照 2004《计价表》和 2008 清单规范的规定完成以下内容（人工工资单价以及管理费率、利润率仍按 2004《计价表》不做调整，其余未作说明的均按《计价表》规定执行）。

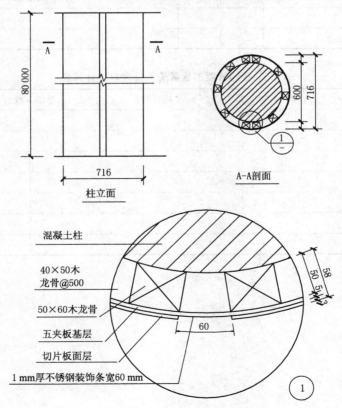

1. 按照 2004《计价表》规定对该圆柱木装修列项并计算各项工程量；
2. 按照 2004《计价表》规定计算该圆柱木装修的各项《计价表》综合单价；
3. 按 2008 清单规范要求，编制该圆柱木装修的分部分项工程量清单及清单综合单价。

（一）根据《计价表》规定工程量计算表

项目名称	工程量计算式	单位	数量

（二）套用《计价表》子目综合单价计算表

《计价表》编号	子目名称	单位	数量	综合单价(列简要计算过程)(元)	合价(元)

（三）分部分项工程量清单综合单价计算表

序号	项目编码	项目名称	项目特征	单位	数量	综合单价(元)

二〇一三年江苏省建设工程造价员资格考试

参 考 答 案

工程造价基础理论部分

单选题序号	正确答案	单选题序号	正确答案	多选题序号	正确答案	判断题序号	正确答案
1	D	21	B	1	ABD	1	N
2	B	22	B	2	ABCD	2	N
3	A	23	B	3	ACE	3	Y
4	B	24	B	4	ABC	4	Y
5	D	25	D	5	CE	5	Y
6	C	26	C	6	BCE	6	Y
7	C	27	D	7	ABCD	7	Y
8	C	28	D	8	BDE	8	N
9	A	29	B	9	AE	9	Y
10	D	30	B	10	ABC	10	N
11	C	31	C	11	ABE	11	N
12	B	32	D	12	ABDE	12	Y
13	B	33	A	13	BCDE	13	N
14	B	34	A	14	BDE	14	N
15	D	35	D	15	CE	15	N
16	D	36	B	16	CD	16	N
17	C	37	A	17	AD	17	Y
18	A	38	B	18	CDE	18	Y
19	C	39	D	19	ACE	19	N
20	D	40	C	20	BD	20	Y

装饰造价案例部分

一、(本题 20 分)(仅初级做)

序号	《计价表》定额编号	子目名称及做法	单位	数量	综合单价(列简要计算过程)(元)	合价(元)
1	12-65 换	水泥砂浆镶贴花岗岩多色复杂图案地面,石材损耗率 25%	10 m²	2.05	$3\,093.63-2\,750+12.5\times250$ $+164.64\times0.2\times1.37$ $=3\,513.74$	7 203.17
2	19-8+19-9 换	室内净高 12 m 单独天棚抹灰满堂脚手架	10 m²	10	$(79.12+17.52\times2)\times0.7$ $=79.91$	799.12
3	17-21+18-21	第十五层木龙骨纸面石膏板天棚,在墙、顶交界处钉成品木装饰条 50 mm 宽	100 m	1.2	$424.23+63.56\times10\%\times1.37$ $=432.94$	519.53
4	13-98 换	钢骨架上密缝干挂花岗岩板墙面,花岗岩价格 550 元/m²	10 m²	7.8	$4\,512.34-2\,550+10.2\times550$ $=7\,572.34$	59 064.25
5	12-61 换	干粉型粘结剂粘贴 120 mm 高花岗岩踢脚线	10 m	6.6	$435.34-382.5+1.53\times250\times$ $120/150=358.84$	2 368.34
6	14-97 换	天棚石膏吸音装饰板搁放在⊥形铝合金龙骨上(素白石膏板)	10 m²	4	$144.2+31.92\times0.7\times1.37$ $=174.81$	699.24

二、(初级、中级均做此题,分值 25 分)

(一)根据《计价表》规定工程量计算表

项目名称	工程量计算式	单位	数量
A 立面	3×2.6(或 2.95×2.6)$-(1.4-0.05)\times(1.2-0.05)+0.125$ $\times[(1.4-0.05)\times2+(1.2-0.05)\times2]$	m²	6.88(或 6.75)
B、D 立面	$(2-0.05)\times2.6\times2$	m²	10.14
C 立面	3×2.6(或 2.95×2.6)-0.8×2	m²	6.2(或 6.07)
墙面瓷砖合计	6.88(或 6.75)+10.14+6.2(或 6.07)	m²	23.22(或 22.96)
线条磨边	$[(1.4-0.05)\times2+(1.2-0.05)\times2]\times2$	m	10

(二)套用《计价表》子目综合单价计算表

《计价表》编号	子目名称	单位	数量	综合单价(列简要计算过程)(元)	合价(元)
13-117	内墙面砂浆粘贴瓷砖	10 m²	2.32(或 2.30)	$428.35-389.88+800\times1.71-11.85+$ $21.74-23.98+236.5\times0.136+(4.88\times90$ $\times1.15+3.69)\times1.57=2\,223.31$	5 158.07(或 5 113.61)
补 17-8	线条磨边费用	10 m	1	$6.60+(0.61\times90\times1.15+2.19)\times1.57=$ 109.16	109.16

（三）人工降效费和垂直运输费计算表（中级做）

序号	《计价表》定额编号	子目名称	单位	人工费或单价计算式	费率或单价	合价（元）
1	18-23	人工降效	％	$4.88×90×2.32$（或 2.30）$+0.61$ $×90×1=1073.84$（或 1065.06）	15	161.08（或 159.76）
2	22-34	垂直运输	10 工日	$4.88×2.32$（或 2.30）$+0.61×1$ $=11.93$（或 11.83）	44.10	52.62（或 52.17）

三、（本题 40 分，初、中级全做）

（一）根据《计价表》规定工程量计算表

项目名称	工程量计算式	单位	数量
Φ10 吊筋	$(12-0.2)×(18-0.2)=11.8×17.8$	m²	210.04
复杂天棚龙骨	210.04 m²，其中：人工、机械乘系数 1.8 的龙骨面积为 $6×12=72$ m²，大龙骨含量调整：$410÷210.04×1.06×10=20.69$ m/10 m²	m²	210.04
纸面石膏板	一般复杂型：$210.04-72=138.04$ m²，拱形面层（人工乘 1.5 系数）：$72×1.25=90$ m²	m²	228.04
120×60 石膏阴角线	$(11.8+17.8)×2$	m	59.2
100×30 石膏装饰线拱形处	$(6+12)×2$	m	36
筒灯孔	16	个	16
天棚面批腻子三遍、刷乳胶漆两遍	$138.04+90$	m²	228.04
满堂脚手架（高 5 m 以内）	$11.8×17.8$	m²	210.04

（二）套用《计价表》子目综合单价计算表

计价表编号	子目名称	单位	数量	综合单价（列简要计算过程）（元）	合价（元）
14-43 换	Φ10 吊筋	10 m²	21.004	$64.6+13×8×0.102×0.617×2.8$ $=64.6+8×2.29=82.92$	1 741.65
14-10 换	拱形部分龙骨	10 m²	7.2	$370.97+(65.24+3.4)×0.8×1.37$ $+(20.69-18.64)×4=370.97+$ $75.23+8.2=454.4$	3 271.68
14—10 换	其余部分龙骨	10 m²	13.804	$370.97+(20.69-18.64)×4$ $=370.97+8.2=379.17$	5 234.06
14-55 换	拱形部分面层	10 m²	9.0	$225.27+41.72×0.5×1.37$ $=225.27+28.58=253.85$	2 284.65
14-55 换	其余部分面层	10 m²	13.804	225.27	3 109.63
17-34 换	石膏装饰阴角线	100 m	0.592	$1122.56+110×(10-8.68)$ $=1122.56+145.2=1267.76$	750.51
17-34 换	拱形处石膏装饰线	100 m	0.36	$1122.56+102.48×0.68×1.37$ $=1122.56+95.479=1218.03$	438.49

（续表）

计价表编号	子目名称	单位	数量	综合单价（列简要计算过程）（元）	合价（元）
17-76	筒灯孔	10 个	1.6	13.09	20.94
16-303 换 +16-304	夹板面批腻子三遍	10 m²	22.804	38.27+16.8×0.1×1.37+16.71+8.4× 0.1×1.37=38.27+2.3+16.71+1.15（或 38.27+16.71）=58.43（或 54.98）	1 332.44（或 1 253.76）
16-311 换	夹板面刷乳胶漆两遍	10 m²	22.804	36.93+9.8×0.1×1.37=36.93+1.34 =38.27（或 36.93）	872.71（或 842.15）
小计				1 741.65+3 271.68+5 234.06+2 284.65 +3 109.63+750.51+438.49+20.94+ 1 332.44+872.71	19 056.76
19-7	满堂脚手架（措施费）	10 m²	21.004	63.23	1 328.08
小计				19 056.76+1 328.08	20 384.84

（三）分部分项工程量清单综合单价计算表

序号	项目编码	项目名称	项目特征	单位	数量	综合单价（元）
	020302001001	天棚吊顶	1. 吊顶形式：拱形，Φ10 mm 吊筋，天棚面层至楼板底平均高度按 1.8 m 计算； 2. 龙骨类别、材料种类、规格、中距：双层装配式 U 型（不上人）轻钢龙骨，规格 500 mm×500 mm，大龙骨（轻钢）设计总用量为 410 m，其余龙骨含量按 2004《计价表》； 3. 面层材料：纸面石膏板面层，接缝处不考虑粘贴自粘胶带，拱形面层的面积按水平投影面积增加 25% 计算； 4. 压条材料种类、规格：天棚与主墙相连处做断面为 120 mm×60 mm 的石膏装饰线； 5. 油漆品种、刷漆遍数：天棚面批三遍腻子、刷乳胶漆两遍	m²	210.04	19 056.76÷210.04 =90.73

（四）项目招标控制价计算表

序号	汇总内容	费率	计算式	金额（元）
1	分部分项工程量清单计价合计		210.04×90.73	19 056.93
2	措施项目清单计价合计		257.27+1 328.08	1 585.35
2.1	安全文明施工措施费（现场考评费率 0.45%）		19 056.93×（0.9%+0.45%）	257.27
2.2	脚手架费		1 328.08	1 328.08
3	其他项目清单计价合计			1 000
3.1	暂列金额			1 000
3.2	材料暂估价			500
4	规费		476.13+82.24	558.37

序号	汇总内容	费率	计算式	金额(元)
4.1	社会保障费		(19 056.93＋1 585.35＋1 000)×2.2%	476.13
4.2	公积金		(19 056.93＋1 585.35＋1 000)×0.38%	82.24
5	税金	3.48%	(19 056.93＋1 585.35＋1 000＋558.37)×3.48%	772.58
6	小计		19 056.93＋1 585.35＋1 000＋558.37＋772.58	22 973.23
	建设工程招标价调整系数	3%	(22 973.23－1 000)×3%	659.20
7	招标控制价		22 973.23－659.20	22 314.03

四、(初级15分,中级25分)

(一)大理石地面各项工程量计算表

项目名称	工程量计算式	单位	数量
地面铺贴中国黑大理石(镶边)	{[15.2×2＋(11.6－0.2×2)×2]＋[12×2＋(8.4＋0.2×2)×2]}×0.2	m²	18.88
地面铺贴中国黑大理石(圆柱处)	(1.2×1.2×4)×4－(0.6×0.6×3.14)×4	m²	18.52
地面铺贴大花白大理石	15.2×11.6－[(1.2×1.2×4)×4]－18.88	m²	134.4
大理石酸洗打蜡	15.2×11.6－(0.6×0.6×3.14)×4	m²	171.8
大理石成品保护	15.2×11.6－(0.6×0.6×3.14)×4	m²	171.8

中级(一)大理石地面各项工程量计算表

工程名称	工程量计算式	单位	数量
地面铺贴中国黑大理石(镶边)	{[15.2×2＋(11.6－0.2×2)×2]＋[12×2＋(8.4＋0.2×2)×2]}×0.2	m²	18.88
地面铺贴中国黑大理石(圆柱处)	(1.2×1.2×4)×4－(0.6×0.6×3.14)×4	m²	18.52
地面铺贴大花白大理石	15.2×11.6－[(1.2×1.2×4)×4]－18.88	m²	134.4
大理石酸洗打蜡	15.2×11.6－(0.6×0.6×3.14)×4	m²	171.8
大理石成品保护	15.2×11.6－(0.6×0.6×3.14)×4	m²	171.8

中级(二)套用《计价表》子目综合单价计算表

《计价表》编号	子目名称	单位	数量	综合单价 (列简要计算过程)(元)	合价(元)
12-48 换	地面铺贴中国黑大理石(镶边)	10 m²	1.89	1 759.37＋(260－150)×10.2＋111.72×0.1×1.37＝2 896.68	5 474.73
12-48 换	地面铺贴中国黑大理石(圆柱处)	10 m²	1.85	{[1 759.37＋(260×12.44－1 530)]×1.85＋[(28×0.6＋14.04×0.6)×1.37＋(61.75×0.14)]×1.507}/1.85＝(6 407.97＋65.11)/1.85＝3 498.96(石材损耗系数＝5.76÷4.63＝1.244)(石材切割弧长＝3.14×1.2×4＝15.07 m)	6 473.08
12-48 换	地面铺贴大花白大理石	10 m²	13.44	1 759.37＋(320－150)×10.2＝3 493.37	46 950.89

续表

《计价表》编号	子目名称	单位	数量	综合单价（列简要计算过程）（元）	合价（元）
12-121	地面大理石面层酸洗打蜡	10 m²	17.18	22.73	390.5
17-89	大理石地面成品保护	10 m²	17.18	14.42	247.74

五、中级（本题 30 分）

（一）根据《计价表》规定工程量计算表

项目名称	工程量计算式	单位	数量
圆柱面木龙骨基层	3.14×(0.6+0.1)×8	10 m²	1.76
柱梁面五夹板基层钉在木龙骨上	3.14×(0.7+0.005×2)×8	10 m²	1.78
圆柱普通切片板贴在夹板基层上	[3.14×(0.7+0.008×2)−0.06×2]×8	10 m²	1.70
镜面不锈钢装饰条 60 mm	8×2	100 m	0.16
双向木龙骨刷防火漆两遍	3.14×(0.6+0.1)×8	10 m²	1.76
柱面润油粉、刮腻子、聚氨酯清漆四遍	[3.14×(0.7+0.008×2)−0.06×2]×8	10 m²	1.70
钉柱面脚手架	(3.14×0.6+3.6)×8	10 m²	4.39
柱面油漆脚手架	(3.14×0.6+3.6)×8	10 m²	4.39

（二）套用《计价表》子目综合单价计算表

《计价表》编号	子目名称	单位	数量	综合单价（列简要计算过程）（元）	合价（元）
13-157	圆柱面木龙骨基层	10 m²	1.76	316.5−71.96+0.29÷17.6×1.05×10×1 599=521.19	917.29
				木龙骨设计用量:(3.14×0.7−0.06×10)×(8/0.5+1)×0.04×0.05+8×10×0.05×0.06=0.29 m³	
13-174	柱梁面五夹板基层钉在木龙骨上	10 m²	1.78	262.88−204.75+13.5×10.5=199.88	355.79
13-184	圆柱普通切片板贴在夹板基层上	10 m²	1.70	252.62	429.45
17-25	镜面不锈钢装饰条 60 mm	100 m	0.16	1 170.47+(60/50−1)×964.69=1 363.41	218.15
16-217	双向木龙骨刷防火漆两遍	10 m²	1.76	60.41	106.32
16-104+16-112	柱面润油粉、刮腻子、聚氨酯清漆四遍	10 m²	1.70	194.77+35.41=230.18	391.31
小计					2 418.31
19-12	钉柱面脚手架	10 m²	4.387	42.13	184.83
19-12×0.1	柱面油漆脚手架	10 m²	4.387	42.13×0.1	18.48
小计					203.31

（三）分部分项工程量清单综合单价计算表

序号	项目编码	项目名称	项目特征	单位	数量	综合单价(元)
1	020208001001	圆柱面木装饰	1. 混凝土圆柱横向木龙骨断面 40 mm×50 mm@500 mm,竖向木龙骨断面 50 mm×60 mm,10 根 2. 五夹板基层 3. 普通切片三夹板面层 4. 镜面不锈钢装饰条($\delta=$1 mm,宽 60 mm) 5. 木龙骨防火漆两遍,饰面润油粉、刮腻子、聚氨酯清漆四遍	m²	3.14×(0.7+0.008×2)×8=17.99 (若金属装饰线单列清单则圆柱面木装饰工程量为 17 m,且计算综合单价时,小计中也要扣除金属装饰线条价格)	2 418.31÷17.99=134.43

参考文献

[1] 建设部. 建设工程工程量清单计价规范(GB 50500—2013)[S]. 北京:中国计划出版社,2013.

[2] 江苏省建设厅. 江苏省建筑与装饰工程计价表[S]. 北京:知识产权出版社,2004.

[3] 江苏省建设厅. 江苏省建设工程工程量清单计价项目指引[M]. 北京:知识产权出版社,2004.

[4] 《建设工程工程量清单计价规范》编制组. 中华人民共和国国家标准《建设工程工程量清单计价规范》宣贯辅导教材:GB 50500—2008[M]. 北京:中国计划出版社,2008.

[5] 卜龙章,李蓉,周欣,等. 装饰工程工程量清单计价[M]. 南京:东南大学出版社,2010.

[6] 唐明怡,石志锋. 建筑工程定额与预算[M]. 北京:中国水利水电出版社,知识产权出版社,2004.

[7] 许焕兴,刘雅梅. 新编装饰装修工程预算:定额计价与工程量清单计价[M]. 北京:中国建材工业出版社,2005.

[8] 张倩. 室内装饰材料与构造教程[M]. 重庆:西南师范大学出版社,2007.

[9] 江苏省建设工程造价管理总站. 江苏省建设工程造价员资格考试辅导材料. 2011.